ライブラリ 新物理学基礎テキスト Q1

レクチャー

物理学の学び方

高校物理から大学の物理学へ

原田 恒司・小島 健太郎 共著

サイエンス社

●編者のことば●

私たち人間にはモノ・現象の背後にあるしくみを知りたいという知的好奇心があります．それらを体系的に整理・研究・発展させているのが自然科学や社会科学です．物理学はその自然科学の一分野であり，現象の普遍的な基礎原理・法則を数学的手段で解明します．新たな解明・発見はそれを踏まえた次の課題の解明を要求します．このような絶えざる営みによって新しい物理学も開拓され，そして自然の理解は深化していきます．

物理学はいつの時代も科学・技術の基礎を与え続けてきました．AI，IoT，量子コンピュータ，宇宙への進出など，最近の科学・技術の進展は私たちの社会や世界観を急速に変えつつあり，現代は第４次産業革命の時代とも言われます．それらの根底には科学の基礎的な学問である物理学があります．

このライブラリは物理学の基礎を確実に学ぶためのテキストとして編集されました．物理学は一部の特別な人だけが学ぶものではなく，広く多くの人に理解され，また応用されて，これからの新しい時代に適応する力となっていきます．その思いから，理工系の幅広い読者にわかりやすく説明する丁寧なテキストを目指し標準的な大学生が独力で理解出来るように工夫されています．経験豊かな著者によって，物理学の根幹となる「力学」，「振動・波動」，「熱・統計力学」，「電磁気学」，「量子力学」がライブラリとして著されています．また，高校と大学の接続を意識して，「物理学の学び方」という１冊も加えました．

「物理学はむずかしい」と，理工系の学生であっても多くの人が感じているようです．しかし，物理学は実り豊かな学問であり，物理学自体の発展はもとより，他の学問分野にも強い刺激を与えています．化学や生物学への影響ばかりではなく，最近は情報理論や社会科学，脳科学などへも応用されています．物理学自体の「難問」の解明もさることながら，これからもいろいろな応用が発展していくでしょう．

このライブラリによってまずしっかりと基礎固めを行い，それからより高度な学びに繋げてほしいと思います．そして新しい社会を創造する糧としてもらいたいと願っています．

2019年12月　　　　編者　本庄春雄　原田恒司

●まえがき●

物理学は理学・工学系の大学カリキュラムにおいて重要視され，多くの学科で必修科目となっている．物理学はたしかに自然科学の基礎的学問であり，物理学の正しい理解に基づかない応用的な研究は，砂上の楼閣に等しいだろう．

しかし，大学生にとっては，必ずしも学びやすい科目ではない．それにはいくつかの理由があるだろう．

一つは物理学という学問の特質に関係している．物理学は基礎的なところから理解を積み上げていかなければならない．また，個別の知識ではなく，相互に関連づいた階層的・体系的な知識が必要である．そうした知識を自らの中に構築していくためには，新しく学ぶことがらが，既知のことがらとどう結びついているのかについて，よく考えなくてはならない．バラバラの知識は，物理学の理解にはつながらない．

もう一つは，大学入学までの「学び方」に問題がある．入学試験を突破するという実際的な目的のために，上述のような物理学の学び方とはかけ離れた，「問題」と「解答」の対応関係を記憶するという努力をする（してきた）学生が少なくない．そのような学び方では「知っている」問題は解けるが，初めて見る問題には手も足も出ない．

さらに，大学での物理学では，高校物理の「禁じ手」であった微積分が使われる．高校までの物理も十分にわかっているとは言えない状況で，大学の物理学のさらに高度な内容を高度な技法を使って学ぶのは無理がある．

本書は，高校で学んだ物理と，大学で学ぶ物理学との架け橋となるように構成されている．本書で扱う内容は高校物理の範囲から大きく外れるものはほとんどない．しかし，大学の物理学で使うベクトルや微積分を使って，「知っている」はずの内容を説明している．そのため，高校物理の説明の仕方に飽き足らない意欲的な高校生にも読めるだろうし，大学の物理学を学び始め，「自分は物理は得意だったはずなのに，全然ついていけない」と感じている大学１年生は，「よく知っている」内容を大学の物理学の作法ではどう扱うのかを学ぶことができるだろう．

タイトルを「レクチャー　物理学の学び方―高校物理から大学の物理学へ―」としたのは，これからより高度な内容を学んでいく前に，一度今までの物理の学び方を振り返り，基礎的な内容についてしっかりとした理解を構築してほしいという願いからである．そのために，基礎的なことがらをかなり丁寧に説明した．必要となる数学も，必要となったところで短い説明を入れた．

もともと本書の内容は基礎的なものに限っているが，その中でも基本的なものと，少しレベルの高い内容とを分けて，後者にはセクションに * の印をつけたり，⟨**Advanced**⟩ と表示した．自分の実力に合わせて，適宜読み飛ばしたり，後回しにしてほしい．

本書にはより多くの内容を含めたかった．高校の教科書と比べても，原子や原子核，放射線に関係する内容が含まれていないし，古典物理学に限っても，流体力学に関して少しは書きたいという欲求はいつまでもつきまとったが，紙幅の関係で諦めざるを得なかった．また，本来は含まれているべき力学の剛体に関する章と章末問題の解答も，本書に収めることができなかった．これらはサイエンス社のウェブサポートページ上に置くことにした．

URL: `https://www.saiensu.co.jp`

にアクセスしてほしい．

本書の執筆には予想外の時間がかかり，大幅に予定から遅れてしまった．辛抱強く付き合って戴いたサイエンス社の田島伸彦氏，鈴木綾子氏には大変お世話になった．感謝とともにお礼申し上げたい．

2020 年 7 月

原田恒司・小島健太郎

目　次

第I部　力　学

第II部　熱　力　学

第III部　波　　動

第I部

力　学

第1章

運動の記述

この章では，物体の運動を数学的に記述することを学ぶ．物体が運動するのに従って，物体の位置が時間的に変化する．また，その移動の速さも方向も必ずしも一定ではない．運動を引き起こす原因については述べずにこうした物体の運動を考えることを**運動学**という．時間の関数であるベクトルという概念が現れ，それらの時間微分が現れる．

1.1 位置ベクトルと速度ベクトル

1.1.1 「小さな」物体

以下では単に物体という言葉で，「小さな」物体を意味する．「小さな」というのは，運動を考えるときに，その大きさがあまり重要ではないという意味である．これは，その物体がどのような形をしているかとか，その物体が回転したり変形したりすることとかを考慮することが重要ではないという意味である[1]．

しかし，この大小の区別は相対的なものである．地球は十分大きな物体だが，太陽のまわりの公転運動を考える際には，地球の詳しい形や自転はあまり重要ではない．このときには地球は「小さな」物体として扱うことができる．

1.1.2 基準点と位置ベクトル

物体の運動を記述するためには，物体がある時刻にどこにいるのかを数学的に表現する必要がある．そのために**位置ベクトル**を用いると便利である．

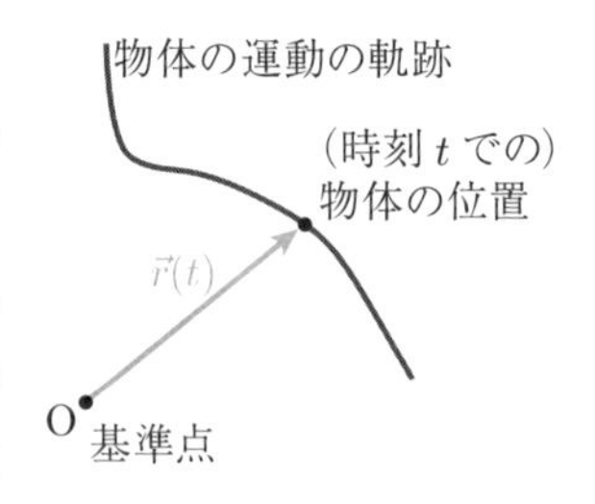

位置ベクトルは，何かある**基準点**を決めて，そこから物体の位置までの矢印で表される．その長さは基準点から物体までの直線距離であり，その向きは基準点

[1] このような「小さな」物体は，**質点**と呼ばれることがある．

から見た物体の方向である．位置ベクトルを $\vec{r}(t)$ と表そう．これは位置ベクトルが時刻 t の関数であることを表している．一般に，時刻 t が異なれば，物体の位置も異なるので，位置ベクトルは t とともに変化するベクトルである．

ベクトルは**成分**で表すこともできる．これは地図上で，ある特定の位置を表すのに，「基準点から東に○○ km，北に△△ km 行ったところ」というのと同じである．平面上に x 軸とそれに垂直な y 軸とを取り，原点を基準点に取る．位置ベクトルは物体の x 座標 $x(t)$，y 座標 $y(t)$ を用いて

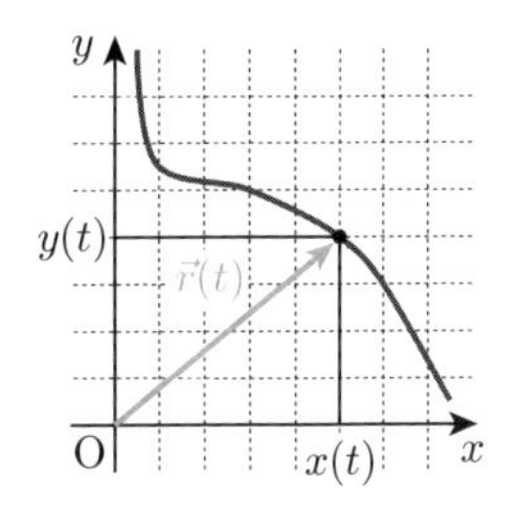

$$\vec{r}(t) = (x(t), y(t)) \tag{1.1}$$

のように書かれる．座標 $x(t)$ および $y(t)$ は正にも負にもゼロにもなることに注意しよう．位置ベクトルの長さ $|\vec{r}(t)| = \sqrt{x^2(t) + y^2(t)}$ は，時刻 t における基準点から物体までの距離を表す．

位置ベクトルおよび距離の SI 単位[2] は m（メートル）である．

上ではわかりやすいように平面内の位置ベクトルを説明したが，もし物体が決められた直線上のみで運動するのならば，基準点をその直線上のどこかにとれば，位置ベクトルは 1 成分で表される．$\vec{r}(t) = (x(t))$．また，3 次元空間を動くのであれば，3 成分ベクトルで表される．$\vec{r}(t) = (x(t), y(t), z(t))$．

数学ワンポイント　ベクトル

ベクトルとは，大きさ（長さ）と向きを持ってるもので，図形的には矢印で表され，表記的には $\vec{a}$ あるいは $\boldsymbol{a}$ のように矢印を付けたり太字で表される．（この本では $\vec{a}$ と表す．）値だけの量を**スカラー**と呼ぶ．ベクトルとスカラーを区別することは非常に重要である．

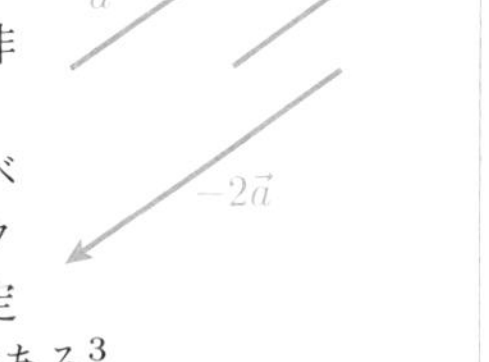

ベクトルの矢印の根元を**始点**，先端を**終点**という．普通，ベクトルは平行移動してもよく，互いに平行移動で移り合うベクトルは区別されない．ここで現れた位置ベクトルは始点が固定されている（つまり，平行移動を許さない）特別なベクトルである[3]．

長さがゼロのベクトルを**ゼロベクトル**といい，$\vec{0}$ で表す．ゼロベクトルの向きは考えない．

ベクトル $\vec{a}$ と実数 c に対して，**ベクトルの実数倍** $c\vec{a}$ は，$c > 0$ ならば向きは $\vec{a}$ と同じ，$c < 0$ ならば $\vec{a}$ とは逆向きで，大きさが $|c|$ 倍されたベクトルである．$c = 0$ のときはゼロベクトルとなる．特に $-\vec{a} = (-1)\vec{a}$ は $\vec{a}$ と同じ大きさで，向きが逆向き

---

[2] SI は国際単位系の略．

[3] 基準点の移動は 2.6.1 節で議論する．

のベクトルである．

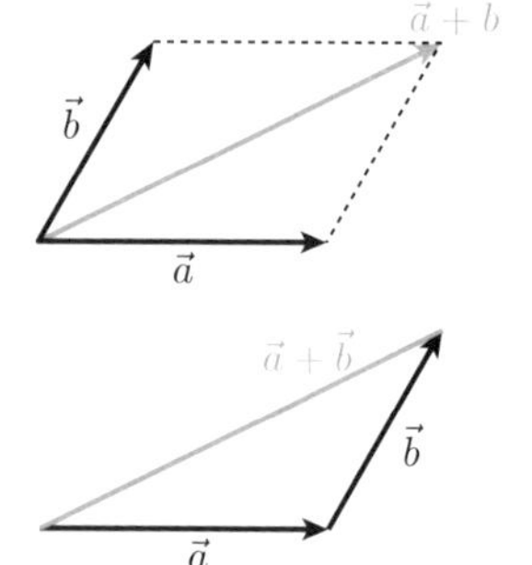

2つの**ベクトルの和**は，図のように，2つのベクトルを2辺とする平行四辺形の対角線によって与えられる．ベクトル $\vec{a}$ とベクトル $\vec{b}$ の和 $\vec{a}+\vec{b}$ は $\vec{a}$ の終点を $\vec{b}$ の始点として，2つの矢印をつなげて作ることもできる．**ベクトルの差** $\vec{a}-\vec{b}$ は，ベクトル $\vec{a}$ とベクトル $-\vec{b}$ の和として求めることができる．

1つのベクトルを2つのベクトルに**分解**することもできる．いまあるベクトル $\vec{a}$ を，ベクトル $\vec{b}$ ともう一つのベクトルに分解することを考えよう．求める第3のベクトルを $\vec{c}$ とすると，$\vec{a}=\vec{b}+\vec{c}$ であるから，$\vec{c}=\vec{a}-\vec{b}$ となる．

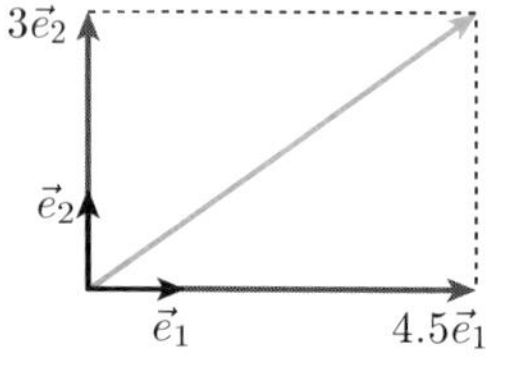

ゼロベクトルではなく，平行でもない2つのベクトル $\vec{e}_1$ と $\vec{e}_2$ を考えよう．$\vec{e}_1$ と $\vec{e}_2$ を含む平面上の任意のベクトル $\vec{a}$ は，2つの実数 a_1 と a_2 を用いて

$$\vec{a}=a_1\vec{e}_1+a_2\vec{e}_2 \tag{1.2}$$

のように表すことができる．特に2つのベクトルを互いに直交するように選び，また，その大きさを1にするように（$|\vec{e}_1|=|\vec{e}_2|=1$）選ぶと便利である．これらを**正規直交基底**と呼ぶ[4]．このとき，ベクトル $\vec{a}$ を

$$\vec{a}=(a_1,a_2) \tag{1.3}$$

と表すことがある．この表し方を**成分表示**という．

ゼロベクトルではなく，平行でもない2つのベクトル $\vec{e}_1$ と $\vec{e}_2$ に加えて，これら2つのベクトルによって式(1.2)のようには表せないゼロベクトルではない第3のベクトル $\vec{e}_3$ を考えると，これら3つのベクトルを含む3次元空間の任意のベクトル $\vec{a}$ は，3つの実数 a_1, a_2，および a_3 を用いて

$$\vec{a}=a_1\vec{e}_1+a_2\vec{e}_2+a_3\vec{e}_3 \tag{1.4}$$

のように表すことができる．3つのベクトル e_i（$i=1,2,3$）を正規直交基底に取ったとき，

$$\vec{a}=(a_1,a_2,a_3) \tag{1.5}$$

のように成分表示することができる．

1次元の場合，1つしか方向がないので，任意のベクトル $\vec{a}$ はその方向のベクトル $\vec{e}_1$ を用いて，$\vec{a}=a_1\vec{e}_1$ と表すことができる．$\vec{e}_1$ を単位ベクトルとすると，$|a_1|$ はベクトル $\vec{a}$ の大きさを表し，a_1 の符号がベクトル $\vec{a}$ の向きを表す．1次元では，正の向きと負の向きの2つの向きしかないことに注意しよう．$\vec{a}$ の成分は a_1 ただ1つである．2次元，3次元の場合と同様に成分をカッコに入れて表すことにするなら $\vec{a}=(a_1)$ と書くべきである．

[4]「正規」は大きさが1であることを意味する．あるベクトル $\vec{r}$ から，$\vec{r}$ と同じ向きで大きさ1のベクトル $\vec{e}_r=\frac{\vec{r}}{|\vec{r}|}$ を得ることを**正規化**という．

1.1.3　速度ベクトル

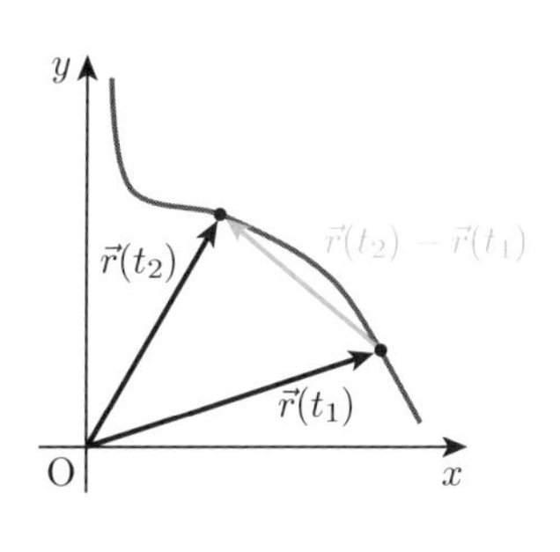

物体が運動するとき，位置ベクトルは時刻とともに変化する．時刻 $t=t_1$ から時刻 $t=t_2$ の間に，物体の位置ベクトルは $\vec{r}(t_1)$ から $\vec{r}(t_2)$ まで変化する．$\vec{r}(t_2)-\vec{r}(t_1)$ は位置の変化を表すベクトルで，**変位ベクトル**と呼ばれる．変位ベクトルの長さ $|\vec{r}(t_2)-\vec{r}(t_1)|$ は物体の移動した直線距離を表し，変位ベクトルの向きは，物体の移動した向きに等しい．時刻 t_1 から時刻 t_2 までの時間 t_2-t_1 の間の物体の**平均の速さ**は

$$\frac{(\text{距離})}{(\text{時間})}=\frac{|\vec{r}(t_2)-\vec{r}(t_1)|}{t_2-t_1} \tag{1.6}$$

で与えられる．また，向きまで含めた**平均の速度**は

$$\frac{\vec{r}(t_2)-\vec{r}(t_1)}{t_2-t_1} \tag{1.7}$$

というベクトルで与えられる．

時間間隔 t_2-t_1 をどんどん短かくすると，変位ベクトルの長さ $|\vec{r}(t_2)-\vec{r}(t_2)|$ もどんどん短かくなる．この微小な時間間隔を Δt で表すことにしよう．$\Delta t=t_2-t_1$．ここで，Δt は Δ（デルタ）かける t ではなく，Δt で 1 つのまとまりである．同様に，この間の微小な変位ベクトルを $\Delta\vec{r}(t_1)$ で表す．$\Delta\vec{r}(t_1)=\vec{r}(t_1+\Delta t)-\vec{r}(t_1)$．$\Delta t$ を十分小さく取ったときの式 (1.7) は，時刻 $t=t_1$ での**速度ベクトル**を与える．

$$\vec{v}(t_1)=\lim_{\Delta t\to 0}\frac{\Delta\vec{r}(t_1)}{\Delta t} \tag{1.8}$$

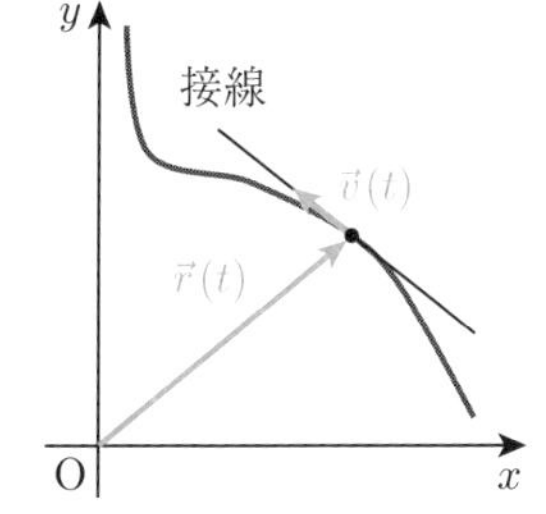

特定の時刻 $t=t_1$ だけでなく，任意の時刻 t における速度ベクトル $\vec{v}(t)$ を同様に定義することができる．速度ベクトル $\vec{v}(t)$ は位置ベクトル $\vec{r}(t)$ と同様に，時刻の関数である．

$$\vec{v}(t)=\lim_{\Delta t\to 0}\frac{\Delta\vec{r}(t)}{\Delta t}=\frac{d\vec{r}(t)}{dt} \tag{1.9}$$

速度ベクトルは位置ベクトルの**時間変化率**である．

位置ベクトル $\vec{r}(t)$，$t=t_1$ における速度ベクトル $\vec{v}(t_1)$，各時刻での速度ベクトル $\vec{v}(t)$ は，高校数学で学んだ関数，微係数および導関数の関係に対応している．

速度ベクトルは単に**速度**とも呼ばれる．その大きさが**速さ** $v(t)=|\vec{v}(t)|$ である．速度は大きさと向きを持ちベクトルであるが，速さは大きさのみを持つのでスカラーである[5]．これらは全く別ものである．

速度ベクトルも成分で表すことができる．物体が平面内で運動するとき，その速度ベクトルは

$$\vec{v}(t)=(v_x(t),v_y(t)) \tag{1.10}$$

と表される．式 (1.1) との関係は

$$v_x(t)=\frac{dx(t)}{dt},\quad v_y(t)=\frac{dy(t)}{dt} \tag{1.11}$$

で与えられる．また，速さは $v(t)=\sqrt{v_x^2(t)+v_y^2(t)}$ で与えられる．

速度ベクトルが一定である運動を，**等速度運動**という．等速度運動をする物体は，その運動の向きが一定である．

速度および速さの SI 単位は m/s で，「メートル毎秒」と読む．

〈**Advanced**〉 変位（ベクトル）と**道のり**との違いも速度と速さの違いと関係している．変位ベクトルは物体の初めの位置と終わりの位置だけで決まり，

$$\vec{r}(t_2)-\vec{r}(t_1)=\int_{t_1}^{t_2}\vec{v}(t)\,dt \tag{1.12}$$

のように速度ベクトルの積分で与えられる．一方，道のりは物体がどのような道筋を通って移動したかに依存し，

$$s(t_1,t_2)=\int_{t_1}^{t_2}|\vec{v}(t)|\,dt \tag{1.13}$$

のように速さの積分で与えられる．

例題 1.1

位置ベクトルの長さが一定で，速さがゼロでない一定値を取るような運動は可能か．

【解答】 可能である．位置ベクトルの大きさ $|\vec{r}(t)|$ が一定であるので，これを r と置くと，物体は基準点を中心とする半径 r の円周上を運動する．もし，物体がこの円周上を一定の速さで運動する（**等速円運動**という）ならば，問題の条件を満足している．（速度は一定でないことに注意．速度ベクトルの向きは変化する．） □

[5] 速さはその定義からゼロ以上の実数である．ちなみに，スカラーは一般に負の値も取るので，スカラーを「大きさ」であるというのは誤り．例えば，負の値を取る温度もスカラーである．

等速円運動の速度ベクトルを $\vec{v}(t)$ とすると，その大きさは一定 $|\vec{v}(t)| = v$（定数）であり，位置ベクトル $\vec{r}(t)$ と直交する．（一般に速度ベクトルの方向は物体の軌道のその点での接線方向である．円軌道の場合，接線の方向は動径方向と直交する．）このことはベクトルの**内積**を用いて

$$\vec{r}(t) \cdot \vec{v}(t) = 0 \tag{1.14}$$

と表すことができる．

〈**Advanced**〉　式 $|\vec{r}(t)| = r$ は円の方程式 $x^2(t) + y^2(t) = r^2$ を与える．この両辺を t で微分すると，r は t に依存しないので

$$x(t)\frac{dx(t)}{dt} + y(t)\frac{dy(t)}{dt} = 0 \tag{1.15}$$

を得る．これは $\vec{r}(t) \cdot \vec{v}(t) = 0$ を意味している．

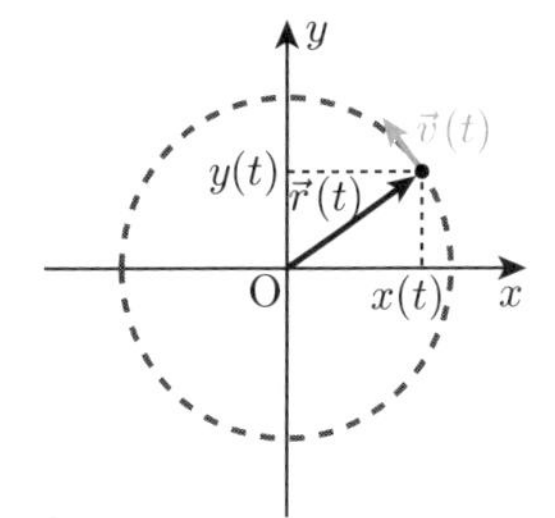

数学ワンポイント　ベクトルの内積

2 つのベクトル $\vec{a}$ と $\vec{b}$ の内積 $\vec{a} \cdot \vec{b}$ は，2 つのベクトルの間の角度 θ を用いて

$$\vec{a} \cdot \vec{b} = |\vec{a}|\,|\vec{b}| \cos\theta \tag{1.16}$$

と表される．ゼロでない 2 つのベクトル $\vec{a}$ と $\vec{b}$ の内積がゼロならば，$\cos\theta = 0$ である．つまり，2 つのベクトルは直交している．

2 つの 2 次元ベクトルの $\vec{a}$ と $\vec{b}$ の成分表示が $\vec{a} = (a_1, a_2)$，$\vec{b} = (b_1, b_2)$ であるならば，内積は

$$\vec{a} \cdot \vec{b} = a_1 b_1 + a_2 b_2 \tag{1.17}$$

と表される．実際，余弦定理より得られる式

$$|\vec{a}|\,|\vec{b}| \cos\theta = \frac{1}{2}(|\vec{a}|^2 + |\vec{b}|^2 - |\vec{a} - \vec{b}|^2) \tag{1.18}$$

の右辺を成分を用いて表せば簡単に証明することができる．

数学ワンポイント　関数の 2 乗の微分

$x^2(t)$ の t についての微分は，合成関数の微分を用いて計算できる．つまり，$f(x) = x^2$, $g(t) = x(t)$ とすると，$x^2(t)$ は $f(g(t))$ と表せ，これを t で微分すると，**合成関数の微分の公式**

$$\frac{d}{dt} f(g(t)) = f'(g(t))g'(t) \tag{1.19}$$

から

$$\frac{d}{dt}x^2(t) = 2x(t)\frac{dx(t)}{dt} \tag{1.20}$$

を得る．あるいは，関数の積の微分の公式

$$\frac{d}{dt}(f(t)g(t)) = f'(t)g(t) + f(t)g'(t) \tag{1.21}$$

で，$f(t) = g(t) = x(t)$ としても得られる．

物理では時刻 t についての微分をドットを用いて表すことが多い．例えば $\dot{x}(t)$ は $x(t)$ の t についての微分を表す．

$$\dot{x}(t) = \frac{dx(t)}{dt} \tag{1.22}$$

物理の目　速度と速さ

自動車の速度計は，自動車の進行方向の変化については何も教えてくれないので，物理的に正しい用語の使い方で言えば「速さ計」となるだろう．英語では速度を velocity，速さを speed と使い分けている．速度計の英語は speedometer で，これだと「速さ計」の方が対応がよい．

自動車の速さは普通時速で表される．時速 60 キロというのは，1 時間に 60 km 進むということで，秒速に直すと $\frac{6\times10^4\ \mathrm{m}}{3.6\times10^3\ \mathrm{s}} \approx 17\ \mathrm{m/s}$ となる．記号 $\approx$ は「およそ等しい」とか，「だいたい等しい」を表す．物理では数学と違い，右辺と左辺が近似的に等しい場合でも等号 $=$ を使うことがあるので，$\approx$ の代わりに $=$ を用いてもよい．

1.2 加速度ベクトル

位置ベクトルの時間変化率が速度ベクトルであったように，速度ベクトルの時間変化率は**加速度ベクトル**を与える．

$$\vec{a}(t) = \frac{d\vec{v}(t)}{dt} \tag{1.23}$$

これに式 (1.9) を代入すると

$$\vec{a}(t) = \frac{d}{dt}\left(\frac{d\vec{r}(t)}{dt}\right) = \frac{d^2\vec{r}(t)}{dt^2} \tag{1.24}$$

となる．つまり，加速度ベクトルは，位置ベクトルの時間に関する **2 階微分**である．

加速度ベクトルが一定の運動を**等加速度運動**という．下の例題 1.2 は等加速度運動の例を与える．

加速度の SI 単位は $\mathrm{m/s^2}$ で「メートル毎秒毎秒」と読む．

例題 1.2

時刻 $t = p\,\mathrm{s}$ での物体の位置ベクトルが $\vec{r}(t) = (2p, 3p - p^2)\,\mathrm{m}$ で与えられるとき，速度ベクトル $\vec{v}(t)$ および加速度ベクトル $\vec{a}(t)$ を求めよ．

【解答】 位置ベクトル $\vec{r}(t)$ を時刻 t について微分して

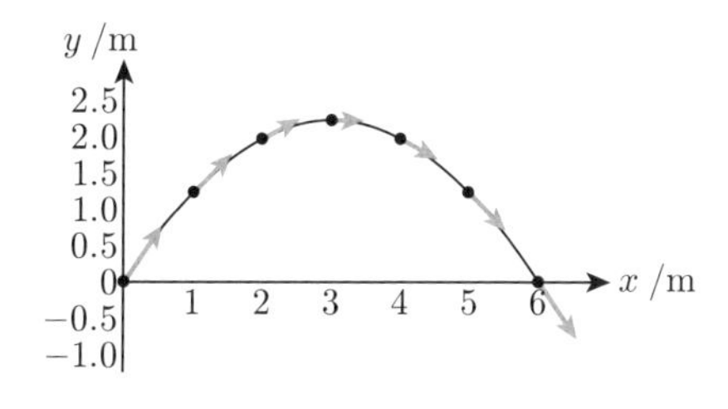

$$\vec{v}(t) = \frac{d\vec{r}(t)}{dt} = \frac{d}{dp}(2p, 3p - p^2)\,\mathrm{m/s}$$
$$= (2, 3 - 2p)\,\mathrm{m/s} \tag{1.25}$$

を得る．さらにこれを t について微分して

$$\vec{a}(t) = \frac{d\vec{v}(t)}{dt} = \frac{d}{dp}(2, 3 - 2p)\,\mathrm{m/s^2} = (0, -2)\,\mathrm{m/s^2} \tag{1.26}$$

を得る．

図には横軸を x，縦軸を y とした運動の軌跡を描いた．$p = 0, 0.5, 1, 1.5, 2, 2.5, 3$ での物体の位置を黒丸で示し，その時点での速度ベクトルを，物体の位置を始点として，青い矢印で示した．各時刻での速度ベクトルが軌跡に接していることに注意せよ．□

等速円運動の場合，$|\vec{v}(t)|^2 = v^2$（一定）である．この両辺を t で微分すると

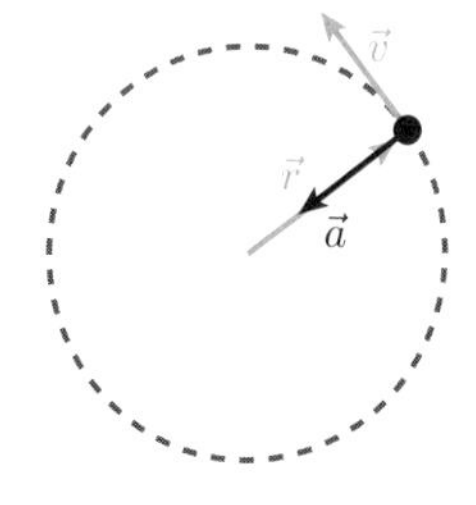

$$\vec{v}(t) \cdot \vec{a}(t) = 0 \tag{1.27}$$

を得る．つまり，等速円運動をする物体の加速度ベクトル $\vec{a}(t)$ は速度ベクトル $\vec{v}(t)$ に常に直交する．速度ベクトルは位置ベクトルとも直交していた（式 (1.14) 参照）ので，加速度ベクトルは位置ベクトルに比例することがわかる．（2 次元平面上で，あるベクトルに直交する 2 つのベクトルは比例する．）それゆえ，比例係数を c として $\vec{a}(t) = c\vec{r}(t)$ と書くことができる．

$\vec{r}(t) \cdot \vec{v}(t) = 0$（式 (1.14)）の両辺を t で微分すると

$$|\vec{v}(t)|^2 + \vec{r}(t) \cdot \vec{a}(t) = 0 \tag{1.28}$$

となる．$\vec{a}(t) = c\vec{r}(t)$ を式 (1.28) に代入して整理すると，$c = -\frac{v^2}{r^2}$ を得る．すなわち

$$\vec{a}(t) = -\frac{v^2}{r}\vec{e}_r(t) \tag{1.29}$$

と表されることがわかる．ただし，$\vec{e}_r(t) \equiv \frac{\vec{r}(t)}{r}$ は $\vec{r}(t)$ 方向の単位ベクトルである（$|\vec{e}_r| = 1$）．つまり，速さ v で半径 r の円上を等速円運動する物体の加速度ベクトルは，大きさが $\frac{v^2}{r}$ で円の中心に向かうベクトルであることがわかる．v も r も一定なので，$\vec{a}(t)$ の大きさは一定であるが，向きが時間的に変化するベクトルであることに注意しよう．

等速円運動の**周期**を T とすると，この時間内に物体は円周 $2\pi r$ を回るので，速さ v は

$$v = \frac{2\pi r}{T} \tag{1.30}$$

で表される．

物理では時刻についての2階微分をダブルドットで表すことが多い．例えば $\ddot{x}(t)$ は $x(t)$ を t について2回微分したものである．

$$\ddot{x}(t) = \frac{d}{dt}\dot{x}(t) = \frac{d^2x(t)}{dt^2} \tag{1.31}$$

物理の目　加速度センサー

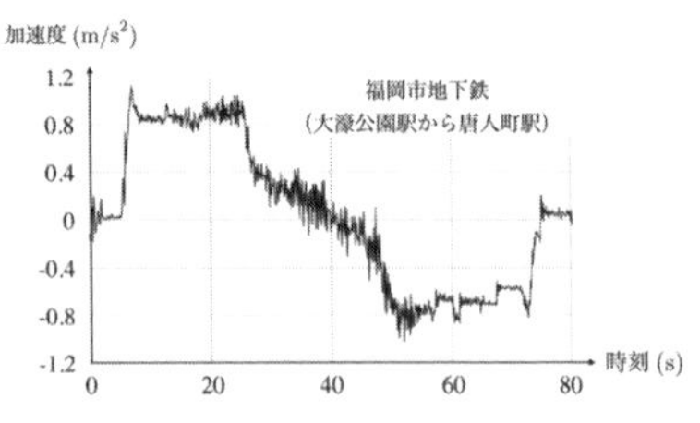

速度に比べると，加速度はわかりにくい物理量のようだ．そこで，スマホに内蔵されている加速度センサーのログを出力するアプリを使って，楽しみながら加速度の感覚を養ってみよう．これを使うと，どういうときにどのような加速度があるのかを（大きさも向きも）知ることができる．例えば電車に乗っているときにログを取ると，いつ加速度がゼロではないのか，どのくらいの大きさなのかがわかる．ローラーコースターではどうだろうか．

1.3 1次元の運動とグラフ

物体の運動が直線上で起こる場合には，取扱いが特に簡単になる．位置ベクトルは $\vec{r}(t) = (x(t))$ のように，ただ一つの成分（位置座標）$x(t)$ で表されるので，ベクトルではなく，関数 $x(t)$ を考えればよい[6]．速度ベクトル，加速度ベクトルも同

[6] 1次元の場合の成分表示 $\vec{r}(t) = (x(t))$ は少しわかりにくい．直線方向の単位ベクトル $\vec{e}_x$ を用いた $\vec{r}(t) = x(t)\vec{e}_x$ の方がわかりやすいかもしれない．もちろん，2次元以上でも $\vec{r}(t) = x(t)\vec{e}_x + y(t)\vec{e}_y$ のように書くことがある．

様である.

基準点を物体が運動している直線上のどこかに設定し $x = 0$ とする. 基準点の片側を正の向きとし, 反対側を負の向きとする. どちら側を正の向きとするかは我々が勝手に選んでよい.

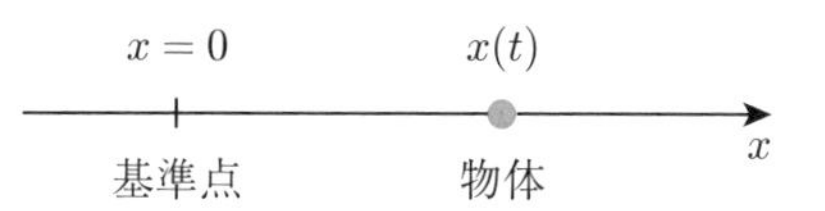

位置座標 $x(t)$ は時刻 t の関数なので, 横軸を時刻 t に取り, 縦軸を x に取った2次元のグラフで運動を表すことができる. 曲線 $x = x(t)$ は, 各時刻で物体がどこにあるのかを表している. この曲線上のある点での傾きは, その時刻での物体の速度成分を表している.

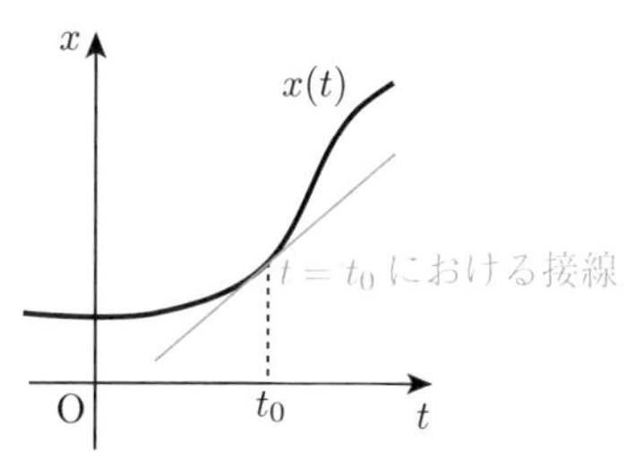

速度成分 $v(t) = \frac{dx(t)}{dt}$ も横軸を時刻 t, 縦軸を v とする2次元のグラフで表すことができる. 曲線 $v = v(t)$ 上のある点での傾きは, その時刻での物体の加速度成分を表している.

加速度成分 $a(t) = \frac{dv(t)}{dt}$ も横軸を時刻 t, 縦軸を a とする2次元のグラフで表すことができる.

例題 1.3

次のそれぞれの場合に, 加速度 (の成分) $a(t)$ は正だろうか, 負だろうか.

(1)　物体が正の方向に運動していて, その速さはだんだん大きくなっている.
(2)　物体が負の方向に運動していて, その速さはだんだん大きくなっている.
(3)　物体が正の方向に運動していて, その速さはだんだん小さくなっている.
(4)　物体が負の方向に運動していて, その速さはだんだん小さくなっている.
(5)　物体が負の方向に, 一定の速さで運動している.
(6)　物体は静止している.

【解答】　(1)　正　(2)　負　(3)　負　(4)　正　(5)　ゼロ　(6)　ゼロ

□

ガリレイの**落体の法則**によれば, 何ものにも拘束されず, 自由に落下する物体は, 一定の**重力加速度** $\vec{g}$ で等加速度運動をする. ただし, $\vec{g}$ は鉛直下向きで, 大きさ $g = |\vec{g}|$ はおよそ $9.8\,\mathrm{m/s^2}$ である.

例題 1.4

手に持ったボールを静かに落としたとき，ボールは床から跳ね返って上昇し，再び床に達した．その間の位置，速度，加速度の成分のグラフの概形を描け．

【解答】 ボールは**自由落下**する．物体が上向きに運動しているときも「自由落下」と呼び，下向きに運動しているときと同様に重力加速度 $\vec{g}$ での等加速度運動であることに注意しよう．

はじめにボールがあった位置から，鉛直下向きにボールは運動する．その直線上の床の位置を基準点（座標の原点）とし，鉛直上向きに x 座標を取る．手を離した瞬間を $t=0$ とする．結果は図のようになる．

はじめにボールが $x=h\ (>0)$ の位置にあったとしよう．横軸 t，縦軸 x のグラフの傾きが速度 $v(t)$ であることに注意．$t=0$ でのグラフの傾きはゼロ（速度ゼロ）である．t が大きくなるに従って，x の値は小さくなっていく（床に近づく）．その小さくなり方はどんどん急になる．これは速度は負（鉛直下向き）で，その大きさはゼロからだんだん大きくなることを意味する．そして，床に衝突する．ボールの速度は負の値から急に正の値に変化する．衝突後，ボールは上向きに運動を始める．そして，ある高さ（h よりは低い）まで上昇し，そこから落下する．速度 $v(t)$ は衝突直後の正の値から，最高点でゼロとなり，それから負の値へと変化する．加速度は横軸 t，縦軸 v のグラフの傾きである．床との衝突のとき以外，グラフは一定の傾きを持っている．この傾きが $-g$ である．床との衝突時には，非常に短い時間に，極めて大きな正の加速度を持つ．床との衝突時以外は，$a=-g$ である．

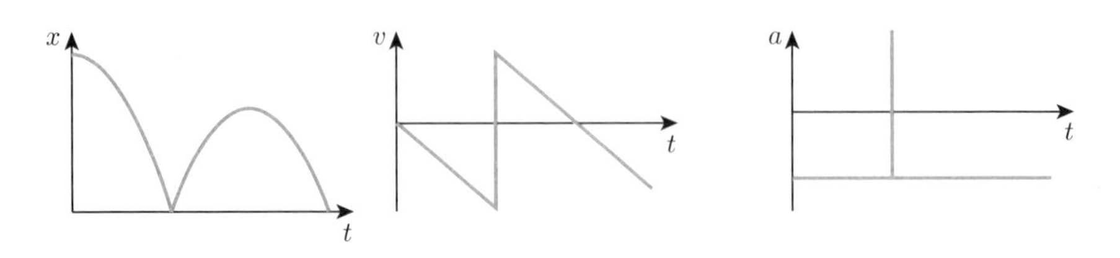

□

〈**Advanced**〉 ボールが床に衝突して跳ね返るとき，実際はボール（と床）は少しだけ変形する．

そのため，ボールの速度は下図のように，実際はなめらかな変化をする．それに伴い，加速度も1点でのみ特異的になるのではなく，有限の時間の間になめらかな変化をする．例題では，ボールも床もその変形がゼロであるような極限的な場合を扱っていることになる．

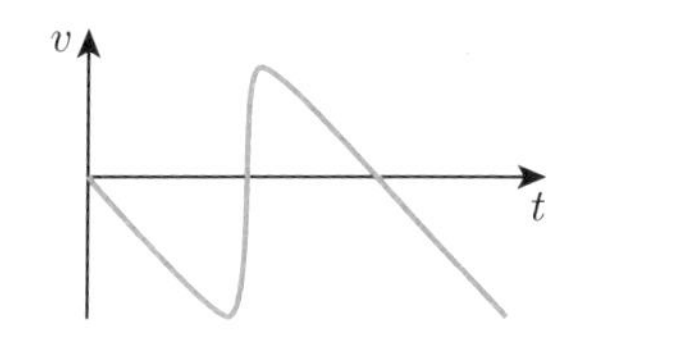

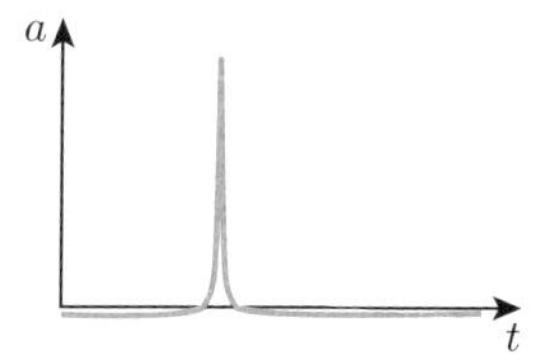

注意！ 1次元の運動は簡単なのでわかりやすいが，そのわかりやすさゆえ，かえって誤解を生みやすい．1次元の運動では方向は1つしかないので，減速して停止し，バックする以外運動の向きを変えることはできない．それゆえ，速さが一定ならば速度も一定になってしまう．しかし，2次元以上の運動では，停止しなくても運動の向きを変えることができるので，速さが一定のままでも速度は変化する場合がある．

1.4 等 速 円 運 動*

等速円運動の「等速」は等速度ではなく，速さが一定であることを意味する．物体の運動方向は変化するので，速度ベクトルは一定ではなく，加速度運動である．

原点を中心とする半径 r の円周上を運動する物体を考えよう．このとき，位置ベクトルの x 座標，y 座標は三角関数を用いて次のように表すことができる．

$$x(t) = r\cos(\phi(t)) \tag{1.32}$$

$$y(t) = r\sin(\phi(t)) \tag{1.33}$$

数学ワンポイント　弧度法

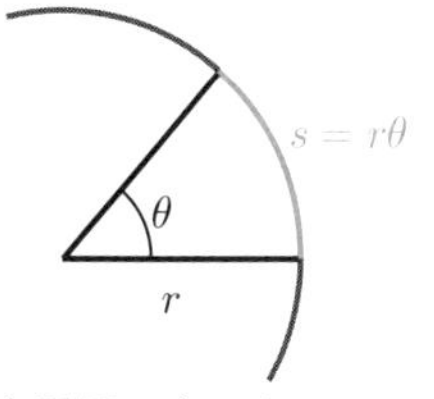

角度を表すのに直角を 90° とする表し方はよく使われるが，物理学や数学では**弧度法**を用いる方が便利である．これは円弧の長さと半径との比を用いて角度を表すものである．半径 r の円の円周は $2\pi r$ で与えられるので，中心の周りにぐるっと回った 360° が 2π（つまり円周 $2\pi r$ を半径 r で割った値）となる．直角は $\frac{\pi}{2}$ である．一般に半径 r の円弧の長さが s であるとき，その中心角は $\theta = \frac{s}{r}$ で与えられる．θ（シータ）は長さの比なので**無次元量**であるが，rad（ラジアン）という単位を用いることもある．式 (1.32) および (1.33) の ϕ（ファイ）(t) は弧度法での角度である．

ここで $\phi(t)$ は時間の関数である．実際，

$$x^2(t) + y^2(t) = r^2 \tag{1.34}$$

となり，時刻によらず物体は円周上にある．その速さの2乗は次で与えられる．

$$v^2(t) = \dot{x}^2(t) + \dot{y}^2(t) = r^2\dot{\phi}^2(t) \tag{1.35}$$

数学ワンポイント　三角関数の微分

三角関数の微分の基本公式は

$$\frac{d}{dx}\sin(x) = \cos(x) \tag{1.36}$$

$$\frac{d}{dx}\cos(x) = -\sin(x) \tag{1.37}$$

である．式 (1.32), (1.33) から，式 (1.35) を得るには，合成関数の微分の公式 (1.19) から導かれる

$$\frac{d}{dt}\sin(\phi(t)) = \cos(\phi(t))\dot{\phi}(t) \tag{1.38}$$

$$\frac{d}{dt}\cos(\phi(t)) = -\sin(\phi(t))\dot{\phi}(t) \tag{1.39}$$

を用いる．

等速円運動では，速さの 2 乗が一定値 v^2 であることから，$\dot{\phi}(t)$ は一定の値を取ることがわかる．これは，単位時間に回転する角度（**角速度**という）が一定であることを意味する．角速度 $\dot{\phi}(t)$ を ω（オメガ）と書くと，式 (1.35) から

$$v = r|\omega| \tag{1.40}$$

である．また，$\dot{\phi}(t) = \omega$（一定）を積分して

$$\phi(t) = \omega t + \phi_0 \tag{1.41}$$

を得る．ただし，ϕ_0 は積分定数で，$t = 0$ における ϕ の値である．

等速円運動を表す位置ベクトルは

$$\vec{r}(t) = (r\cos(\omega t + \phi_0), r\sin(\omega t + \phi_0)) \tag{1.42}$$

と表される．これを微分することによって速度ベクトル

$$\vec{v}(t) = (-r\omega\sin(\omega t + \phi_0), r\omega\cos(\omega t + \phi_0)) \tag{1.43}$$

を得る．これらの表式を用いて，$\vec{r}(t)\cdot\vec{v}(t) = 0$ を直接示すことができる．

さらにもう一度 t について微分することにより，加速度ベクトル $\vec{a}(t)$ を得ることができる．

$$\begin{aligned}\vec{a}(t) &= \left(-r\omega^2\cos(\omega t + \phi_0), -r\omega^2\sin(\omega t + \phi_0)\right)\\ &= -\omega^2\vec{r}(t) = -r\omega^2\vec{e}_r(t)\end{aligned} \tag{1.44}$$

ここで $\omega^2 = \frac{v^2}{r^2}$ を用いれば，この式は式 (1.29) と同じであることがわかる．

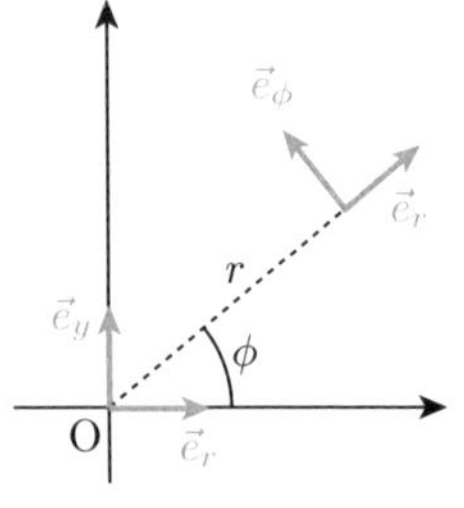

この節で行ったように，x 座標，y 座標を用いる代わりに，原点からの距離 r と，原点を中心とした回転角 ϕ を用いて物体の運動を表すことができる．この r と ϕ を（平面）**極座標**という．

$$r = \sqrt{x^2 + y^2}, \quad \tan\phi = \frac{y}{x} \tag{1.45}$$

極座標は，等速円運動以外でも用いられる．

極座標に対応した**基底ベクトル**は

$$\vec{e}_r = (\cos\phi, \sin\phi) \tag{1.46}$$

$$\vec{e}_\phi = (-\sin\phi, \cos\phi) \tag{1.47}$$

で与えられる．$\vec{e}_\phi$ は $\vec{e}_r$ に直交する単位ベクトルであることに注意しよう．

物体が運動するとき，r および ϕ は t とともに変化する．基底ベクトル $\vec{e}_r$ および $\vec{e}_\phi$ は，ϕ が時間の関数なので，時間の関数である．デカルト座標に対応した基底ベクトル

$$\vec{e}_x = (1, 0) \tag{1.48}$$

$$\vec{e}_y = (0, 1) \tag{1.49}$$

が時間に依存しないことと比べると大きな違いである．

一般に，極座標では位置ベクトルは

$$\vec{r}(t) = r(t)\vec{e}_r(t) \tag{1.50}$$

と表される．これを t で微分すると

$$\vec{v}(t) = \frac{d}{dt}\vec{r}(t) = \dot{r}(t)\vec{e}_r(t) + r(t)\frac{d}{dt}\vec{e}_r(t) \tag{1.51}$$

となる．ここで式 (1.46) を t で微分して得られる

$$\frac{d}{dt}\vec{e}_r(t) = \dot{\phi}(t)\vec{e}_\phi(t) \tag{1.52}$$

を用いると

$$\vec{v}(t) = \dot{r}(t)\vec{e}_r(t) + r(t)\dot{\phi}(t)\vec{e}_\phi(t) \tag{1.53}$$

を得る．等速円運動では $r(t) = r$（一定），$\dot{\phi}(t) = \omega$（一定）であるから

$$\vec{v}(t) = r\omega\vec{e}_\phi(t) \tag{1.54}$$

となる．大きさと向きとが正しく求まっていることを確認しよう．

例題 1.5

一般の平面上の運動で，加速度ベクトルが極座標では

$$\vec{a}(t) = \left(\ddot{r}(t) - r(t)\dot{\phi}^2(t)\right)\vec{e}_r(t) + \left(r(t)\ddot{\phi}(t) + 2\dot{r}(t)\dot{\phi}(t)\right)\vec{e}_\phi(t) \tag{1.55}$$

と表されることを示せ．

【解答】 式 (1.53) を t について微分する．

$$\begin{aligned}\vec{a}(t) = \frac{d}{dt}\vec{v}(t) &= \ddot{r}(t)\vec{e}_r(t) + \dot{r}(t)\frac{d}{dt}\vec{e}_r(t) \\ &\quad + \frac{d}{dt}(r(t)\dot{\phi}(t))\vec{e}_\phi(t) + r(t)\dot{\phi}(t)\frac{d}{dt}\vec{e}_\phi(t)\end{aligned} \tag{1.56}$$

ここで式 (1.47) を微分して得られる

$$\frac{d}{dt}\vec{e}_\phi(t) = -\dot{\phi}(t)\vec{e}_r(t) \tag{1.57}$$

および式 (1.52) を用いて整理すると，式 (1.55) を得る． □

等速円運動では $r(t) = r$（一定）, $\dot{r} = \ddot{r} = 0$, $\dot{\phi} = \omega$（一定）, $\ddot{\phi} = 0$ となるので，これらを式 (1.55) に代入して

$$\vec{a}(t) = -r\omega^2\vec{e}_r(t) \tag{1.58}$$

が得られる．

演 習 問 題

演習 1.1 次の文章は正しいだろうか，誤りを含んでいるだろうか．

(1) 物体が直線上を運動しながら，速さがだんだん小さくなるとき，その加速度の成分は負である．

(2) 加速度の大きさが一定でゼロでないならば，一瞬たりとも物体は静止することがない．

(3) 物体の加速度が常に同じ方向を向いているとすると，その方向に垂直な速度の成分は時間的に変化しない．

(4) 加速度運動をする物体は，必ず進行方向を変える．

演習 1.2 初め 1 階に静止していたエレベーターが，動き出して 5 階に達して再び静止した．エレベーターの運動を，横軸を時刻 t とし，縦軸を鉛直上向きを正とした位置，速度，加速度のグラフで表すとどうなるか．概形を描け．

演習 1.3 一定の加速度 $\vec{a}$ で運動する物体がある．ある時刻でこの物体の速度は $\vec{v}_1$ であったが，しばらくして $\vec{v}_2$ となった．この間の変位 $\vec{s}$ を用いて，$|\vec{v}_2|^2 - |\vec{v}_1|^2$ を表せ．

演習 1.4 ⟨**Advanced**⟩ ばねの一端を固定し，他端におもりを付けて，重力加速度 $\vec{g}$ の一様な重力場中に吊るして，おもりを鉛直方向に振動させた．鉛直方向に x 軸を取って，この 1 次元の運動を記述したところ，位置ベクトル $\vec{r}(t) = x(t)\vec{e}_x$ の成分 $x(t)$ は，原点を適当に取ると

$$x(t) = A\sin(\Omega t) + B\cos(\Omega t) \tag{1.59}$$

と表されることがわかった．ただし，$\vec{e}_x$ は x 方向の単位ベクトル，A, B および Ω（オメガ）は定数である．この物体の速度ベクトルおよび加速度ベクトルを求めよ．加速度ベクトルの成分 $a(t)$ は，$x(t)$ を用いてどのように表されるだろうか．また，

$$v^2(t) + Cx^2(t) \tag{1.60}$$

が時間に依存しない量になるように定数 C を決めることができることを示せ．

第2章
運動の法則

この章から本格的に**力学**を学んでいく．力学とは，物体にはたらく力と，物体の運動との関係を論じるものである．前章では，運動をどう記述するかに注目し，何がその運動を起こしているのかについては考えなかった．この章では，**力**という概念を導入して，力学の最も基本的な法則であるニュートンの運動の3法則を学ぶ．

2.1 力とは何か

日常的に使う言葉ではあっても，物理学ではより限定的な意味を持った「用語」として用いることがある．例えば，速さと速度は日常的にはあまり厳密に区別して用いないが，物理学では全く違うものであることを前章で説明した．これから学ぶ力もまた，日常的な使い方とは異なった，限定的な意味で用いられる「用語」である．

前章では，物体の運動をどのように記述するかという問題を考えた．もし位置ベクトル $\vec{r}(t)$ が時間の関数として与えられているのなら，それを時間微分することによって，速度ベクトル $\vec{v}(t)$ や加速度ベクトル $\vec{a}(t)$ を求めることができることを学んだ．（逆に，加速度ベクトルが与えられているならば，それを2回積分することによって，位置ベクトルを求めることができる．）しかし，何が物体の運動を決定するのかについては議論しなかった．

物体の運動を決定するものは，物体にはたらく力である．物体に力がはたらくと，物体の運動の様子を変化させる．この正確な意味は，これから学ぶ**運動の法則**によって明らかにされる．

2.1.1 物体の運動には力が必要？

その前に，力についての予備的な考察を行おう．まず，物体に力がはたらいていないという状況を想像してみよう．日常的な観察から「力がはたらかなければ物体は静止する」,「静止していない物体には力がはたらいている」と考えがちであるが，この考えを詳しく検討してみよう．

運動している物体に力がはたらいていないならば，その物体はどうなるだろうか．経験的には「力がはたらかなければ物体は静止する」ように思える．実際，運動している物体を放っておくと，そのうち静止することは，日常的によく目にする現象である．物体を押したり引いたりしている間は物体は運動するが，それを止めると物体は静止してしまう．しかし，力を加えるのを止めても，必ずしもすぐに物体は静止するわけではない．なぜすぐに静止しないのだろうか．運動している物体の速さがだんだん小さくなり，やがて静止する仕方は，状況によって大きく異なっていることがわかる．例えば，ザラザラな面上を運動している物体と，氷上のようななめらかな面上を運動している物体を比べると，同じ初速度でも，ザラザラな面上を運動している物体の方がずっとはやく静止する．この違いが面の違いによるものであるならば，物体には力がはたらいていないのではなく，実際は面から力を受けて，運動の状態を変化させているのだと考える方がよい．ザラザラな面から物体が受ける力となめらかな面から受ける力との違いが，この物体の静止の仕方の差となっている．物体を最終的には静止させる，面からのこの力は**摩擦力**と呼ばれる．

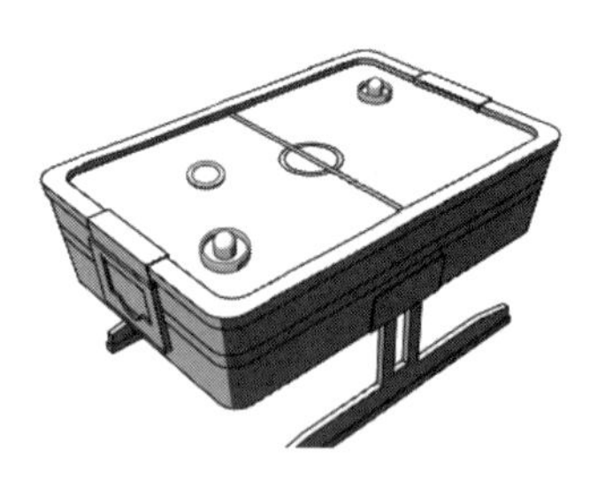

エアホッケーというアーケードゲームでは，盤上の小さなたくさんの穴から空気が吹き出して，パック（プラスチック製の円盤）が浮き上がり，ほとんど盤に接触しないので，パックにはほとんど摩擦力がはたらかない．このときのパックの運動を観察してみると，パックは他の物体に衝突しない限り，ほとんど同じ速度で運動を続けることがわかる．

運動している物体にはたらき，物体の速さを小さくさせる力として，摩擦力の他に**空気抵抗**がある．空気抵抗も，それを小さくするような工夫ができる．ボブスレーでは，氷上を滑走するので摩擦力も抑えられるが，そりの形を工夫することによって空気抵抗も低減している．

NASA

力がはたらいていない状態を想像する際に，摩擦力や空気抵抗の他に障害となるのは**重力**である．地球上ではどのような物体にも重力がはたらいているので，重力のはたらかない状況を想像するのは難しい．しかし，最近は宇宙空間で活動している様子などの映像を通して，重力の効果が小さい環境での物体の運動について目にする機会が増えた．例えば宇宙船の内部で，クルー（乗組員）が浮かんだり，物体が運動している様子を観察すると，宇宙船内の「下に」落下することなく，はじめの運動状態を続けるのがわかる[1].

このように検討してみると，「力がはたらかなければ物体は静止する」，「静止していない物体には力がはたらいている」というのは間違いだということがわかるだろう．むしろ，物体に全く力がはたらかない（理想的な）場合には，物体の運動状態は変化しないことが想像できる．力がはたらかなければ，運動している物体は，その運動状態をいつまでも保つ．

物理の目　理想的な状況から考える

「力がはたらく ⇔ 運動する」というのは，日常経験から当たり前のように思ってしまう．車を同じ速度で走らせるためには，常にアクセルを踏み続けていなければならないし，自転車を同じ速度で走らせるためには，常にペダルを漕ぎ続けなくてはならない．しかし，急にエンジンが停まっても，急にペダルを漕ぐのを止めても，車や自転車は急に静止するわけではない．だんだんと遅くなり，最後に静止するのだ．その遅くなり方は車や自転車，そして道の状態に大きく依存する．ここで説明したように，物体がだんだんと遅くなるのは摩擦力や空気抵抗がはたらいているからである．物理学では，物体に摩擦力や空気抵抗がはたらかない，といった理想的な状況を考えることによって，初めて本質的な事柄が見えてくることがある．

それでは，物理学は理想的な状況だけを考えて，現実的なことは扱わないのか，というと，それは全くの間違いである．現象をだんだんと詳しく記述していくのが物理学のやり方である．まず，本質的な（簡単な）場合を調べ，次に副次的な（より詳細な）効果をだんだんと取り込んで調べていくのである．

2.1.2 力のつりあいと力の合成・分解

次に，物体に 2 つ以上の力がはたらいているときの**力のつりあい**について考えよう．

静止している物体にいくつかの力がはたらいていても，その物体が静止したままであるならば，それらの力はつりあっていて，実質的に力がはたらいていないのと同じになる．運動している物体に対しても，その運動の様子を変えないならば，力はつりあっている．特に，2 つの力がつりあっているというのは，その 2 つの力の大きさが等しく，向きが逆向きの場合である．

---

[1] 宇宙船内で重力の効果が小さい主な要因は，物体にはたらく重力が弱いからではなく，実は宇宙船も物体と一緒に「落下」しているからである．このことについては 2.6.2 節で詳しく説明する．

上述のエアホッケーのパックの場合でも，パックが運動している間，パックには鉛直下向きの重力と，穴から吹き出す空気による鉛直上向きの力がはたらく．しかし，これら2つの力がつりあっているため，パックの鉛直方向の運動の様子が変化しないのだと考えられる．

つりあっていない2つの力が物体にはたらくときはどうなるだろうか．その正確な議論は後ほど行うが，ここでは，この2つの力を合成した1つの力がはたらいているのと同じであることに注意しよう．いま，物体に力Aと力Bがはたらいているとする．このとき，第3の力Cをさらに加えて，3つの力をつりあわせることができる．力Cとつりあう力というのは，Cと同じ大きさで向きが逆向きの力である．それゆえ，力Aと力Bとを合成した力ABは，Cと同じ大きさで逆向きの力である．

実験によると，2つの**力の合成**は，力を長さがその大きさ，方向がその力の方向であるような線分で表したとき，その2つの線分を辺とする平行四辺形の対角線の方向で，対角線の長さが大きさであるような力によって与えられる．これは2つのベクトルの和の規則と同じものである．すなわち，力はベクトルとして加え合わせることができることがわかる．力という物理量はベクトルなのだ．

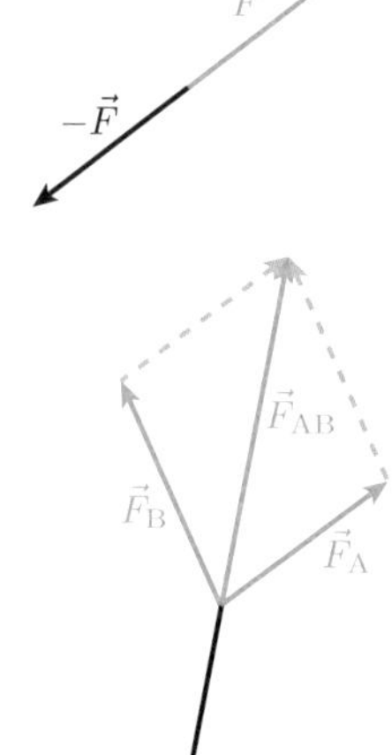

2つの力のつりあいは，ベクトルを用いて簡単に表現することができる．1つの力をベクトル $\vec{F}$ で表すと，この力とつりあう力は向きが逆向きで同じ大きさの力である．これはベクトルで表すと $-\vec{F}$ となる．2つの力の和 $\vec{F}+(-\vec{F})=\vec{0}$ はゼロベクトルである．つまり，力がはたらいていないことと同じである．

物体にはたらく2つの力を $\vec{F}_{\rm A}, \vec{F}_{\rm B}$ とすると，それら2つが物体にはたらいているとき，ベクトルの和で与えられる1つの力 $\vec{F}_{\rm AB}=\vec{F}_{\rm A}+\vec{F}_{\rm B}$ がはたらいているのと同じである．さらに第3の力 $\vec{F}_{\rm C}$ が物体にはたらき，$\vec{F}_{\rm C}=-\vec{F}_{\rm AB}$ を満足しているとすると，$\vec{F}_{\rm A}+\vec{F}_{\rm B}+\vec{F}_{\rm C}=\vec{0}$ が成り立つ．このとき，3つの力はつりあっていて，物体に力がはたらいていないのと同じである．

力がベクトルとして合成することができるということは，逆に，1つの力を2つの力として分解することができることをも意味している．力 $\vec{F}$ を2つの力に分解する仕方は無限にある．

2.2 運動の第1法則（慣性の法則）

力学の基本法則は，ニュートンの運動の**3**法則にまとめられる．

第1法則（慣性の法則） 物体に力がはたらかないとき，物体は静止したままでいるか，等速度運動をする．

第2法則（運動の法則） 物体に力がはたらくとき，物体にはその力の向きに，力の大きさに比例し，物体の質量に反比例する加速度が生じる．

第3法則（作用・反作用の法則） 2つの物体が力を及ぼし合うとき，一方が他方に及ぼす力は，他方がその物体に及ぼす力と同一直線上にあり，逆向きで大きさが同じである．

第1法則である慣性の法則は，物体に力がはたらいていないときに何が起きるかを述べている．前節で考察したように，力は運動の様子を変化させるものである．力がはたらかないとき，運動の様子は変化しない．いままで「運動の様子」と漠然と表現したものが，ここでは物体の速度ベクトルのことであると明示されている．物体が静止したままでいるというのは，物体の速度ベクトルがゼロベクトル $\vec{0}$ のままであることと同じである．等速度運動というのは，速度ベクトルが時刻によらない一定のベクトルであるということである．それゆえ，静止も速度ベクトルがゼロベクトルのまま時刻によらないという意味で一種の等速度運動である．

特に注意が必要なのは，力がはたらいていないときでも，静止ばかりでなく，等速度運動という運動もありうるということである．われわれは静止と運動との違いを重視しがちだが，力学の観点からは，等速度運動（静止も含む）と加速度運動との区別の方が重要である．

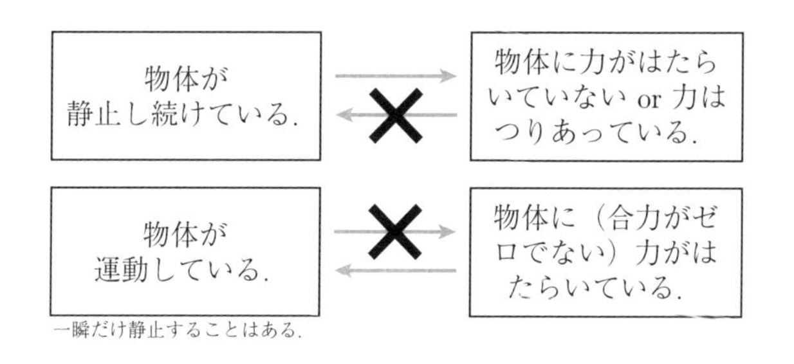

 運動の第2法則（運動の法則）

第2法則は，物体に力がはたらいているときに何が起きるかについて述べている．2.1節で議論したように，力はベクトルであることに注意しよう．そうすると，物体の質量を m として，第2法則は

$$\vec{a} = k\frac{\vec{F}}{m} \tag{2.1}$$

という式で表すことができる．ただし，$\vec{a}$ は物体に生じる加速度，$\vec{F}$ は物体にはたらく力（複数ある場合にはそれらの合力），k は比例定数である．

ここで力の単位をちょうど比例係数が $k=1$ となるように取ると便利である．質量を kg で量り，加速度の単位を $\mathrm{m/s^2}$ としたとき，比例係数が 1 となる力の単位が**ニュートン**で，N と書かれる．

$$\mathrm{N} = \mathrm{kg\,m/s^2} \tag{2.2}$$

以下では常に比例係数が $k=1$ となる単位を用いることとし，

$$\vec{a} = \frac{\vec{F}}{m} \tag{2.3}$$

と書く．これを**運動方程式**と呼ぶ．

この法則は2つの仕方で用いることができる．まず，物体にはたらく力 $\vec{F}$ がわかっているとき，この運動方程式から加速度ベクトル $\vec{a}(t)$ を求め，それから物体の各時刻での位置ベクトル $\vec{r}(t)$ を求めることができる．つまり，運動方程式を解いて，物体の運動を決定することができる．もう一つの使い方は，物体の運動が知られているときに，その物体の加速度から，その物体にはたらいている力（の合力）を求めることができる．

自由落下する物体は，物体の質量によらず，一定の加速度ベクトル $\vec{g}$ で運動する．すなわち，自由落下する物体に対して，$\vec{a}=\vec{g}$（一定）である．自由落下は，物体に重力のみがはたらいているときの運動である．それゆえ，質量 m の物体にはたらく重力は

$$\vec{F}_{\text{重力}} = m\vec{g} \tag{2.4}$$

であることがわかる．

半径 r の円上を速さ v で等速円運動をする物体の加速度ベクトルは式 (1.29) であるから，物体の質量を m とすると，その物体には

$$\vec{F}_{\text{等速円運動}} = -\frac{mv^2}{r}\vec{e}_r \tag{2.5}$$

の力がはたらいていることがわかる．つまり，等速円運動をする物体には，その円の中心に向かう力がはたらいていることがわかる．この力を**向心力**という[2]．

2.3.1 重力による運動

重力のみを受けて運動する物体の運動方程式

$$\vec{a} = \frac{\vec{F}_{\text{重力}}}{m} = \vec{g} \tag{2.6}$$

を解くと，自由落下する物体の位置ベクトル $\vec{r}(t)$ を決定することができる．式 (2.6) を

$$\frac{d\vec{v}(t)}{dt} = \vec{g} \tag{2.7}$$

と書くと，これは $\vec{v}(t)$ というベクトル値関数が満足する**微分方程式**である．ベクトル $\vec{g}$ が一定なので

$$\vec{v}(t) = \vec{v}_0 + \vec{g}t \tag{2.8}$$

を得る．ここで $\vec{v}_0$ は一定のベクトルで，積分の際の積分定数の役割を果たす[3]．物理的には $t=0$ での速度ベクトルを表し，**初速度ベクトル**と呼ばれる．次に式 (2.8) を

$$\frac{d\vec{r}(t)}{dt} = \vec{v}_0 + \vec{g}t \tag{2.9}$$

と書くと，位置ベクトル $\vec{r}(t)$ は微分すると t の 1 次式であるという式になる．微分して 1 次式になるのは 2 次式である．つまり，この式を積分して

---

[2] ただし，向心力の形は等速円運動を引き起こす全ての力に共通であって，力の性質を規定しているわけではない．例えば，ばねの力（2.3.2 節）と万有引力（第 3 章）は全く違う性質を持った力だが，どちらの力も等速円運動を引き起こすことができる．

[3] 1 変数関数 $v(t)$ の微積分で

$$\frac{dv(t)}{dt} = g \quad (g\text{ は定数})$$

ならば

$$v(t) = v_0 + gt \quad (v_0\text{ は積分定数})$$

である．式 (2.8) はそのベクトル版である．

$$\vec{r}(t) = \vec{r}_0 + \vec{v}_0 t + \frac{1}{2}\vec{g}t^2 \tag{2.10}$$

を得る．ここで $\vec{r}_0$ も積分定数で，物理的には $t = 0$ での位置ベクトルを表す．この式 (2.10) が運動方程式 (2.6) の**一般解**である．つまり，運動方程式 (2.6) を満足する物体の位置ベクトル $\vec{r}(t)$ は適当な定数ベクトル $\vec{r}_0$ および $\vec{v}_0$ を用いて，必ず式 (2.10) のように表される．

数学ワンポイント　微分方程式

関数とその関数の導関数が満足する関係式を**微分方程式**という．代数方程式，例えば 2 次方程式を解くとは，その関係式を満足する未知数を求めることであった．微分方程式を解くとは，その関係式を満足する未知関数を求めることである．微分方程式を解くことを，微分方程式を積分するともいう．運動方程式を解くとは，運動方程式という微分方程式を積分して，物体の運動を決定することである．重力による運動の運動方程式 (2.6) から一般解 (2.10) を求める操作は，微分方程式 (2.6) を積分する操作に他ならない．

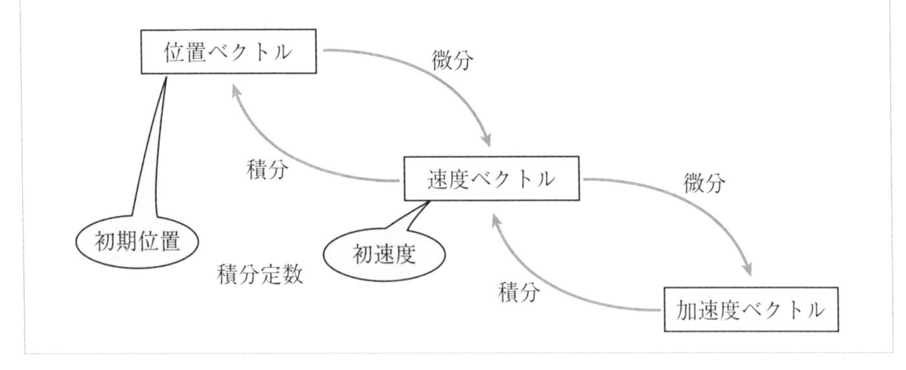

例題 2.1

地面より高さ h のところから，速さ V で真上にボールを投げ上げた．投げ上げてから，ボールが最高点に達するまでの時間と，最高点の高さを求めよ．ただし空気抵抗は無視する．

【解答】　この問題は鉛直方向のみの運動を扱うので，1 次元ベクトルを用いて考えよう．位置ベクトルを $\vec{r}(t) = (z(t))$ とする．ただし，地面の高さを基準点（原点）に選び，鉛直上向きを正の向きとする．また，投げ上げた時刻を $t = 0$ としよう．そうすると，$\vec{r}_0 = (z(0)) = (h)$ である．初速度ベクトルは $\vec{v}_0 = (V)$ で与えられる．また，重力加速度ベクトルは $\vec{g} = (-g)$ である．マイナス記号は，重力加速度

ベクトルが鉛直下向きのベクトルであることによる．これらを式(2.10)に代入して，その成分に対する式

$$z(t) = h + Vt - \frac{1}{2}gt^2 \tag{2.11}$$

を得る．最高点では $v(t) = \dot{z}(t) = V - gt = 0$ なので，$t = \frac{V}{g}$ を得る．つまり，最高点に達するまでの時間は $\frac{V}{g}$ である．このときの高さは，この時刻を式(2.11)に代入して，$z_{最高点} = h + \frac{V^2}{2g}$ である．□

例題 2.2

月面上での重力加速度は地球上のおよそ6分の1である．地面からジャンプして再び地面に戻るまでの時間は，ジャンプした初速度が同じならば，月面上では地球上の何倍になるだろうか．ただし空気抵抗は無視する．

【解答】　再び地面に戻るまでの時間は，最高点に達するまでの時間の2倍である．最高点では速度ベクトルの鉛直成分がゼロになるので，式(2.8)から

$$t_{最高点} = \frac{v_{0\,鉛直}}{g} \tag{2.12}$$

で与えられる．ここで $v_{0\,鉛直}$ は初速度ベクトルの鉛直方向（上向き）の成分である．これより，初速度が同じならば，最高点に達するまでの時間は重力加速度に反比例することがわかる．再び地面に戻るまでの時間もやはり重力加速度に反比例する．それゆえ，月面上では地球上の6倍の時間がかかる．□

2.3.2　ばねの力による運動

ばねを自然長から長さ x だけ伸ばしたとき，ばねが縮もうとする力の大きさは伸び x に比例する[4]．これを**フックの法則**という．ばねを伸ばす方向を x の正方向とし，自然長の位置を原点とすると，ばねを x だけ伸ばしたときにばねが縮もうとする力は $\vec{F} = -kx\vec{e}_x$ と表すことができる．ただし，比例係数 k は**ばね定数**と呼ばれる．ばねを自然長から縮めるときを $x < 0$ とすれば，$|x|$ だけばねを縮めたときに，ばねが伸びようとする力もまた $\vec{F} = -kx\vec{e}_x$ で表される．

[4] これが成り立つのは x が小さいときだけである．ばねは引っ張りすぎると伸びてしまって元に戻らなくなる．ばねの力による運動を議論するときは，元に戻らなくなるほど引っ張りはしないということを暗黙の前提としている．

例題 2.3〈Advanced〉

ばね定数 k のばねの一端を固定し，他端に質量 m の物体を取り付けて，物体を x 方向に振動させた．この物体の運動方程式を求めよ．ただし，ばねが自然長のときの物体の位置を x 軸の原点とし，ばねによる力以外物体には力がはたらかないとする．また，時刻 $t=0$ で物体は $x=0$ を速度 $\vec{v}(0)=v_0\vec{e}_x$ で通過するとして，時刻 t（>0）での物体の位置ベクトル $\vec{r}(t)=x(t)\vec{e}_x$ を求めよ．

【解答】 物体の運動方程式は

$$\frac{d^2}{dt^2}\vec{r}(t)=-\frac{k}{m}\vec{r}(t) \tag{2.13}$$

となる．これを成分で表すと

$$\ddot{x}(t)+\omega^2 x(t)=0 \tag{2.14}$$

である．ただし，$\omega=\sqrt{\frac{k}{m}}$ を導入した．

この微分方程式は物理学の様々な分野で現れる非常に重要な方程式で，**調和振動子**の方程式と呼ばれる．この方程式の一般解は

$$x(t)=A\sin(\omega t)+B\cos(\omega t) \tag{2.15}$$

で与えられる．ただし，A および B は積分定数である．時刻 $t=0$ での条件 $x(0)=0$ および $\dot{x}(0)=v_0$ から

$$x(0)=B=0 \tag{2.16}$$

$$\dot{x}(0)=A\omega=v_0 \tag{2.17}$$

が得られる．よって，求める解は

$$\vec{r}(t)=\frac{v_0}{\omega}\sin(\omega t)\vec{e}_x \tag{2.18}$$

である． □

数学ワンポイント 〈Advanced〉2 階の線形微分方程式

2 階の微分を含む線形（未知関数とその微分についての 1 次式で表される）微分方程式の一般解は，2 つの線形独立な（一方が他方の定数倍ではない）関数の線形結合で表される．その係数が積分定数である．式 (1.38) および (1.39) から

$$\frac{d^2}{dt^2}\sin(\omega t)=\frac{d}{dt}(\omega\cos(\omega t))=-\omega^2\sin(\omega t) \tag{2.19}$$

$$\frac{d^2}{dt^2}\cos(\omega t)=\frac{d}{dt}(-\omega\sin(\omega t))=-\omega^2\cos(\omega t) \tag{2.20}$$

であるから，$\sin(\omega t)$ と $\cos(\omega t)$ は方程式 (2.14) の 2 つの線形独立な解である．それゆえ，調和振動子の方程式の一般解は式 (2.15) で与えられる．

2.3.3　第 1 法則との関係

運動の第 2 法則は，式 (2.3) において $\vec{F} = \vec{0}$ と置くと，$\vec{a} = \vec{0}$，すなわち力がはたらいていない場合，物体は等速度運動をすることを導く．そうすると，運動の第 1 法則は運動の第 2 法則の一部分であると考えるかもしれない．しかし，むしろ運動の第 1 法則は，**慣性系**という座標系が存在することを積極的に主張していると考えるべきである．このことを理解するために，**非慣性系**について考えよう．

座標系というのは，物理現象を観察する人の視点を表す．慣性系という座標系で観察すると，力がはたらいていない物体は静止しているか，等速度運動をしているように見えるということだ．2.1 節，2.2 節で議論したように，摩擦力や重力がはたらかない状況を考えると，物体は等速度運動をする．この主張には，物体の運動を見ている観測者が「運動していない」ことが暗に仮定されている．もし，観測者が回転する円盤に乗って，その円盤の中心を向いていたとしよう．この観測者は，力のはたらいていない物体の運動をどう見るだろうか．

図は等速円運動をしている観測者（黒丸）から静止している物体（青丸）をみたときの位置ベクトルを表したものである．この観測者からみると，物体は明らかに加速度運動をしている．つまり，等速円運動をしている非慣性系観測者からみると，この物体には力がはたらいていないにも関わらず物体は加速度運動している．それゆえ慣性の法則は成り立たず，また，運動の法則も成り立たない．

非慣性系では**みかけの力**（あるいは**慣性力**）というものを導入して，運動の法則が成り立つように考えることもできる．非慣性系とみかけの力については，2.6.2 節で詳しく扱う．以下では慣性系での議論に限って考えよう．

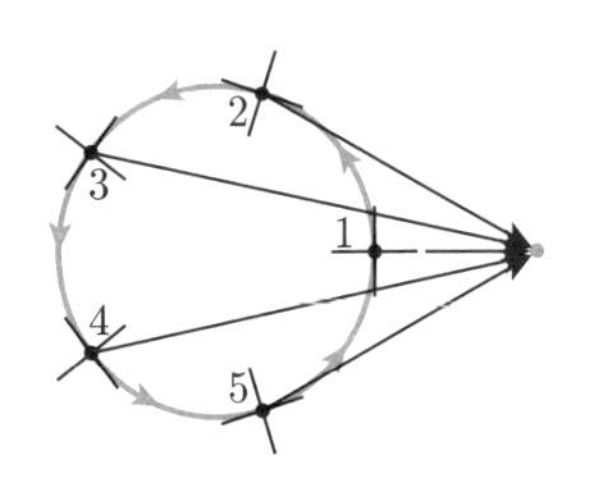

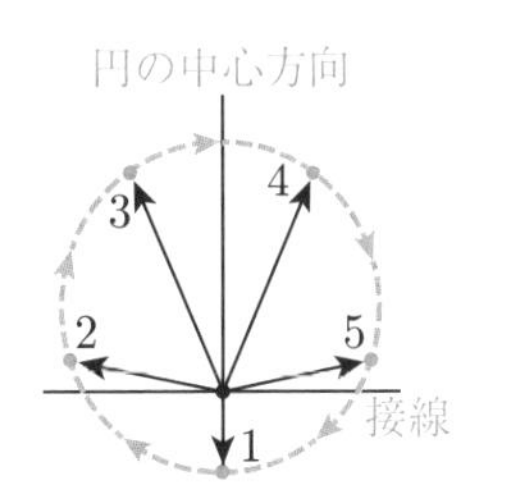

2.4 運動の第3法則（作用・反作用の法則）

第3法則は，物体が互いに力を及ぼし合うときに，どのような仕方で及ぼし合うかを述べている．

質量 m_1，位置ベクトルが $\vec{r}_1(t)$ の物体1と，質量 m_2，位置ベクトルが $\vec{r}_2(t)$ の物体2が力を及ぼし合い，かつ，それ以外にこれらの物体に力がはたらいていないとすると，これらの物体の運動方程式は

$$m_1 \frac{d^2}{dt^2}\vec{r}_1(t) = \vec{F}_{1\leftarrow 2} \tag{2.21}$$

$$m_2 \frac{d^2}{dt^2}\vec{r}_2(t) = \vec{F}_{2\leftarrow 1} \tag{2.22}$$

と書くことができる．ただし，$\vec{F}_{i\leftarrow j}$ は物体 j が物体 i に及ぼす力を表す．第3法則は

$$\vec{F}_{1\leftarrow 2} + \vec{F}_{2\leftarrow 1} = \vec{0} \tag{2.23}$$

であることをいう．

注意したいのは，「力のつりあい」との違いである．力のつりあいについていうときは，注目している1つの物体にはたらく2つ（一般には複数）の力についていう．しかし，作用・反作用の法則は，互いに力を及ぼし合っている2つの物体にはたらく力についていうのである．

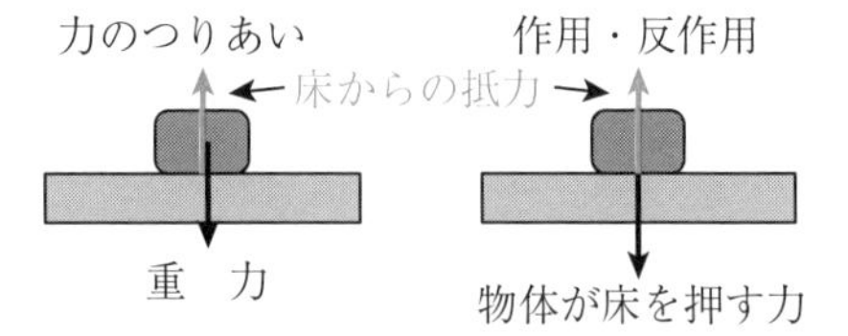

例として，床の上に置かれて静止している物体を考えよう．この物体にはたらく重力と，床から物体にはたらく**垂直抗力**[5] はつりあっている．一方，作用・反作用という観点ではどうだろうか．物体は床を押している（作用）．その力と同じ大きさで反対向きに床は物体を押している（反作用）．（床が物体を押す力を作用，物体が床を押す力を反作用と考えてもよい．）力を及ぼすものと力を受けるものが，作用と反作用では入れ替わっていることに注意しよう[6]．

---

[5] この力がなければ，物体には重力のみがはたらき，運動の法則より物体は自由落下する．床の面に垂直なこの力は，その落下に「抗（あらが）う力」となっている．

[6] 少し紛らわしいが，「物体にはたらく重力の反作用は床からの垂直抗力である」というのは正しくない．物体にはたらく重力（万有引力）の反作用は，正しくは物体が地球に及ぼす万有引力である．万有引力については第3章で扱う．

運動の3法則に基づいて物体の運動を論じる際に，最初にすべきことは物体にどのような力がはたらいているかを列挙することである．このとき，物体に接触していないものからは力を受けないという原則が重要である．接触によって力を及ぼす相互作用を**近接作用**と呼ぶ．ただし，これには重要な例外がある．それは重力と，あとの章で学ぶ電磁気力とである．手から離れたボールには何も接触していないにも関わらず重力がはたらく．

しかし，重力や電磁気力も，**場**を導入することにより，物体に「接触」して力を及ぼす近接作用と考えることができる．場の考え方では，重力場，電場，磁場といった場が空間にあり，その場の中に物体が置かれたときに，物体の置かれた場所の場の値によって[7]，その物体が受ける力が決まると考えるのである．

2.5 運　動　量*

物体の質量と速度の積を**運動量**という．質量を m，速度を $\vec{v}$ とすると，運動量 $\vec{p}$ は

$$\vec{p} = m\vec{v} \tag{2.24}$$

である．運動量はベクトル量であることに注意．

運動量の重要性は，作用・反作用の法則と結びついている．2つの物体の運動方程式が式(2.21)と(2.22)で与えられているとき，それぞれの物体に対する運動量を $\vec{p}_1 = m_1\vec{v}_1$，$\vec{p}_2 = m_2\vec{v}_2$ として，これらを用いて表すと

$$\frac{d}{dt}\vec{p}_1(t) = \vec{F}_{1\leftarrow 2} \tag{2.25}$$

$$\frac{d}{dt}\vec{p}_2(t) = \vec{F}_{2\leftarrow 1} \tag{2.26}$$

となる．これに式(2.23)を用いると

$$\frac{d}{dt}(\vec{p}_1(t) + \vec{p}_2(t)) = \vec{0} \tag{2.27}$$

を得る．これは2つの物体の運動量の和（**全運動量**）$\vec{P} = \vec{p}_1 + \vec{p}_2$ が定数であることを意味する．これを**運動量保存則**という[8]．

全運動量の意味を理解するために，**重心**の位置ベクトル $\vec{R}(t)$ を導入しよう．

$$\vec{R}(t) = \frac{m_1\vec{r}_1(t) + m_2\vec{r}_2(t)}{M} \tag{2.28}$$

ただし

$$M = m_1 + m_2 \tag{2.29}$$

[7] 磁場から受ける力（ローレンツ力）は，物体の位置だけでなく，物体の速度にも関係する．

[8] ある物理量が時刻によらず一定の値を取ることを保存するという．

は全質量である．重心の位置ベクトルを t について微分すると，

$$\frac{d}{dt}\vec{R}(t) = \frac{1}{M}(m_1\vec{v}_1(t) + m_2\vec{v}_2(t)) = \frac{1}{M}(\vec{p}_1(t) + \vec{p}_2(t)) = \frac{\vec{P}(t)}{M} \tag{2.30}$$

を得る．つまり

$$\vec{P}(t) = M\frac{d}{dt}\vec{R}(t) \tag{2.31}$$

と表される．これはあたかも位置ベクトルが $\vec{R}(t)$ で質量が M の1つの物体の運動量のように見える．運動量保存則は，この運動量が定数ベクトルであることを意味する．1つの物体の運動量が保存するのは，速度ベクトルが一定のときであり，これは物体に力がはたらいていない場合であることを思い出そう．2つの物体の間だけに力がはたらいているとき，この2つの物体をまとめて考えると，質量 M の物体が力を受けずに等速度運動をしている，とみなせることを運動量保存則は意味している．

2つの物体の間にはたらく力の他に別の力がはたらくときも重心の位置ベクトル，全運動量を導入すると便利である．例として，2つの物体の間にはたらく力の他に，重力がはたらいている場合を考えよう．運動方程式は

$$\frac{d}{dt}\vec{p}_1(t) = \vec{F}_{1\leftarrow 2} + m_1\vec{g} \tag{2.32}$$

$$\frac{d}{dt}\vec{p}_2(t) = \vec{F}_{2\leftarrow 1} + m_2\vec{g} \tag{2.33}$$

となる．これらより，

$$\frac{d}{dt}\vec{P}(t) = M\vec{g} \tag{2.34}$$

あるいは

$$\frac{d^2}{dt^2}\vec{R}(t) = \vec{g} \tag{2.35}$$

を得る．これは，2つの物体が全体として重力加速度 $\vec{g}$ で落下することを表している．

以上では，簡単のため2つの物体の場合を考えたが，3つ以上の場合も同様に重心の運動を取り出すことができる．

例題 2.4

ロケットが宇宙空間で速度を上げるには，燃料を燃やしてガスを噴射する必要がある．いま質量 m のロケットが，短い時間 Δt の間に，質量 Δm のガスをロケットに対して速度 $\vec{u}$ で噴射するとき，この時間のロケットの速度の変化分 $\Delta\vec{v}$ はどれほどか．

【解答】 ロケットからのガスの噴射を，（ロケットのガス以外の部分）と（噴射されたガス）という2つの物体の運動と考えよう．これらの物体には互いに力（作用と反作用）がはたらいているが，外からは力がはたらいていないので，全運動量は保存する．ガスの噴

射の前後で全運動量が等しいという式は,

$$m\vec{v} = (m - \Delta m)(\vec{v} + \Delta\vec{v}) + \Delta m(\vec{v} + \vec{u}) \tag{2.36}$$

と表される. 左辺がガス噴射前のロケットの運動量, 右辺の第1項はガス噴射後のロケットの運動量, 第2項が噴射されたガスの運動量である. 十分短い時間では, Δm は m に比べて十分小さく, $\Delta\vec{v}$ も小さいので, 右辺第1項の $\Delta m \Delta\vec{v}$ は無視することができる. それゆえ

$$m\Delta\vec{v} + \Delta m\vec{u} = \vec{0} \tag{2.37}$$

つまり,

$$\Delta\vec{v} = -\frac{\Delta m}{m}\vec{u} \tag{2.38}$$

を得る. $\Delta\vec{v}$ の向きが, ガスを噴射する向きと反対であることに注意せよ. また, $\Delta\vec{v}$ はそれまでのロケットの速度 $\vec{v}$ に依存しないことにも注意せよ. □

物理の目　運動量保存則

(レベルの低い?) SF では, 何も噴出しないまま加速する宇宙船が登場するが, 例題2.4で見たように, それは運動量保存則に反している. 大きな加速を得るためには, かなりの質量の物体を, 大きな速度で噴射しなくてはならない.

全く摩擦のない, 仮想的なスケートリンクの真ん中にあなたが一人静止したまま取り残された場合にも, 似たような状況が生じる. あなたはどの方向にも進むことができないだろう. もし, もう一人一緒にいれば, 相手を突き放すことによって, 互いに逆方向に進むことができる. (一緒に同じ方向には進めない.) 一人のときにはなにか持ち物を投げ出すしかない. そうすれば, その反対方向に動き出すことができるはずである.

2.6 慣性系と非慣性系

2.6.1 ガリレイ変換

1つの慣性系に対して等速度で運動し, 座標軸の向きが時間的に変化しない座標系も慣性系である. まずこのことを示そう.

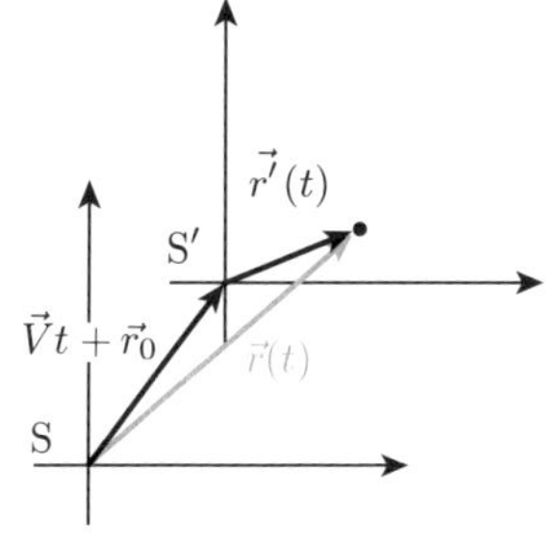

慣性系Sを考えよう. S系での物体の位置ベクトルを $\vec{r}(t)$ とすると, この物体の速度は $\vec{v}(t) = \frac{d\vec{r}(t)}{dt}$ で与えられる.

慣性系Sに対して, 一定の速度 $\vec{V}$ で運動する座標系S′を考えよう. S′系での物体の位置ベクトルを $\vec{r}'(t)$ とすると,

$$\vec{r}(t) = \vec{r}'(t) + \vec{V}t + \vec{r}_0 \tag{2.39}$$

が成り立つ．ここで，$\vec{V}t + \vec{r}_0$ は S′ 系の原点を，S 系からみたときの時刻 t での位置ベクトルである．$\vec{r}_0$ は $t = 0$ での S′ 系の原点の位置ベクトルである．

S′ 系での物体の速度 $\vec{v}'(t) = \frac{d\vec{r}'(t)}{dt}$ は，S 系でみた物体の速度 $\vec{v}(t)$ と

$$\vec{v}(t) = \vec{v}'(t) + \vec{V} \tag{2.40}$$

という関係がある．これは式 (2.39) の両辺を t で微分することによって得られる．

S 系では，（定義により）慣性の法則が成立する．つまり，力がはたらいていない物体は，S 系では静止しているか，または等速度運動をする．いずれの場合も $\vec{v} =$（一定）と表すことができる．このとき，式 (2.40) から，S′ 系でこの物体をみたときの速度 $\vec{v}'$ は

$$\vec{v}' = \vec{v} - \vec{V} = (\text{一定}) \tag{2.41}$$

となり，（S 系とは速度は違うが）一定の速度を持っている．このことは，S′ 系が慣性系であることを意味する．

以上の考察で，当然のこととして言及しなかったのは，S 系での時間と S′ 系での時間が同じだということである．S 系での時間座標を t，S′ 系での時間座標を t' とするとき，時間が 2 つの座標系で同じだというのは $t = t' + d$ と書けるということである．ただし，d は S 系の時刻に対して，S′ 系の時刻はどれほど遅れているかを表す定数である．

上で導入した $\vec{r}_0$ および d は，それぞれ座標系の原点をどこに取るか，時刻の原点をどこに取るかという自由度に関係しているので，等速度で運動している座標系の本質的な性質ではない．そこで簡単のため $\vec{r}_0 = \vec{0}$, $d = 0$ とした

$$\begin{cases} \vec{r}' = \vec{r} - \vec{V}t \\ t' = t \end{cases} \tag{2.42}$$

を考えることが多い．この座標変換を**ガリレイ変換**と呼ぶ．

〈**Advanced**〉 2 つの座標系で時間が同じであるのは当然であって，なぜわざわざそのことをいうのか不審に思うかもしれない．実は**特殊相対性理論**では，時間は慣性系ごとに異なっている．特殊相対性理論において，2 つの慣性系を結び付ける座標変換（**ローレンツ変換**）は，空間座標だけでなく，時間座標も変換する．同じ慣性系でも，時間の進み方は座標系によって異なる．ローレンツ変換は，光速に対して座標系の相対速度が小さい極限でガリレイ変換 (2.42) に一致する．

任意の2つの慣性系での位置ベクトル $\vec{r}(t)$ と $\vec{r}'(t')$ は，これらの座標系での時間座標が同じ（$t' = t$）であるとすると，式 (2.39) で結び付けられている．実際，力のはたらいていない物体に対して慣性の法則がそれぞれの座標系で成立するので，

$$\frac{d^2}{dt^2}\vec{r}(t) = \vec{0}, \quad \frac{d^2}{dt^2}\vec{r}'(t) = \vec{0} \tag{2.43}$$

となる．特に，

$$\frac{d^2}{dt^2}\Big(\vec{r}(t) - \vec{r}'(t)\Big) = \vec{0} \tag{2.44}$$

が成り立つ．これを t について積分すれば，式 (2.39) が得られる．このとき，$\vec{V}$ および $\vec{r}_0$ は積分定数である．

任意の慣性系に対して，運動方程式は同じ形を取る．これを**ガリレイの相対性**という．実際，運動方程式には加速度のみが現れ，加速度は任意の慣性系で同じになる（式 (2.44) 参照）[9]．

2.6.2 非慣性系とみかけの力

慣性系ではない座標系を**非慣性系**という．非慣性系では，運動方程式が成立していない．例として，慣性系に対して一定の加速度で運動する座標系を考えよう．この座標系の原点 O′ は，慣性系から見ると $\frac{1}{2}\vec{a}_0 t^2 + \vec{v}_0 t + \vec{r}_0$ という位置ベクトルを持っていると考えることができる．ここで $\vec{a}_0$ は O′ の加速度を，$\vec{v}_0$ および $\vec{r}_0$ は時刻 $t = 0$ での O′ の速度と位置を表す．この座標系からみた物体の位置ベクトルを $\vec{r}_{\text{非}}(t)$ とすると，慣性系からみた位置ベクトル $\vec{r}(t)$ とは

$$\vec{r}(t) = \vec{r}_{\text{非}}(t) + \frac{1}{2}\vec{a}_0 t^2 + \vec{v}_0 t + \vec{r}_0 \tag{2.45}$$

という関係にある．この物体が慣性系で運動方程式

$$\frac{d^2}{dt^2}\vec{r}(t) = \frac{\vec{F}}{m} \tag{2.46}$$

に従うとすると，この式に式 (2.45) を代入して，非慣性系での式

$$\frac{d^2}{dt^2}\vec{r}_{\text{非}}(t) + \vec{a}_0 = \frac{\vec{F}}{m} \tag{2.47}$$

[9] 荷電粒子が電磁場中で受ける力であるローレンツ力（14.2 節参照）は，荷電粒子の速度に依存するので注意が必要である．実は速度ばかりではなく電磁場も変換され，運動方程式は（ローレンツ変換の下では厳密に，ガリレイ変換の下では近似的に）不変になっている．

を得る．つまり，慣性系とは違い，余計に $\vec{a}_0$ が現れるので，非慣性系では運動方程式が成立していない．

この式を

$$\frac{d^2}{dt^2}\vec{r}_{非}(t) = \frac{1}{m}\left(\vec{F} - m\vec{a}_0\right) \tag{2.48}$$

と書き直してみよう．そうすると，この物体には $-m\vec{a}_0$ の余計な力，**みかけの力**がはたらいているとみなすことができる．みかけの力を導入すると，（本来運動方程式が成立していない）非慣性系でも，運動方程式を用いて物体の運動を考えることができる．

自由落下するエレベーターの中で，ボールの落下はどのように記述されるだろうか．自由落下するエレベーターは，一定の加速度で運動する座標系とみることができる．その加速度 $\vec{a}_0$ は重力加速度 $\vec{g}$ と一致する．ボールにはたらく重力は $\vec{F}_{重力} = m\vec{g}$ なので，このボールの運動方程式は，式 (2.48) から

$$\frac{d^2}{dt^2}\vec{r}_{非}(t) = \frac{1}{m}\left(\vec{F}_{重力} - m\vec{a}_0\right) = \vec{0} \tag{2.49}$$

となる．つまり，このエレベーターの中にいて，ボールの落下を観測すると，ボールには全く何の力もはたらいていないように見える（ボールは静止，または等速度運動をするように見える）．

宇宙船内部で重力の効果が小さいのは，宇宙船がこの自由落下するエレベーターのように「落下」しているからである．ただし，宇宙船は地球の中心に向かって運動しているのではなく，月のように，地球のまわりを回っているところが違うだけである（第3章を参照せよ）．

〈**Advanced**〉 上の例のように慣性系に対して座標原点が加速度運動をしていなくても，座標系の軸が時間的に回転している場合には非慣性系となる．簡単のために，座標軸が一定の角速度 ω で回転している座標系を考えよう．回転座標系で位置ベクトルを

$$\vec{r}(t) = x'(t)\vec{e}_{x'}(t) + y'(t)\vec{e}_{y'}(t) \tag{2.50}$$

と書くことにしよう．（慣性系での位置ベクトルの表式

$$\vec{r}(t) = x(t)\vec{e}_x + y(t)\vec{e}_y \tag{2.51}$$

と比較せよ．）ここで

$$\vec{e}_{x'}(t) = \cos(\omega t)\vec{e}_x + \sin(\omega t)\vec{e}_y \tag{2.52}$$

$$\vec{e}_{y'}(t) = -\sin(\omega t)\vec{e}_x + \cos(\omega t)\vec{e}_y \tag{2.53}$$

は座標軸の回転を表すために導入した単位ベクトルである．$\vec{e}_x$ および $\vec{e}_y$ は慣性系の座標軸を表す（固定した）単位ベクトルである．回転座標系の原点は慣性系の原点に一致し，これが回転の中心となっている．

$$\frac{d}{dt}\vec{e}_{x'}(t) = \omega\vec{e}_{y'}(t), \quad \frac{d}{dt}\vec{e}_{y'}(t) = -\omega\vec{e}_{x'}(t) \tag{2.54}$$

に注意すると，

$$\frac{d}{dt}\vec{r}(t) = \big(\dot{x}'(t) - \omega y'(t)\big)\vec{e}_{x'}(t) + \big(\dot{y}'(t) + \omega x'(t)\big)\vec{e}_{y'}(t) \tag{2.55}$$

$$\begin{aligned}\frac{d^2}{dt^2}\vec{r}(t) = &\big(\ddot{x}'(t) - 2\omega\dot{y}'(t) - \omega^2 x'(t)\big)\vec{e}_{x'}(t) \\ &+ \big(\ddot{y}'(t) + 2\omega\dot{x}'(t) - \omega^2 y'(t)\big)\vec{e}_{y'}(t)\end{aligned} \tag{2.56}$$

を得る．これを運動方程式

$$\frac{d^2}{dt^2}\vec{r}(t) = \vec{F}(t) \tag{2.57}$$

に代入し，$\vec{F}(t) = F_{x'}\vec{e}_{x'}(t) + F_{y'}(t)\vec{e}_{y'}(t)$ とおいて，$\vec{e}_{x'}$，$\vec{e}_{y'}$ に比例する項を分けると，

$$\ddot{x}'(t) - 2\omega\dot{y}'(t) - \omega^2 x'(t) = \frac{1}{m}F_{x'}(t) \tag{2.58}$$

$$\ddot{y}'(t) + 2\omega\dot{x}'(t) - \omega^2 y'(t) = \frac{1}{m}F_{y'}(t) \tag{2.59}$$

となる．これを

$$\ddot{x}'(t) = \frac{1}{m}\big(F_{x'} + 2m\omega\dot{y}'(t) + m\omega^2 x'(t)\big) \tag{2.60}$$

$$\ddot{y}'(t) = \frac{1}{m}\big(F_{y'} - 2m\omega\dot{x}'(t) + m\omega^2 y'(t)\big) \tag{2.61}$$

と書き直そう．右辺の ω^2 に比例する項は，回転の中心から物体までの位置ベクトルに依存する**遠心力**を表す．

$$\vec{F}_{\text{遠心力}} = m\omega^2\big(x'(t)\vec{e}_{x'}(t) + y'(t)\vec{e}_{y'}(t)\big) = m\omega^2\vec{r}(t) \tag{2.62}$$

つまり，遠心力の向きは回転中心と物体を結ぶ直線上の外に向かい，大きさは回転中心からの距離に比例する．ω に比例する項は物体の回転座標系での速度に依存する項で，**コリオリ力**と呼ばれる．

$$\vec{F}_{\text{コリオリ力}} = 2m\omega\big(\dot{y}'(t)\vec{e}_{x'}(t) - \dot{x}'(t)\vec{e}_{y'}(t)\big) \tag{2.63}$$

コリオリ力は回転座標系で見た速度ベクトル[10]

$$\vec{v}_{\text{回転座標系}}(t) = \dot{x}'(t)\vec{e}_{x'}(t) + \dot{y}'(t)\vec{e}_{y'}(t) \tag{2.64}$$

に垂直であることに注意しよう．

遠心力とコリオリ力は，非慣性系にのみ現れるみかけの力であることに注意しよう．

---

[10] このベクトルは式 (2.55) の $\frac{d\vec{r}(t)}{dt}$ ではない．回転座標系にいる人には，基底ベクトル $\vec{e}_{x'}$ および $\vec{e}_{y'}$ は時間変化していないように見えるので，成分のみの時間変化を考慮したものが回転座標系での速度ベクトルとなる．

物理の目 地球の自転とコリオリ力

地球は自転しているので地上に固定された座標系は慣性系ではなく，非慣性系である．特に北極や南極の近くを考えれば，「北」の向きが1日のうちで360° 回転することがわかるだろう．極地方でなくても，自転とともに座標系は回転するので，ここで議論したみかけの力としてコリオリ力が現れる．緯度がθの場所では，極地方のコリオリ力の$\sin\theta$倍になる．北半球で台風が反時計回りの渦を巻くのもコリオリ力による．しかし，身の回りのスケールではコリオリ力の影響は極めて小さい．自転の角速度が$\omega = \frac{2\pi}{1日} = 7.3 \times 10^{-5}$ rad/s なので，時速 60 km ≈ 17 m/s の自動車にはたらくコリオリ力の大きさは自動車にはたらく重力に比べて日本では7千分の1程度で，当然無視できる大きさである．

演習問題

演習 2.1 質量が4トンのトラックが傾斜角1° の坂道に停車していたが，なぜかブレーキが外れ，坂を下りそうになっている．あなたはそのことに気が付き，このトラックに坂に沿って上向きの力を加えて，トラックを停止したままにしようと考えている．そうするために必要な力の大きさはどれほどか．ただし，トラックが動き出すのを妨げる摩擦力は小さいとして無視し，$\sin(1^\circ) \approx 0.017$ を用いよ．

演習 2.2 高速で車がカーブを曲がるような道では，道が少し内側に傾いている．これはなぜだろうか．カーブを半径100メートルの円の一部であるとし，このカーブを時速63 km で曲がるとすると，この傾き（片勾配と呼ばれる）は理想的にはどのくらいにすればいいだろうか．図の角度θを求めよ．

演習 2.3 初速度の大きさが時速 144 km のボールを投げることができるピッチャーは，どれほどの仰角（ぎょうかく）でボールを投げればいいだろうか．ただし，空気の影響は全く無視できるとする．ピッチャーの手からボールが離れる高さはキャッチャーミットと同じ高さであり，水平距離は 18 m として計算せよ．

第3章 万有引力

この章で学ぶ万有引力は，わたしたちの身の回りの物体の落下と，天体の運動とが，ただ1つの同じ法則に基づくものであることを示している．物理学の普遍性を表す典型的な例である．また，ケプラーの法則という観測から導かれた経験則が，単純で美しい基本法則へと昇華された例でもある．楕円軌道を一般的に扱う数学的煩雑さを避け，円軌道を用いて基本的な考え方を学ぶ．

3.1 地上の運動と天体の運動

地表近くでの物体の自由落下運動については，重力が式 (2.4) で与えられることから，運動方程式を立ててその運動を議論することができた．物体を斜め上方向に投げたときの運動については，第2章の章末問題 2.3 で取り扱った．

空気抵抗を無視することができるとし，高い山の頂上から，大きな速度で物体を水平方向に飛ばしたらどうなるだろうか．もちろん，速度が大きくなるに従って遠くまで飛ばすことができるだろう．ここで，想像力を働かせて，地球サイズに比べて無視できないくらいの距離を飛ばすことができるとしたらどうなるかを考えてみよう．

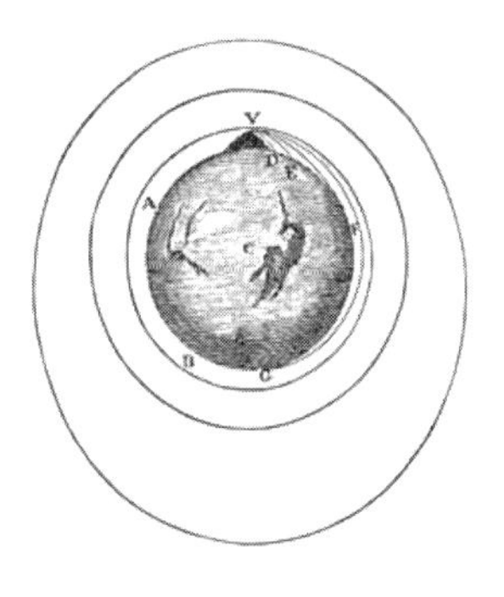

右図はニュートンの本から採ったものである．これを見ると，ニュートンがどのようなことを考えていたのかがよくわかる．山の頂上から水平方向に投げ出された物体は，その初速度を大きくするに従って，より遠くの地点に落下するようになるが[1]，地球が丸いために，初速度がある速度より大きくなると，もはや地上には落下せず，地球の周りを回るようになるだろう．このように，地上の物体の落下と，地球の周りの周回運動とがつながっていることを，この図は示している．

---

[1] 物体は「下」に落下するが，地球サイズで考えると「下」向きが場所によって異なっていることが重要になる．

古代では，天体の運動は完全なものであり，地上の世界とは全く別であると考えられていた．しかし，この図は地上の運動と天体の運動とが同じ物理法則によって支配されていることを示唆している．

3.2 ケプラーの3法則

ケプラーはブラーエの精密な天体観測のデータから，惑星の運動について次の3つの法則を導き出した（**ケプラーの3法則**）．

第1法則 惑星の軌道は，太陽の位置を焦点の1つとする楕円軌道である．

第2法則 惑星の面積速度は一定である．

第3法則 惑星の公転周期の2乗は，惑星の楕円軌道の長半径の3乗に比例する．

数学ワンポイント　楕円

楕円とは，右図のように，2つの点FとF′とからの距離の和が一定であるような平面図形である．この2つの点FとF′を楕円の**焦点**という．この図のFとF′をつなぐ直線に沿っての楕円の半径を長半径，それに垂直な方向の半径を短半径という．

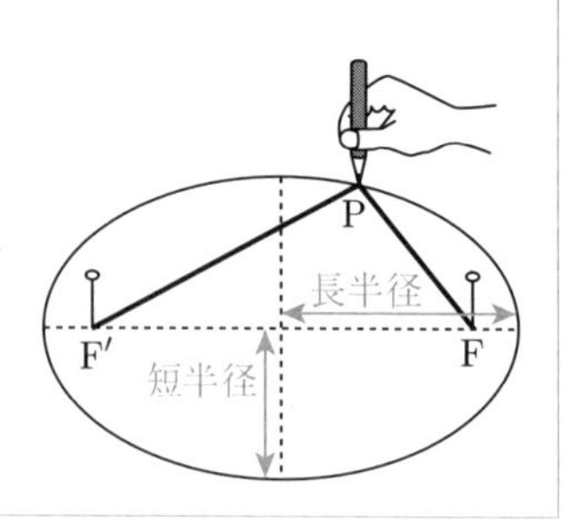

面積速度とは，単位時間あたりに惑星が軌道を移動するときに掃き出す面積のことである．面積速度が一定であるというのは，図のように，太陽から遠いところでは単位時間あたりの角度の変化はあまり大きくなく，逆に，太陽に近いところでは角度の変化が大きく，結果として惑星の運動に伴って掃き出す単位時間あたりの面積（水色の部分）が位置によらず一定であるということである．

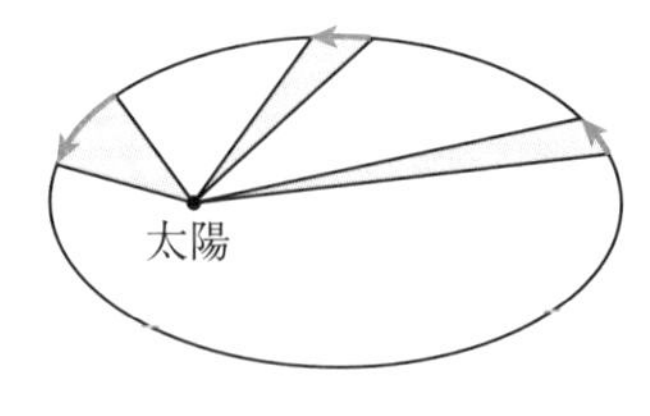

3.3 角 運 動 量*

面積速度が一定であるということを，数学的に表現してみよう．そのために，1.4 節で導入した極座標表示を用いる．

惑星は，太陽と惑星を含む 1 つの平面内を運動する．この平面は**公転面**と呼ばれる．

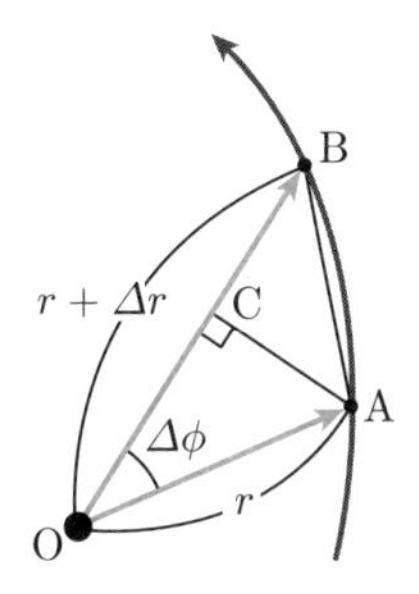

太陽は惑星の質量に比べてずっと大きな質量を持っているので，ほとんど動かない[2]．そこで，太陽の位置を原点 O とする（平面）極座標を公転面に導入し，注目している惑星の位置を A とし，微小な時間 Δt に太陽からその惑星までの距離は Δr だけ増え，角度は $\Delta\phi$ だけ回転して B まで移動したとしよう（図を参照）．惑星の軌道の一部分 AB は実際は曲線だが，角度 $\Delta\phi$ が十分小さければ，直線で近似することができるだろう．そこで，三角形 OAB の面積で時間 Δt の間に惑星の掃き出す面積を近似しよう．A から OB への垂線の足を C として，AC の長さが $r\sin\Delta\phi$ であることに注意すると，この面積は

$$\frac{1}{2}(r+\Delta r)r\sin\Delta\phi = \frac{1}{2}r^2\left(1+\frac{\Delta r}{r}\right)\sin\Delta\phi \tag{3.1}$$

となる．$\frac{\Delta r}{r} \ll 1$ および $\sin\Delta\phi \approx \Delta\phi \ll 1$ であるから，この微小な時間に惑星の運動によって掃き出す面積 ΔS は

$$\Delta S = \frac{1}{2}r^2\Delta\phi \tag{3.2}$$

としてよい．この両辺を Δt で割って

$$\frac{\Delta S}{\Delta t} = \frac{1}{2}r^2\frac{\Delta\phi}{\Delta t} \tag{3.3}$$

を得る．それゆえ，面積速度は

$$\frac{dS}{dt} = \frac{1}{2}r^2(t)\dot{\phi}(t) \tag{3.4}$$

と表される．

ケプラーの第 2 法則は，これが時間に依存しない定数であることを主張する．

$$r^2(t)\dot{\phi}(t) = (\text{定数}) \tag{3.5}$$

この両辺を t で微分して $r(t)$ で割ると

$$r(t)\ddot{\phi}(t) + 2\dot{r}(t)\dot{\phi}(t) = 0 \tag{3.6}$$

を得る．

---

[2] 実際は惑星の運動に伴って太陽も運動するが，その効果は小さい．

例題1.5を思い出そう．式(1.55)

$$\vec{a}(t) = \big(\ddot{r}(t) - r(t)\dot{\phi}^2(t)\big)\vec{e}_r(t) + \big(r(t)\ddot{\phi}(t) + 2\dot{r}(t)\dot{\phi}(t)\big)\vec{e}_\phi(t) \tag{3.7}$$

の第2項は式(3.6)からゼロになる．すなわち，惑星の運動の加速度は，動径方向の成分しか持たない．

加速度がわかると，ニュートンの運動方程式から，物体（惑星）にはたらく力がわかる．つまり，惑星にはたらく力は，動径方向の成分しか持たないことがわかる．

動径方向の成分しか持たず，その大きさが距離にのみ依存する力を**中心力**という．ケプラーの第2法則は，惑星にはたらく力が中心力であることを強く示唆する[3]．以下では中心力であることを仮定して，その導くところを見ていこう．

面積速度は**角運動量**と呼ばれる量と結びついている．位置ベクトルが$\vec{r}(t)$，運動量ベクトルが$\vec{p}(t)$で与えられる物体の，（原点に関する）角運動量$\vec{L}$は

$$\vec{L}(t) = \vec{r}(t) \times \vec{p}(t) \tag{3.8}$$

で与えられる．左辺は2つのベクトルの**外積**である．

数学ワンポイント　外積

2つの3次元ベクトル$\vec{A}$と$\vec{B}$の外積$\vec{A}\times\vec{B}$は，大きさが$|\vec{A}|\,|\vec{B}|\sin\theta$で与えられ，$\vec{A}$と$\vec{B}$の両方に直交し，ベクトル$\vec{A}$から$\vec{B}$へと回転したときに右ねじの進む向きを持ったベクトルである．ただし，角度θはベクトル$\vec{A}$と$\vec{B}$のなす角度である．ベクトル$\vec{A}$とベクトル$\vec{B}$がx-y平面内のベクトルであるなら，ベクトル$\vec{A}\times\vec{B}$はz方向のベクトルである．一般に$\vec{A} = (A_x, A_y, A_z)$, $\vec{B} = (B_x, B_y, B_z)$とすると，

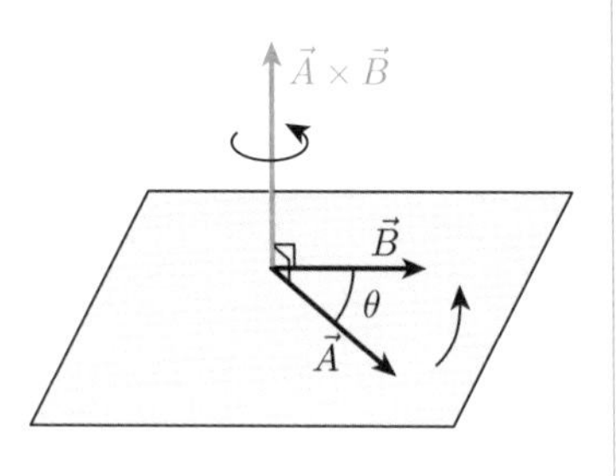

$$\vec{A}\times\vec{B} = (A_yB_z - A_zB_y, A_zB_x - A_xB_z, A_xB_y - A_yB_x) \tag{3.9}$$

である．特に，$\vec{A}\times\vec{B} = -\vec{B}\times\vec{A}$であることに注意しよう．

極座標で表すと位置ベクトルは$\vec{r}(t) = r(t)\vec{e}_r$である．また，物体の質量を$m$とすると，式(1.53)から運動量ベクトルは$\vec{p} = m(\dot{r}(t)\vec{e}_r(t) + r(t)\dot{\phi}(t)\vec{e}_\phi(t))$である．それゆえ，角運動量$\vec{L}$は

$$\vec{L}(t) = mr^2(t)\dot{\phi}(t)(\vec{e}_r \times \vec{e}_\phi) \tag{3.10}$$

[3] 中心力でないならば，その力は距離のみならず，惑星がある方向にも依存する．ケプラーの第2法則だけからは排除できない可能性だが，もし惑星にはたらく力が方向に依存するような力であるならば，惑星は安定な円軌道を持つことができない．

となる．（平行な 2 つのベクトルの外積はゼロになるので，$\vec{e}_r \times \vec{e}_r = \vec{0}$ となることを用いた．）今考えている公転面を x-y 平面とし，$\vec{e}_r$ と $\vec{e}_\phi$ を 3 次元ベクトルとして，$\vec{e}_r = (\cos\phi, \sin\phi, 0)$, $\vec{e}_\phi = (-\sin\phi, \cos\phi, 0)$（式 (1.46) および (1.47) 参照）と表すと，式 (3.9) から $\vec{e}_r \times \vec{e}_\phi = \vec{e}_z = (0, 0, 1)$ となるので

$$\vec{L}(t) = mr^2(t)\dot{\phi}(t)\vec{e}_z \tag{3.11}$$

と書くことができる．これは公転面に垂直なベクトルである．この式を式 (3.5) と見比べると，面積速度が一定であるというのは，**角運動量保存則**を表していることがわかる．

物体にはたらく力が中心力であるならば，角運動量は保存する．角運動量が保存するならば，物体にはたらく力は動径方向の成分のみを持つ．

3.4 万 有 引 力

ケプラーの第 1 法則から，惑星の軌道は実際には楕円軌道であるが，ここでは簡単のため，円軌道であるとして議論を進めよう．実際，円軌道からのずれを示す**離心率**[4] はほとんどの惑星でかなり小さいので，これは悪い近似ではない．

表 3.1 惑星の離心率（2020 年版「理科年表」（丸善出版）より）

惑星	水星	金星	地球	火星	木星	土星	天王星	海王星
離心率	0.2056	0.0068	0.0167	0.0934	0.0485	0.0554	0.0463	0.0090

円運動（$r =$（一定））に対して，ケプラーの第 2 法則から角速度 $\dot{\phi}$ は定数となり，惑星は等速円運動をする．その周期を T とすると，角速度 $\dot{\phi}$ は（時間 T の間に角度 2π 回転するので）$\dot{\phi} = \frac{2\pi}{T}$ と表される．

等速円運動の場合，物体にはたらく力は大きさが一定でその方向は円の中心に向かう．惑星にはたらく力を中心力であるとし，

$$\vec{F} = f(r)\vec{e}_r \tag{3.12}$$

と書くことにしよう．そうすると，式 (3.7) から，円運動（$r =$（一定））に対して，運動方程式 $m\vec{a} = \vec{F}$ から

$$-mr\dot{\phi}^2 = f(r) \tag{3.13}$$

[4] 離心率 ε は，楕円の長半径を a，短半径を b とすると，$\varepsilon = \frac{\sqrt{a^2-b^2}}{a}$ で与えられる．円では $a = b$ なので $\varepsilon = 0$ である．

が得られる．それゆえ

$$T^2 = \left(\frac{2\pi}{\dot{\phi}}\right)^2 = -\frac{(2\pi)^2 mr}{f(r)} \tag{3.14}$$

を得る．

ケプラーの第 3 法則はこの式の右辺が r^3 に比例し，その比例係数が惑星の質量によらないことを示唆する．このことは $f(r)$ は惑星の質量 m に比例し，太陽から惑星までの距離 r の 2 乗に反比例することを意味する．すなわち，$f(r)$ は

$$f(r) = -A\frac{m}{r^2} \tag{3.15}$$

の形を持つ．ここで比例係数 A（> 0）は，全ての惑星に共通である．

この共通の比例係数 A とはどのようなものだろうか．惑星にはたらく力は，惑星と太陽との間の引力と考えることができる．その大きさが惑星の質量に比例するならば，太陽の質量にも比例すると考えるのが自然だろう．また，天体の運動と地上の運動との間には区別なく，同一の物理法則によって支配されるのであれば，ちょうど太陽と惑星が引力を及ぼし合うように，あらゆる物体の間に同様の引力がはたらくと考えるのが自然だろう．このようにして，**万有引力の法則**に到達する．

> あらゆる物体の間には，それぞれの物体の質量に比例し，物体間の距離の 2 乗に反比例する引力が，2 つの物体を結ぶ直線に沿ってはたらく．

2 つの物体の質量を m_1, m_2 とし，その位置ベクトルを $\vec{r}_1, \vec{r}_2$ とすると，万有引力の法則は

$$\vec{F}_{1\leftarrow 2} = -\vec{F}_{2\leftarrow 1} = -G\frac{m_1 m_2}{r_{12}^2}\vec{e}_{12} \tag{3.16}$$

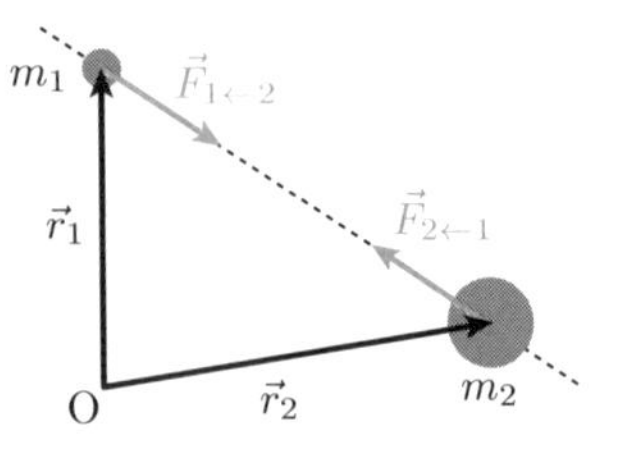

と表される．ただし，$r_{12} = |\vec{r}_1 - \vec{r}_2|$ は 2 つの物体の間の距離，

$$\vec{e}_{12} = \frac{\vec{r}_1 - \vec{r}_2}{r_{12}} \tag{3.17}$$

は物体 2 から物体 1 に向かう単位ベクトルである．係数 G は**ニュートン定数**あるいは**万有引力定数**と呼ばれ，

$$G = 6.67430(15) \times 10^{-11}\ \mathrm{m^3\,kg^{-1}\,s^{-2}} \tag{3.18}$$

である．

結局，式 (3.15) の，惑星に共通な係数 A は，$A = GM$（ただし M は太陽の質量）であった．

万有引力はその名の通り，あらゆる物体の間にはたらくが，たいていの場合極めて微弱でそれを感知することは難しい．

物理の目　ニュートンからアインシュタインへ

ここに書かれている万有引力の法則の「導出」は「証明」ではない．万有引力の法則が成り立つのがもっともらしいという議論だ．万有引力の法則の正しさは，この法則から導かれる結論が，実験や観察と矛盾しないかという数多くの検証にかかっている．実際，万有引力の法則は長い間数多くの検証に合格してきた．しかし，20 世紀の初めまでには，この法則と観測との間に極めて小さなずれが存在することもわかってきた．この極めて小さなずれを説明することのできる，より精密な理論が，アインシュタインの**一般相対性理論**である．このように，万有引力の法則のような優れた理論でも，より優れた理論にとって替わられることがある．それが物理学という経験科学の数学とは違う面であり，面白さでもある．

例題 3.1

質量 1 kg の 2 つの小さな物体が，1 m 離れて置かれているとき，その物体間にはたらく万有引力を求めよ．

【解答】　式 (3.16) において，$m_1 = m_2 = 1\,\mathrm{kg}$, $r_{12} = 1\,\mathrm{m}$ とすると，$|\vec{F}_{1\leftarrow 2}| = 6.7 \times 10^{-11}\,\mathrm{N}$ を得る．これは極めて小さい．人間の組織中の平均的な大きさの細胞 1 個にはたらく重力と同程度の力である．（人間の体にはおよそ 37 兆個の細胞がある．）　□

いままで，太陽は動かないと考えて議論を進めてきたが，これは近似に過ぎない．太陽と惑星（例えば地球）の運動方程式を考えよう．太陽の質量を M，位置ベクトルを $\vec{r}_1(t)$，惑星の質量を m，位置ベクトルを $\vec{r}_2(t)$ とすると，運動方程式は

$$M\frac{d^2}{dt^2}\vec{r}_1(t) = -G\frac{Mm}{r_{12}^2}\vec{e}_{12}(t) \tag{3.19}$$

$$m\frac{d^2}{dt^2}\vec{r}_2(t) = -G\frac{Mm}{r_{12}^2}\vec{e}_{21}(t) \tag{3.20}$$

で与えられる．$\vec{e}_{21} = -\vec{e}_{12}$ であるから，作用・反作用の法則が成り立っていることに注意せよ．重心の位置ベクトル

$$\vec{R}(t) = \frac{M\vec{r}_1(t) + m\vec{r}_2(t)}{M_{\mathrm{tot}}} \tag{3.21}$$

と，**相対運動**の位置ベクトル

$$\vec{r}(t) = \vec{r}_2(t) - \vec{r}_1(t) \tag{3.22}$$

とを導入する．ただし，$M_{\mathrm{tot}} = M + m$ は太陽と惑星の質量の和である．これらを用いると，運動方程式は

$$M_{\mathrm{tot}} \frac{d^2}{dt^2} \vec{R}(t) = \vec{0} \tag{3.23}$$

$$\mu \frac{d^2}{dt^2} \vec{r}(t) = -G \frac{M_{\mathrm{tot}} \mu}{r^2} \vec{e}_r(t) \tag{3.24}$$

と書き換えることができる．ここで $\vec{e}_r = \vec{e}_{21}$ と書き換えた．また，μ（ミュー）は**換算質量**と呼ばれる量である．

$$\mu = \frac{Mm}{M+m} = m\left(1 + \frac{m}{M}\right)^{-1} \tag{3.25}$$

静止しているのは太陽ではなく，太陽と惑星の重心である[5]．

太陽の質量は地球の質量のおよそ 33 万倍なので，M_{tot} は M に，μ は m に非常に近い．また，重心の位置ベクトルは，太陽の位置ベクトルに非常に近い．それゆえ，式 (3.23) は太陽が近似的に静止（一般には等速度運動）していることを表し，式 (3.24) は近似的に

$$m \frac{d^2}{dt^2} \vec{r}(t) = -G \frac{Mm}{r^2} \vec{e}_r(t) \tag{3.26}$$

となり，（固定された太陽を原点とする）惑星の運動を表す．

今まで，固定された点に対して動径方向の成分のみを持ち，その大きさが固定点からの距離のみに依存する力を**中心力**と呼んできたが，2 つの物体が互いに力を及ぼしあう場合にも中心力を定義することができる．つまり，相対運動の運動方程式に現れる力がその 2 物体を結ぶ直線方向（$\vec{e}_r$ 方向）であり，その大きさが 2 つの物体の距離 r にのみ依存するとき，その力を中心力と呼ぶ．

---

[5] 式 (3.23) は太陽と惑星の重心が等速度運動をすることを表している．これは，重心の位置が静止している慣性系が存在することを意味する．この慣性系を**重心系**という．重心の等速度運動は太陽と惑星の運動の本質的な部分ではないので，簡単のため重心系で議論するのが普通である．重心系という慣性系から見て太陽は加速度運動をしているので，厳密にいえば太陽が静止して見える座標系は慣性系ではない．しかし，太陽の質量が十分大きいので，重心の位置ベクトルと太陽の位置ベクトルはあまり違わない．

3.5 地表近くの重力

地上で物体が受ける重力は，その物体と地球との万有引力に他ならない．前節では，太陽も惑星も「小さな」物体として扱い，その大きさを考えることはしなかったが，地上の物体と地球との万有引力を考える際には，地球の大きさを考慮しないわけにはいかない．この節では，地上の物体は「小さい」と考えたまま，地球を球対称な質量分布を持った（大きな）物体と考え，それらの間の万有引力を考えよう．これは数学的に多少込み入った計算を必要とするが，その結果は単純で非常に面白い．

この問題を考えるときに，第一に重要なことは，万有引力が**重ね合わせの原理**を満足するということである．前節では，2 つの物体にはたらく力として万有引力を説明したが，第 3 の物体がある場合にはどうなるだろうか．第 3 の物体の質量を m_3，その位置ベクトルを $\vec{r}_3$ とすると，第 1 の物体が受ける万有引力は，第 2 の物体からの万有引力と，第 3 の物体からの万有引力の（ベクトルとしての）和になっている．

$$\vec{F}_1 = \vec{F}_{1\leftarrow 2} + \vec{F}_{1\leftarrow 3} = -G\frac{m_1 m_2}{r_{12}^2}\vec{e}_{12} - G\frac{m_1 m_3}{r_{13}^2}\vec{e}_{13} \tag{3.27}$$

つまり，2 つの万有引力は重ね合わせることができるのである．このことは，3 つ以上の物体についても成り立つ．

大きさのある物体による万有引力を考える際，その物体を小さな部分に分割し，それぞれの小部分による万有引力を重ね合わせることによって，全体の万有引力を求めることができる．

〈**Advanced**〉　一様な密度 ρ を持った，半径 r，厚みが Δr の球殻が，その球殻の中心から距離 R にある点 P に置かれた質量 m の物体に及ぼす万有引力を考えよう．（厚み Δr は十分薄いとする．）図のように，球殻の中心を原点とし，質量 m の物体は z 軸上の正の位置にあるものとする．（つまり，点 P の座標は $(0, 0, R)$ である．）さらに，z 軸との角度が θ と $\theta + \Delta\theta$ の間にある，球殻の丸い帯状の部分に注目する．（角度 $\Delta\theta$ は微小であるとする．）まず，この帯状の部分が質量 m の物体に及ぼす万有引力を考えよう．

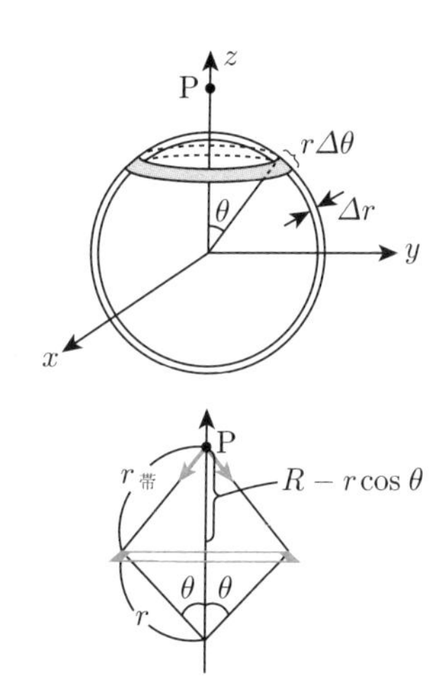

この帯状の部分（Δr と $\Delta\theta$ が微小なので，近似的には細い輪）と物体との距離は一定で，余弦定理から $r_{帯} = \sqrt{R^2 + r^2 - 2rR\cos\theta}$ で与えられることに注意しよう．また，この帯状部分の質量は，

$$M_{帯} = \rho(2\pi r\sin\theta)(r\Delta\theta)\Delta r$$
$$= 2\pi\rho r^2\Delta r\sin\theta\Delta\theta \tag{3.28}$$

で与えられる．$2\pi r\sin\theta$ は帯状部分の円周の長さ，$(r\Delta\theta)\Delta r$ はその断面積である．

帯を構成する小部分と物体とを結ぶ向きは，その小部分の場所によって異なる．z 軸に対して反対側にある 2 つの小部分からの万有引力は，z 方向以外の成分が互いに打ち消し合うことに注意しよう．それゆえ，帯全体として，z 方向の成分しか与えない．よって，はじめから z 方向の成分のみに注目すればよい．それぞれの小部分による万有引力から，z 方向の成分を取り出すためには

$$\frac{R - r\cos\theta}{r_{帯}} \tag{3.29}$$

をかければよい．

以上から，この帯状の部分によって物体にはたらく万有引力の z 成分は

$$\Delta F_z^{帯} = -G\frac{mM_{帯}}{r_{帯}^2}\frac{R - r\cos\theta}{r_{帯}}$$
$$= -Gm(2\pi\rho r^2\Delta r)\frac{(R - r\cos\theta)\sin\theta\Delta\theta}{(R^2 + r^2 - 2rR\cos\theta)^{\frac{3}{2}}} \tag{3.30}$$

で与えられることがわかる．

球殻全体からの万有引力を求めるには，この $\Delta F_z^{帯}$ を「北極」から「南極」まで，角度 θ を変えて加えていけばよい．その和は $\Delta\theta \to 0$ の極限で，次の積分で与えられる．

$$F_z^{球殻} = -Gm(2\pi\rho r^2\Delta r)\int_0^{\pi}\frac{(R - r\cos\theta)\sin\theta\, d\theta}{(R^2 + r^2 - 2rR\cos\theta)^{\frac{3}{2}}}$$
$$= -Gm(2\pi\rho r^2\Delta r)\int_{-1}^{1}\frac{R - rt}{(R^2 + r^2 - 2rRt)^{\frac{3}{2}}}\, dt \tag{3.31}$$

ただし，途中で $t = \cos\theta$ という積分変数変換を行った．ここで，被積分関数を

$$\frac{R - rt}{(R^2 + r^2 - 2rRt)^{\frac{3}{2}}} = \frac{1}{2R}\left(\frac{R^2 - r^2}{(R^2 + r^2 - 2rRt)^{\frac{3}{2}}} + \frac{1}{(R^2 + r^2 - 2rRt)^{\frac{1}{2}}}\right) \tag{3.32}$$

と変形すれば，積分は容易に実行できる．

$$F_z^{球殻} = -\frac{Gm}{2rR^2}(2\pi\rho r^2\Delta r)\left[\frac{R^2 - r^2}{(R^2 + r^2 - 2rRt)^{\frac{1}{2}}} - (R^2 + r^2 - 2rRt)^{\frac{1}{2}}\right]_{-1}^{1}$$
$$= -\frac{Gm}{2rR^2}(2\pi\rho r^2\Delta r)\left[(R^2 - r^2)\left(\frac{1}{|R - r|} - \frac{1}{R + r}\right) - (|R - r| - (R + r))\right] \tag{3.33}$$

ここで，物体は球殻の外側にある（$R > r$）とすると，$|R - r| = R - r$ となり

$$F_z^{球殻} = -\frac{Gm}{R^2}(4\pi\rho r^2\Delta r) \tag{3.34}$$

を得る．$M_{球殻} = 4\pi\rho r^2\Delta r$ は球殻全体の質量であることに注意すると

$$F_z^{球殻} = -G\frac{mM_{球殻}}{R^2} \tag{3.35}$$

を得る．これは非常に面白い結果である．この式は，球殻が及ぼす万有引力は，その球殻の中心に球殻の全質量が集まったと考えたときの万有引力に等しいということをいっている．

球対称な物体は，ここで考えたような一様な密度を持った薄い球殻の集まり（密度は球殻ごとに異なっていてもよい）と考えることができるので，球対称な物体による万有引力も，その中心に全質量が集まったと考えたときの万有引力に等しいことが示される．

以上の結果から，地球を，その中心について球対称な密度を持つ物体であると考えると，地球の質量を $M_\oplus$，その半径を $R_\oplus$ とし，地上の物体の質量を m としたとき，物体にはたらく万有引力の大きさは

$$F_{\text{万有引力}} = G\frac{M_\oplus m}{R_\oplus^2} \tag{3.36}$$

であり，その向きは地球の中心に向かっていることがわかる．ただし，地球の半径に比べると，地上での高さの違いは非常に小さいので無視することができる．

式 (3.36) は，結局，地上の物体にはたらく重力である．すなわち，次の式が成り立つ．

$$G\frac{M_\oplus m}{R_\oplus^2} = mg \tag{3.37}$$

これより，重力加速度の大きさ g は万有引力定数 G，地球の質量 $M_\oplus$，および地球の半径 $R_\oplus$ によって表すことができる．

$$g = \frac{GM_\oplus}{R_\oplus^2} \tag{3.38}$$

地球の質量は $M_\oplus \approx 5.972 \times 10^{24}$ kg，地球半径は $R_\oplus = 6.3781 \times 10^6$ m であるから，これらを式 (3.38) の右辺に代入すると，$9.798\,\mathrm{m/s^2}$ となる．これは標準重力加速度 $g_0 = 9.80665\,\mathrm{m/s^2}$ に近い．

現実の地球は球対称ではないし，実測される重力加速度には地球の自転の影響がある．しかし，それらの効果は小さい．

〈**Advanced**〉　最後に，この節の計算から得られるもう一つの興味深い結果について説明しよう．式 (3.33) で，物体は球殻の内部にある（$r < R$）とすると，$F_z^{\text{球殻}} = 0$ となる．つまり，球殻内部では，球殻からの万有引力は打ち消し合い，その合力はゼロになる．

演　習　問　題

演習 3.1　月は地球の周りをほぼ円軌道で公転している．その公転周期は 27.3 日である．地球から月までの距離を求めよ．ただし，月の質量は地球の質量に比べて十分に小さいと近似してよい．また，地球の半径を 6.37×10^6 m であるとする．

演習 3.2　春分日は 3 月 20 日ごろ，秋分日は 9 月 22 日ごろである．春分から秋分まではおよそ 186 日，秋分から春分まではおよそ 179 日であり，春分，秋分は一年を等分していない．これは地球の公転軌道が円ではなく，楕円軌道であることによる．図のように，近日点が冬至であるとして[6]，離心率 $\varepsilon = \frac{c}{a} = \frac{\sqrt{a^2-b^2}}{a}$ を計算せよ．ただし，離心率は 1 に比べて十分小さいと近似してよい．

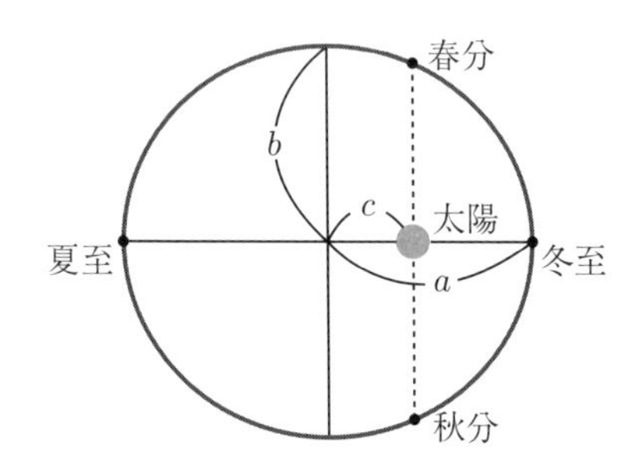

[6] 実際の近日点は 1 月 4 日前後で，冬至（12 月 22 日ごろ）とは 2 週間程度ずれている．

第 4 章

仕事とエネルギー

この章の目標は力学的エネルギー保存則について学ぶことである．ニュートンの運動方程式は，物体の位置ベクトルがどのように時間的に変化するのかを刻一刻と追跡していく考え方だが，保存則に基づく考え方では，時間が経っても変わらない量に注目する．もしそのような量があれば，運動の詳細を解かなくても，最初と最後でその量は同じであるとすることで，必要な情報を得ることができる場合がある．力学的エネルギー保存則はそのような典型的な例である．

4.1 力のする仕事

物体に一定の力 $\vec{F}$ がはたらき，物体が微小な変位ベクトル $\Delta\vec{r}$ だけ移動したときにその力がする**仕事** ΔW は

$$\Delta W = \vec{F} \cdot \Delta\vec{r} \tag{4.1}$$

で与えられる．このとき仕事 ΔW も微小量である．ΔW は $\vec{F}$ と $\Delta\vec{r}$ の内積で与えられるので，この 2 つのベクトルが直交するならばゼロとなる．

物理学用語としての力が，日常使われる力とは違う意味を持つように，物理学用語としての仕事もまた，日常的な用法とは違うことに注意しよう．例えば，日常的には重い物体をある位置に支えて持ち続けていることも仕事をしているとみなされるかもしれないが，物体が移動しなければ，支えている力は物理学的には仕事をしない．また，物体にはたらく力と垂直な方向に移動した場合も，物理学的には仕事をしたことにならない．

より一般的な場合の仕事を，上の式 (4.1) から一般化して考えてみよう．物体にはたらく力が，物体の位置によって変化し，さらに，物体は微小な距離ではなく，ある曲線 Γ（ガンマ）に沿って，点 A から点 B まで移動するとしよう．このときの力のする仕事 W_Γ はどのように与えられるだろうか．

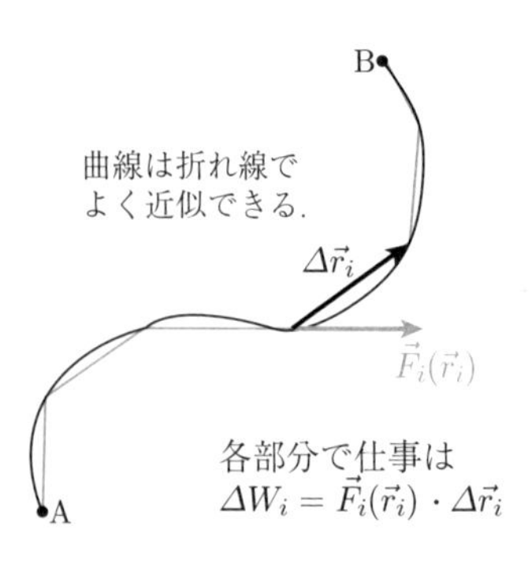

図のように，任意の曲線は，短い折れ線をつなげたものでよく近似することができる．折れ線の線分の長さを短くすれば短くするほど，その近似は良くなる．それぞれの折れ線は，その位置での微小な変位ベクトルを表している．また，この微小な折れ線上では，力は一定であると近似してよいだろう．このようにして，曲線を N 個の微小な線分に分割したとき，その i 番目の線分に沿って物体が移動すると，その力がする仕事は式 (4.1) から

$$\Delta W_i = \vec{F}(\vec{r}_i)\cdot\Delta\vec{r}_i \tag{4.2}$$

で与えられる．ここで $\vec{F}(\vec{r}_i)$ は物体が位置ベクトル $\vec{r}_i$ で表される位置にいるときに受ける力である．曲線 Γ 全体では

$$\sum_{i=1}^{N}\Delta W_i = \sum_{i=1}^{N}\vec{F}(\vec{r}_i)\cdot\Delta\vec{r}_i \tag{4.3}$$

でよく近似される．ここで折れ線を無限に短く取り，N を無限に大きくする極限を考えれば，この和は一定値に近づく．この極限値を

$$W_\Gamma = \lim_{s\to 0}\sum_{i=1}^{N}\vec{F}(\vec{r}_i)\cdot\Delta\vec{r}_i = \int_\Gamma \vec{F}(\vec{r})\cdot d\vec{r} \tag{4.4}$$

と表す．ただし s は $|\Delta\vec{r}_i|$ の最大値を表す．これは曲線に沿った**線積分**の定義を与える．線積分は普通の1変数関数の定積分の自然な一般化になっていることに注意しよう[1]．

仕事は (力) × (距離) なので，力の単位である N と距離の単位である m との積 N m で測られる．これに**ジュール**という名前をつけて J で表す．

$$\mathrm{J} = \mathrm{N\,m} \tag{4.5}$$

[1] 1変数関数の定積分はリーマン和の極限

$$\int_a^b f(x)\,dx = \lim_{s\to 0}\sum_{i=1}^{N} f(x_i)\Delta x_i$$

であったことを思い出そう．ただし，$x_i = a + \sum_{k=1}^{i}\Delta x_k\ (i = 1,\ldots,N)$, $\sum_{i=1}^{N}\Delta x_i = b - a$, $x_0 = a$, $x_N = b$, s は Δx_i の最大値である．

力 $\vec{F}$ が物体の位置や速度によらず一定であるならば，変位ベクトルとして，点 A と点 B を結ぶベクトル $\vec{r}_{\mathrm{BA}} = \vec{r}_{\mathrm{B}} - \vec{r}_{\mathrm{A}}$ を用いて $W_\Gamma = \vec{F} \cdot \vec{r}_{\mathrm{BA}}$ と表される．実際，$\vec{F}$ は一定なので積分の外に出すことができ，

$$W_\Gamma = \vec{F} \cdot \int_\Gamma d\vec{r} = \vec{F} \cdot (\vec{r}_{\mathrm{B}} - \vec{r}_{\mathrm{A}}) = \vec{F} \cdot \vec{r}_{\mathrm{BA}} \tag{4.6}$$

となる．積分 $\int_\Gamma d\vec{r}$ は曲線 Γ に沿った無限に小さな変位ベクトルの和であり，その結果は点 A から点 B へのベクトルとなることに注意しよう．特徴的なことは，この積分は経路 Γ によらず，始点 A と終点 B によって決まっているということである．

一般に，力 $\vec{F}$ のする仕事が経路に依存せず，その始点と終点とによって決まっている場合，その力を**保存力**と呼ぶ．物体の位置や速度によらずはたらく一定な力は保存力である．

質量 m の物体にはたらく重力 $\vec{F} = m\vec{g}$ は物体の位置や速度によらず一定のベクトルなので，重力は保存力である．物体が点 A から点 B まで移動するときに重力がする仕事は，経路 Γ によらず

$$W = m\vec{g} \cdot \vec{r}_{\mathrm{BA}} \tag{4.7}$$

で与えられる．物体が高いところから低いところに高さ h だけ移動したとき，$\vec{g} \cdot \vec{r}_{\mathrm{BA}} = gh$ であるから，重力のする仕事は水平方向の変位によらず $W = mgh$ となる．

単位時間あたりにする仕事の量を**仕事率**という．1 秒間に 1 J の仕事をするときの仕事率を 1 ワットといい，1 W と書く．

$$\mathrm{W} = \mathrm{J/s} \tag{4.8}$$

4.2 力学的エネルギー保存則

一般に，質量 m の物体の速度を $\vec{v}$ とするとき，その物体は**運動エネルギー**

$$K = \frac{1}{2}m|\vec{v}|^2 \tag{4.9}$$

を持っているという．

運動エネルギーは仕事と同じ次元を持ち，ジュールという単位で測られる．実際，質量を kg，速度を m/s で測ると，運動エネルギーは

$$\mathrm{kg\,(m/s)^2} = \mathrm{kg\,m^2/s^2} \tag{4.10}$$

という単位で測られる．一方，仕事の単位ジュール J は

$$\mathrm{J} = \mathrm{N\,m} = \left(\mathrm{kg\,m/s^2}\right)\mathrm{m} = \mathrm{kg\,m^2/s^2} \tag{4.11}$$

と表すことができ，両者は一致する．

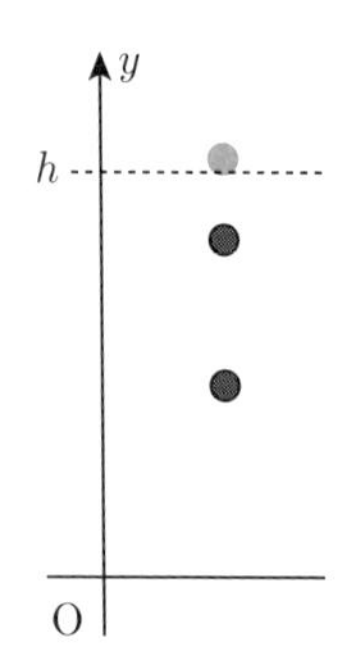

高さ h のところに置かれた質量 m の物体が，静止状態から高さ 0 のところまで自由落下する場合を考えよう．鉛直方向の 1 次元の運動なので，鉛直上向きの単位ベクトル $\vec{e}_y$ を導入し，基準点（原点）を高さ 0 のところとしよう．物体の位置ベクトルを $\vec{r}(t) = y(t)\vec{e}_y$ と書く．この物体の運動方程式の一般解 (2.10) において，落下し始めた時刻を $t = 0$ とし，$\vec{v}_0 = \vec{0}$, $\vec{r}_0 = h\vec{e}_y$ と置くと，$\vec{g} = -g\vec{e}_y$ であるから，運動方程式の解は

$$\vec{r}(t) = \left(h - \frac{1}{2}gt^2\right)\vec{e}_y \tag{4.12}$$

となる．それゆえ

$$y(t) = h - \frac{1}{2}gt^2 \tag{4.13}$$

を得る．物体の速度を $\vec{v}(t) = v_y(t)\vec{e}_y$ と置くと

$$v_y(t) = \dot{y}(t) = -gt \tag{4.14}$$

となる．

落下し始めて高さが 0 となる時刻 t_0 は $y(t_0) = 0$ を解いて，$t_0 = \sqrt{\frac{2h}{g}}$ と得られる．このときの速度成分は

$$v_y(t_0) = -\sqrt{2gh} \tag{4.15}$$

である．これを変形して

$$mgh = \frac{1}{2}m(v_y(t_0))^2 \tag{4.16}$$

を得る．

この式の意味は次のように解釈できる．物体が高さ h のところから，高さ 0 のところまで落下する間に，重力は mgh だけの仕事をする．この仕事は，物体の運動エネルギー $\frac{1}{2}m(v_y(t_0))^2$ に転換される．

高さ h のところにある物体は，たとえ静止していても，高さ 0 のところにある物体とは違う．高さ h のところにある物体は落下することによって，mgh だけの運動エネルギーを得ることができるのだ．つまり，高いところにある物体は，それだけ

の運動エネルギーを持つ潜在的な能力を持っていると考えることができる．この意味で，$U = mgh$ を重力による**ポテンシャルエネルギー**という[2]．（**位置エネルギー**と呼ばれることもある．）あとで示すように，保存力ごとに，このようなポテンシャルエネルギーが存在する．

物体が中間の高さ y（$0 \leq y \leq h$）にあるときの運動エネルギーとポテンシャルエネルギーを求めてみよう．式 (4.13) から，そのときの時刻 t_y は

$$t_y = \sqrt{\frac{2(h-y)}{g}} \tag{4.17}$$

と求まるので，このときの速度は

$$v_y(t_y) = -\sqrt{2g(h-y)} \tag{4.18}$$

であることがわかる．それゆえ，このときの運動エネルギー $K(y)$ は

$$K(y) = \frac{1}{2}m(v_y(t_y))^2 = mg(h-y) \tag{4.19}$$

であり，ポテンシャルエネルギー $U(y)$ は

$$U(y) = mgy \tag{4.20}$$

である．これらの和は

$$K(y) + U(y) = mgh \tag{4.21}$$

となり，y に依存しない．運動エネルギーとポテンシャルエネルギーの和 $K + U$ を**力学的エネルギー**と呼ぶ．式 (4.21) は，物体が落下している間，力学的エネルギーは常に一定に保たれていることを表している．このことを（重力に対する）**力学的エネルギー保存則**という．高さ h では物体が静止していて運動エネルギーがゼロ（$K(h) = 0$）であったことを用いると，この式は

$$K(y) + U(y) = K(h) + U(h) \tag{4.22}$$

と書くことができる．

---

[2] ポテンシャル（potential）は「潜在的な」という意味．

例題 4.1

水平方向に x 軸を，鉛直上向きに y 軸を取る．高さ h の位置 $(x, y) = (0, h)$ $(h > 0)$ から，初速度 $\vec{v}_0 = (v_{x0}, v_{y0})$ で質量 m の物体を斜めに投げ上げた $(v_{y0} > 0)$．この物体の最高点の高さ H を求めよ．また，高さ0における物体の速度 $\vec{v}$ を求めよ．ただし，空気抵抗は無視できるものとし，重力加速度の大きさを g とする．

【解答】 物体には鉛直下向きに大きさ mg の重力がはたらく．水平方向にはたらく力はないので，物体の水平方向の速度成分は変化しない．それゆえ，最高点では，物体の速度は $(v_{x0}, 0)$ である．力学的エネルギー保存則から，

$$\frac{1}{2}mv_{x0}^2 + mgH = \frac{1}{2}m\left(v_{x0}^2 + v_{y0}^2\right) + mgh \tag{4.23}$$

が成り立つ．それゆえ

$$H = h + \frac{1}{2}\frac{v_{y0}^2}{g} \tag{4.24}$$

を得る．

高さ0での物体の速度を $\vec{v} = (v_x, v_y)$ とすると，速度の x 成分は変化しないので，$v_x = v_{x0}$ である．力学的エネルギー保存則より

$$\frac{1}{2}m\left(v_{x0}^2 + v_y^2\right) + 0 = \frac{1}{2}m\left(v_{x0}^2 + v_{y0}^2\right) + mgh \tag{4.25}$$

が成り立つ．これより

$$v_y = \sqrt{v_{y0}^2 + 2gh} \tag{4.26}$$

を得る．それゆえ，求める速度は

$$\vec{v} = \left(v_{x0}, \sqrt{v_{y0}^2 + 2gh}\right) \tag{4.27}$$

である．

この問題では投げ上げ $(v_{y0} > 0)$ を仮定したが，投げ下ろし $(v_{y0} < 0)$ であっても，高さ0での速度は変わらないことに注意しよう． □

力学的エネルギー保存則を用いると，途中の運動状態の詳細を求めなくても，運動を行っている2つの時刻での状態（位置と速度）を比べることによって位置や速度についての情報を得ることができる．

4.3 保存力とポテンシャルエネルギー

質量 m の物体を静かに持ち上げ，高さ 0 からゆっくりと高さ h まで持ち上げるとき，物体には重力とほぼ同じ大きさで逆向きの力 $-m\vec{g}$ がはたらき，その力は mgh の仕事をする.（力の向きと変位の向きが同じなので，この力のする仕事が正であることに注意.）その結果，物体は高さ 0 では力学的エネルギーが 0 であったが，高さ h では mgh となる．つまり，物体を持ち上げる力のする仕事は物体に力学的エネルギー（ポテンシャルエネルギー）を与えたことになる．このように，保存力に逆らって**外力**（注目している力（ここでは重力）以外の外部から加えられる力）が物体にする仕事は，物体にその仕事分だけのポテンシャルエネルギーを与える．実際，適当な基準点 O から点 P まで，保存力 $\vec{F}$ に逆らって，外力 $-\vec{F}$ がする仕事

$$U(\mathrm{P}) = \int_{\vec{r}_\mathrm{O}}^{\vec{r}_\mathrm{P}} \left(-\vec{F}\right) \cdot d\vec{r} = -\int_{\vec{r}_\mathrm{O}}^{\vec{r}_\mathrm{P}} \vec{F} \cdot d\vec{r} \tag{4.28}$$

は保存力 $\vec{F}$ に対するポテンシャルエネルギーを与える．保存力の定義から，この式の線積分はその経路に依存せず，基準点 O を固定して考えると，点 P のみに依存する．重力の場合には

$$U(\mathrm{P}) = mgh_\mathrm{P} \tag{4.29}$$

で与えられる．ただし，h_P は基準点 O から測った点 P の（鉛直方向の）高さである.

物理の目　力を小さくする工夫

重い荷物をある高さまで運ぶとき，まっすぐ上に持ち上げるよりも，斜面をつけて斜めに持ち上げる方が楽である．斜面に沿って長い距離持ち上げる方が，まっすぐ上に持ち上げるよりも小さな力で済むからである．物体を同じ高さまで持ち上げるのに必要な外力のする仕事は（摩擦力を無視すれば）経路によらない．仕事が (力) × (距離) であることから，力を小さくし，その分長い距離を移動させることによって同じ分量の仕事をするという工夫である．同じ考えは，動滑車にも使われている．動滑車（を組み合わせたもの）では，一定の高さに荷物を持ち上げるのに，持ち上げる高さの何倍もの長さのロープを引かなくてはならない．しかし，その代わりに引く力は小さくて済む.

一般の保存力に対して，力学的エネルギー保存則は

$$K(\mathrm{P}) + U(\mathrm{P}) = (\text{一定}) \tag{4.30}$$

と書かれる．ただし，$K(\mathrm{P})$ は点 P における物体の運動エネルギーである.

物体に保存力 $\vec{F}$ のみがはたらき，運動方程式に従って点Pから点Qまで運動するとしよう．力学的エネルギー保存則より

$$K(\mathrm{P})+U(\mathrm{P})=K(\mathrm{Q})+U(\mathrm{Q}) \tag{4.31}$$

が成り立つ．この式を $K(\mathrm{Q})-K(\mathrm{P})=U(\mathrm{P})-U(\mathrm{Q})$ と書くと，式 (4.28) より

$$\begin{aligned}\Delta K_{\mathrm{PQ}} &\equiv K(\mathrm{Q})-K(\mathrm{P})\\ &=-\int_{\vec{r}_{\mathrm{O}}}^{\vec{r}_{\mathrm{P}}}\vec{F}\cdot d\vec{r}+\int_{\vec{r}_{\mathrm{O}}}^{\vec{r}_{\mathrm{Q}}}\vec{F}\cdot d\vec{r}=\int_{\vec{r}_{\mathrm{P}}}^{\vec{r}_{\mathrm{Q}}}\vec{F}\cdot d\vec{r}\end{aligned} \tag{4.32}$$

と表すことができる．この式の右辺は物体が点Pから点Qまで移動する際に，保存力 $\vec{F}$ がする仕事に等しい．それゆえ式 (4.32) は，「保存力 $\vec{F}$ がする仕事によって物体の運動エネルギーが変化した」と解釈することができる．一般の場合の力学的エネルギー保存則の証明は4.4節を見よ．

例題 4.2

1次元方向（x 方向とする）に運動する物体にばねを取り付けたとき，その物体にはたらくばねの力は保存力である．このことを示せ．また，この保存力に対応するポテンシャルエネルギーをバネの伸び X の関数として求めよ．ただし，ばね定数を k とする．

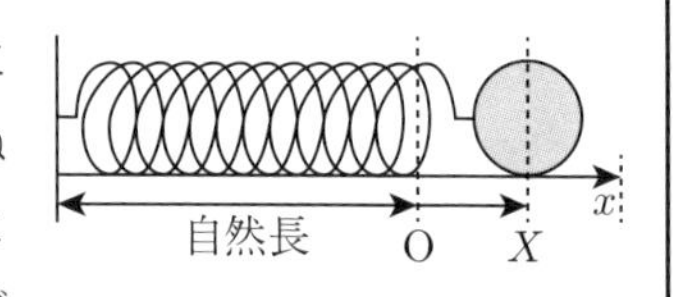

【解答】 ばねの自然長の位置を $x=0$ に取る．ばねの力とつりあう外力を加えてばねを自然長から X だけ伸ばすとき，外力がする仕事は式 (4.28) から

$$U(X)=\int_0^X kx\,dx=\frac{1}{2}kX^2 \tag{4.33}$$

となる．

ばねの伸びが $X=X_1$ である位置から，$X=X_2$ まで，ばねの力とつりあう外力を加えて物体を移動させるとき，外力のする仕事は

$$W_{1\to2}=\int_{X_1}^{X_2}kx\,dx=\frac{1}{2}k\left(X_2^2-X_1^2\right)=U(X_2)-U(X_1) \tag{4.34}$$

で与えられる．これは途中で $X=X_3$ という位置を経由しても結果は変わらない．

$$W_{1\to3\to2}=\int_{X_1}^{X_3}kx\,dx+\int_{X_3}^{X_2}kx\,dx=\int_{X_1}^{X_2}kx\,dx=W_{1\to2} \tag{4.35}$$

このことは，ばねの力が保存力であることを表している．ポテンシャルエネルギーは，自然長の位置（$X=0$）を基準点として，式 (4.33) で与えられる．

この問題では，ばねを伸ばす場合（$X>0$）を考えたが，ばねを縮める場合（$X<0$）を考えても，ポテンシャルエネルギーは同じ表式で与えられることに注意しよう．

□

例題 4.3

天井の位置に自然長 l のばねの一端を固定し，他端に質量 m のおもりを付けて吊るし，ばねを鉛直方向に自然長から x_0（$0<x_0<\frac{mg}{k}$）だけ伸ばしたところで静かにおもりから手を離し，おもりを鉛直方向に振動させた．おもりの最下点の位置を求めよ．

【解答】 おもりには重力とばねの力がはたらく．ともに保存力であるので，それぞれに対するポテンシャルエネルギーが存在し，力学的エネルギー保存則におけるポテンシャルエネルギーは，この 2 つのポテンシャルエネルギーの和を考える必要がある．天井に固定されたばねの端の位置を基準点とし，鉛直下方に x 軸を取る．座標が x の位置におもりがあるときの重力に対するポテンシャルエネルギーは

$$U_{\text{重力}}=-mgx \tag{4.36}$$

であり，ばねの力に対するポテンシャルエネルギーは

$$U_{\text{ばね}}=\frac{1}{2}k(x-l)^2 \tag{4.37}$$

である．この位置でのおもりの速度を $\vec{v}=v\vec{e}_x$ とすると，力学的エネルギー保存則は

$$\frac{1}{2}mv^2-mgx+\frac{1}{2}k(x-l)^2=(\text{一定}) \tag{4.38}$$

で与えられる．はじめにおもりは $x=l+x_0$ の位置で静止していたので，

$$\frac{1}{2}mv^2-mgx+\frac{1}{2}k(x-l)^2=0-mg(l+x_0)+\frac{1}{2}kx_0^2 \tag{4.39}$$

であることがわかる．最下点では $v=0$ となるので，このときの位置は

$$-mgx+\frac{1}{2}k(x-l)^2=-mg(l+x_0)+\frac{1}{2}kx_0^2 \tag{4.40}$$

という x についての2次方程式の解である．$x = l + y$ と置くと

$$(y - x_0)\left\{\frac{1}{2}k(y + x_0) - mg\right\} = 0 \tag{4.41}$$

となり，$y = x_0$ と

$$y = -x_0 + \frac{2mg}{k} > \frac{mg}{k} \tag{4.42}$$

の2つの解を得る．$y = x_0$ は初期状態に対応する解であり，いま求めたいものではない．よって，最下点の位置は

$$x_{\text{最下点}} = l - x_0 + \frac{2mg}{k} \tag{4.43}$$

と求まる． □

万有引力も保存力である．それゆえ万有引力に対してもポテンシャルエネルギーが存在する．

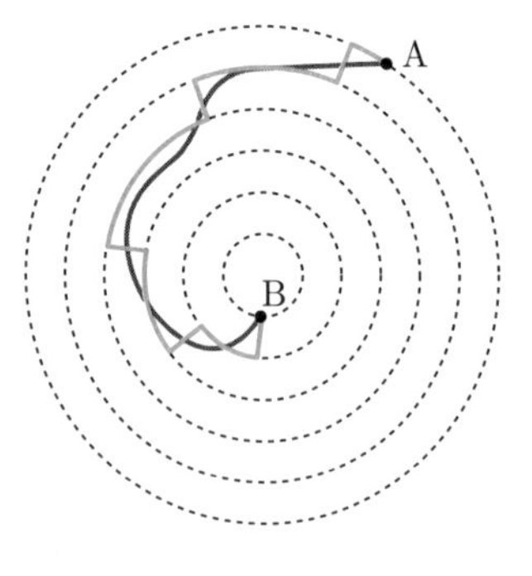

まず最初に万有引力が保存力であることを示そう．原点に大きな質量 M の物体が静止していて，そのまわりを質量 m（ただし $m \ll M$）の物体が，図のように点Aから点Bまで，なめらかな線 Γ（黒線）に沿って万有引力とつりあう外力を与えて移動させるときの外力のする仕事を考えよう．この仕事は

$$W = \int_{\Gamma}\left(+G\frac{Mm}{r^2}\vec{e}_r\right)\cdot d\vec{r} \tag{4.44}$$

で与えられる．この積分を計算するのに，なめらかな曲線 Γ を微小な動径方向の線分と，原点を中心とする球面上の微小な弧の和で近似して考えよう（図の青線）．この分割をどんどん細かくしていくと，どんどん Γ の良い近似になる．この分割の重要性は，動径方向の変位は $\vec{e}_r$ に平行なので内積はゼロではなく積分に寄与するが，球面上の弧に沿っての変位に対しては，$\vec{e}_r$ に直交するので内積がゼロとなり積分に寄与しないことにある．それゆえ，動径方向の変位のみを考えればよいことになる．つまり，積分 W は経路 Γ の詳細によらず，点Aと点Bの，原点からの距離（それぞれ $r_{\mathrm{A}}, r_{\mathrm{B}}$ とする）のみに依存する．外力のする仕事 W は

$$W = GMm\int_{r_{\mathrm{A}}}^{r_{\mathrm{B}}}\frac{dr}{r^2} = -GMm\left(\frac{1}{r_{\mathrm{B}}} - \frac{1}{r_{\mathrm{A}}}\right) \tag{4.45}$$

と計算できる．つまり外力のする仕事は途中の経路によらず，始点と終点を指定すれば決まる．このことは，万有引力が保存力であることを意味している．

〈**Advanced**〉 上の議論は万有引力だけでなく，一般の中心力

$$\vec{F}_{中心力}(\vec{r}) = f(r)\vec{e}_r \tag{4.46}$$

に対しても成り立つ．つまり，中心力は保存力である．

物体が運動方程式に従って点 A から点 B まで運動するときに万有引力のする仕事 W_{AB} は，外力のする仕事 W とは逆符号で，重力のする仕事と同様に，物体の運動エネルギーに転換される．つまり

$$\frac{1}{2}m|\vec{v}_B|^2 - \frac{1}{2}m|\vec{v}_A|^2 = W_{AB} = -GMm\left(\frac{1}{r_B} - \frac{1}{r_A}\right) \tag{4.47}$$

が成り立つ．ここで $\vec{v}_A$, $\vec{v}_B$ は，それぞれ点 A，点 B での物体の速度である．この式を変形すると

$$\frac{1}{2}m|\vec{v}_A|^2 - G\frac{Mm}{r_A} = \frac{1}{2}m|\vec{v}_B|^2 - G\frac{Mm}{r_B} \tag{4.48}$$

と書くことができる．万有引力によるポテンシャルエネルギーを

$$U_{万有引力}(r) = -G\frac{Mm}{r} \tag{4.49}$$

とすれば，この式は力学的エネルギー保存則を表している．実際，ポテンシャルエネルギーの一般式 (4.28) から，万有引力のポテンシャルは

$$\begin{aligned} U_{万有引力}(\mathrm{P}) &= -\int_{\vec{r}_O}^{\vec{r}_P}\left(-G\frac{Mm}{r^2}\vec{e}_r\right)\cdot d\vec{r} \\ &= GMm\int_{r_O}^{r_P}\frac{dr}{r^2} = -GMm\left(\frac{1}{r_P} - \frac{1}{r_O}\right) \end{aligned} \tag{4.50}$$

となる．式 (4.49) は，基準点を無限遠（$r_O = \infty$）に取ったものに相当する．

例題 4.4

地表近くの物体に対して，万有引力に対するポテンシャルエネルギーが，重力に対するポテンシャルエネルギーで与えられることを示せ．

【解答】 質量 m の物体が，地表より高さ h_P の点 P にあるとき，地表を基準点として万有引力に対するポテンシャルエネルギーは，式 (4.50) から

$$U_{万有引力}(\mathrm{P}) = -GM_\oplus m\left(\frac{1}{R_\oplus + h_P} - \frac{1}{R_\oplus}\right) \tag{4.51}$$

で与えられる．ただし，$M_\oplus$ は地球の質量，$R_\oplus$ は地球の半径である．ここで地表近くの物体に対して $h_\mathrm{P} \ll R_\oplus$ であるから，

$$\frac{1}{R_\oplus + h_\mathrm{P}} = \frac{1}{R_\oplus}\left(1 + \frac{h_\mathrm{P}}{R_\oplus}\right)^{-1} \approx \frac{1}{R_\oplus}\left(1 - \frac{h_\mathrm{P}}{R_\oplus}\right) \tag{4.52}$$

と近似することができる．この式を代入して

$$U_{\text{万有引力}}(\mathrm{P}) \approx m\frac{GM_\oplus}{R_\oplus^2}h_\mathrm{P} = mgh_\mathrm{P} \tag{4.53}$$

を得る．これは重力に対するポテンシャルエネルギーに他ならない．ただし，式 (3.38) を用いた．□

数学ワンポイント　近似の式

物理学では厳密な式ばかりではなく，近似的に成立する式を用いることが多い．特によく用いられるのが**テイラー展開**を利用するものである．これは，滑らかな関数 $f(x)$ に対して成り立つ展開式

$$f(a+x) = f(a) + f'(a)x + \frac{1}{2}f''(a)x^2 + \cdots \tag{4.54}$$

を，最初のいくつかの項で打ち切って近似するものである．この近似は $|x|$ が 1 に比べて小さければ小さいほど良い近似になる．

特によく用いられるものが

$$(1+x)^\alpha \approx 1 + \alpha x \tag{4.55}$$

である（式 (4.54) で $f(x) = x^\alpha$, $a = 1$ としたもの）．上の例題の式 (4.52) でもこれを用いた．この他，よく用いられるものに

$$\sin x \approx x, \quad \cos x \approx 1 - \frac{x^2}{2}, \quad \tan x \approx x \tag{4.56}$$

がある．ただし，ここで x は弧度法で計った角度である．

〈**Advanced**〉　保存力 $\vec{F}$ が与えられたとき，式 (4.28) によってポテンシャルエネルギー U が得られることを示したが，逆に，ポテンシャルエネルギー U が与えられたとき保存力 $\vec{F}$ が得られることを示すことができる．いま，位置ベクトルが $\vec{r}$ で与えられる点と，その近傍にある，位置ベクトルが $\vec{r} + \Delta\vec{r}$ で与えられる点を考えよう．ただし，$\Delta\vec{r}$ は微小なベクトルであるとする．保存力 U を定義する線積分はその経路によらないので，

$$U(\vec{r} + \Delta\vec{r}) - U(\vec{r}) = -\int_{\vec{r}}^{\vec{r}+\Delta\vec{r}} \vec{F} \cdot d\vec{r}\,' = -\vec{F}(\vec{r}) \cdot \Delta\vec{r} \tag{4.57}$$

を得る．（積分区間が微小なので，その区間内では $\vec{F}$ は一定値 $\vec{F}(\vec{r})$ によって近似して良いことを用いた．）$\Delta\vec{r}$ は（微小であれば）任意であったことに注意しよう．ここで $\Delta\vec{r} = \Delta x\vec{e}_x$（$x$ 方向の微小なベクトル）とすれば，$U(\vec{r} + \Delta\vec{r}) - U(\vec{r})$ は $\vec{r}$ の y 成分，z 成分を変えずに x 成分のみを変えたときの変化分である．

$$U(x+\Delta x, y, z) - U(x, y, z) = -F_x(x, y, z)\Delta x \tag{4.58}$$

それゆえ

$$\frac{U(x+\Delta x, y, z) - U(x, y, z)}{\Delta x} = -F_x(x, y, z) \tag{4.59}$$

を得る．この左辺の $\Delta x \to 0$ の極限を取ったものが**偏微分** $\frac{\partial U(x,y,z)}{\partial x}$ である．

$$\frac{\partial U(x, y, z)}{\partial x} = -F_x(x, y, z) \tag{4.60}$$

y についての偏微分，z についての偏微分も同様に計算することができる．以上より，保存力 $\vec{F}$ は

$$\vec{F}(\vec{r}) = -\left(\frac{\partial U(\vec{r})}{\partial x}, \frac{\partial U(\vec{r})}{\partial y}, \frac{\partial U(\vec{r})}{\partial z}\right) \tag{4.61}$$

のように，ポテンシャルエネルギー U から求めることができる．式 (4.61) の右辺はスカラー関数 $U(\vec{r})$ にベクトル微分演算子

$$\nabla = \left(\frac{\partial}{\partial x}, \frac{\partial}{\partial y}, \frac{\partial}{\partial z}\right) \tag{4.62}$$

を作用して符号を変えたものとみることができる．演算子 ∇ を**ナブラ**と呼ぶ．また，スカラー関数にナブラを作用させ，ベクトル関数を作る作用を**勾配**と呼び，grad で表す．

$$\vec{F}(\vec{r}) = -\nabla U(\vec{r}) = -\,\mathrm{grad}\, U(\vec{r}) \tag{4.63}$$

また，保存力 $\vec{F}$ が等ポテンシャルエネルギー面に垂直であることもわかる．実際，式 (4.57) から，等ポテンシャルエネルギー面に沿った任意の変位 $\Delta\vec{r}$ に対して，$U(\vec{r}+\Delta\vec{r}) - U(\vec{r}) = 0$ であるから，$\vec{F}\cdot\Delta\vec{r} = 0$ である．このことから，$\vec{F}(\vec{r})$ はポテンシャルエネルギー U が $\vec{r}$ において，最も急に変化する方向に下る向きで，大きさはその傾きに等しいことがわかる．

数学ワンポイント　偏微分

1 変数関数 $f(x)$ の変化率を知るのに微分 $f'(x) = \frac{df(x)}{dx}$ を用いた．2 つ以上の変数を持つ関数に対しては，偏微分を用いる．例として 2 変数関数 $z = f(x, y)$ を考えよう．図のように，平面に x, y 座標を取ると，それに垂直な「高さ」で $z = f(x, y)$ が表される．このとき，注目している点に対して x 方向に移動したときの傾きと，y 方向に移動したときの傾きは一般に異なっている．x 方向に移動したときの傾きを求めるには，y の値を変えずに，x の値のみを変化させたときの変化率を考えればよい．これが，$f(x, y)$ の x での偏微分を与える．

$$\frac{\partial f(x, y)}{\partial x} = \lim_{\Delta x \to 0} \frac{f(x+\Delta x, y) - f(x, y)}{\Delta x} \tag{4.64}$$

同様に，y についての偏微分は x の値を変えずに y の値のみを変化させたときの変化率を考える．具体的な計算では，微分する変数以外は定数だと思って微分すればよい．例えば $f(x, y) = x^3y^2$ は 2 変数関数だが，y を定数だと思って x で微分すれば $\frac{\partial f(x,y)}{\partial x} = 3x^2y^2$ が，x を定数だと思って y で微分すれば $\frac{\partial f(x,y)}{\partial y} = 2x^3y$ が求まる．

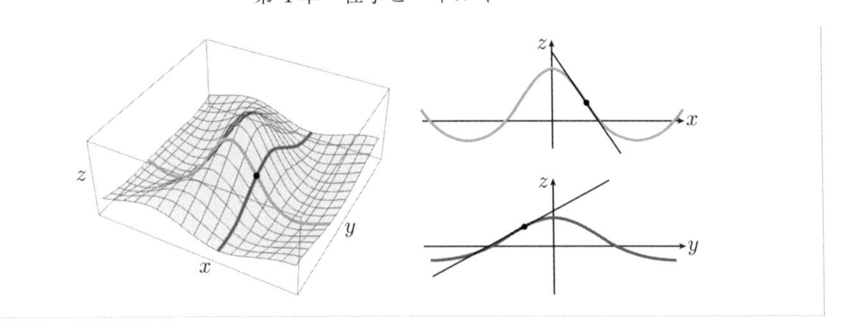

4.4 運動方程式と力学的エネルギー保存則*

力学的エネルギー保存則は，運動方程式から直接導くことができる．保存力 $\vec{F}$ を受けて運動する質量 m の物体の運動方程式は

$$m\frac{d\vec{v}(t)}{dt} = \vec{F}(\vec{r}(t)) \tag{4.65}$$

と書かれる．この両辺と $\vec{v}(t) = \frac{d\vec{r}(t)}{dt}$ との内積を考えよう．

$$m\vec{v}(t) \cdot \frac{d\vec{v}(t)}{dt} = \vec{F}(\vec{r}(t)) \cdot \frac{d\vec{r}(t)}{dt} \tag{4.66}$$

この左辺は

$$\frac{d}{dt}\left(\frac{1}{2}m|\vec{v}(t)|^2\right) \tag{4.67}$$

と書けることに注意しよう．式 (4.66) の両辺を t について，$t = t_1$ から $t = t_2$ まで積分すると，

$$\frac{1}{2}m|\vec{v}(t_2)|^2 - \frac{1}{2}m|\vec{v}(t_1)|^2 = \int_{t_1}^{t_2} \vec{F}(\vec{r}(t)) \cdot \frac{d\vec{r}(t)}{dt}\, dt = \int_{\vec{r}(t_1)}^{\vec{r}(t_2)} \vec{F}(\vec{r}) \cdot d\vec{r} \tag{4.68}$$

と変形することができる．右辺は $\vec{r}(t_1)$ で表される点から $\vec{r}(t_2)$ で表される点までの運動の軌跡に沿った線積分である．一般にはこの線積分は積分経路に依存する．しかし，いまは $\vec{F}$ が保存力であるので，線積分は積分経路によらず端点のみで決まる．それゆえ

$$\begin{aligned}\int_{\vec{r}(t_1)}^{\vec{r}(t_2)} \vec{F} \cdot d\vec{r} &= \int_{\vec{r}(t_1)}^{\vec{r}_0} \vec{F} \cdot d\vec{r} + \int_{\vec{r}_0}^{\vec{r}(t_2)} \vec{F} \cdot d\vec{r} \\ &= -\int_{\vec{r}_0}^{\vec{r}(t_1)} \vec{F} \cdot d\vec{r} + \int_{\vec{r}_0}^{\vec{r}(t_2)} \vec{F} \cdot d\vec{r}\end{aligned} \tag{4.69}$$

と書き直すことができる．ただし，ここで基準点の位置ベクトル $\vec{r}_0$ を導入した．これを用いると，式 (4.68) は

$$\frac{1}{2}m|\vec{v}(t_2)|^2 - \int_{\vec{r}_0}^{\vec{r}(t_2)} \vec{F}\cdot d\vec{r} = \frac{1}{2}m|\vec{v}(t_1)|^2 - \int_{\vec{r}_0}^{\vec{r}(t_1)} \vec{F}\cdot d\vec{r} \tag{4.70}$$

と変形できる．左辺と右辺の第 2 項は，それぞれ位置ベクトルが $\vec{r}(t_2)$，および $\vec{r}(t_1)$ で表される点におけるポテンシャルエネルギーである．よって，この式は，

$$(t = t_2 \text{ における力学的エネルギー}) = (t = t_1 \text{ における力学的エネルギー}) \tag{4.71}$$

を表している．時刻 t_1, t_2 は任意でよいので，この式は力学的エネルギー保存則を表している．

4.5 仕事をしない力

物体がなめらかな滑り台を滑って落ちるとき，物体にはたらく力は重力のみではなく，接触している面からは，面に対して垂直な力（垂直抗力）がはたらく．物体は面に沿って運動するので，運動方向は常に垂直抗力とは直交する．それゆえ，垂直抗力は仕事をしない．垂直抗力は位置によって複雑に方向や大きさを変えるが，その役割は物体を面に沿って運動させることに使われる．つまり垂直抗力は，垂直抗力と重力との合力が，ちょうど面に沿った方向になるような大きさを持つ．

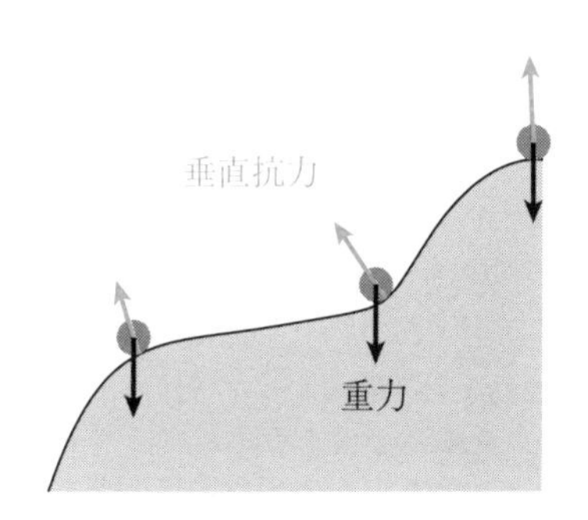

似たような力に，**振り子**のおもりにはたらく糸の張力がある．糸の張力は，おもりがちょうど支点からの距離が一定のところを運動するように，糸の張力と重力との合力が，円の接線の方向になるような大きさを持つ．糸の張力はおもりの運動方向と直交するので，仕事をしない．

仕事をしない力は，力学的エネルギー保存則を考えるときに考慮しなくてもよい．滑らかな滑り台上の運動における垂直抗力，振り子のおもりの運動における糸の張力は，力学的エネルギー保存則を考える際には考慮しなくても良く，運動エネルギーと，重力に対するポテンシャルエネルギーとを考えれば十分である．

例題 4.5

長さ l の軽くて伸びない糸の一端を固定し，他端に質量 m のおもりを付けて，鉛直平面内で運動させた．初めに振り子が鉛直下方に対して角度 ϕ_0 の位置に静止していたとき，おもりの最下点での速さを求めよ．ただし，振り子の運動の間じゅう，糸はたるまないとする．

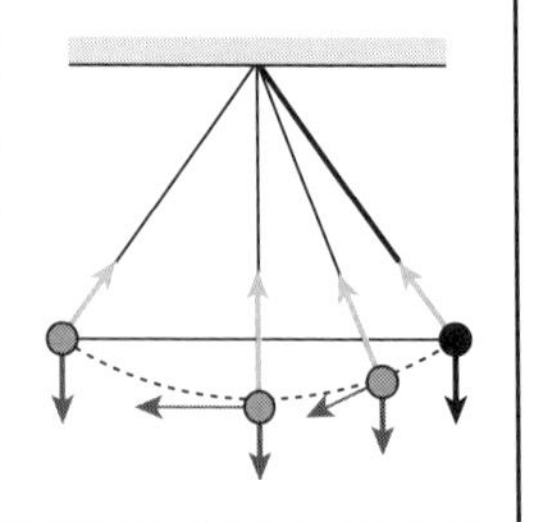

【解答】 力学的エネルギー保存則を用いる．重力に対するポテンシャルエネルギーの基準点を，糸の固定された端に取る．初めの位置におけるポテンシャルエネルギーは

$$U_{初め} = -mgl\cos\phi_0 \tag{4.72}$$

であり，最下点でのポテンシャルエネルギーは

$$U_{最下点} = -mgl \tag{4.73}$$

である．最下点でのおもりの速さを v とすると，力学的エネルギー保存の法則から，

$$0 - mgl\cos\phi_0 = \frac{1}{2}mv^2 - mgl \tag{4.74}$$

を得る．これを整理して

$$v = \sqrt{2gl(1-\cos\phi_0)} \tag{4.75}$$

を得る． □

〈**Advanced**〉 振り子の運動を力学的エネルギー保存則を出発点として考えよう．ポテンシャルエネルギーの基準点を振り子の糸の固定点に選ぶと，糸と鉛直下方との間の角が ϕ であるときのポテンシャルエネルギーは $U(\phi) = -mgl\cos\phi$ で与えられる．また，このときのおもりの速さは $v = l|\dot{\phi}|$ であるから（式 (1.40) 参照），力学的エネルギー保存則から

$$\frac{1}{2}m(l\dot{\phi})^2 - mgl\cos\phi = (一定) \tag{4.76}$$

である．この両辺を t で微分し，式 (1.39) を用いると

$$ml^2\dot{\phi}\ddot{\phi} + mlg\dot{\phi}\sin\phi = 0 \tag{4.77}$$

を得る．この式を $ml^2\dot{\phi}$ で割って整理すると

$$\ddot{\phi}(t) + \frac{g}{l}\sin\phi(t) = 0 \tag{4.78}$$

となる．これが振り子の運動方程式である．

角度 ϕ が小さいとき，$\sin\phi \approx \phi$ であることを用いると

$$\ddot{\phi}(t) + \omega^2\phi(t) = 0 \tag{4.79}$$

と簡単化される．ただし

$$\omega = \sqrt{\frac{g}{l}} \tag{4.80}$$

と置いた．式 (4.79) は式 (2.14) と同じ形であるから，その一般解は

$$\phi(t) = A\sin(\omega t) + B\cos(\omega t) \tag{4.81}$$

で与えられる（式 (2.15) 参照）．定数 A および B は，例えば $t = 0$ での角度 $\phi(0)$ と，おもりの速度成分 $l\dot{\phi}(0)$ を与えれば決まる．

振り子の周期 T は

$$T = \frac{2\pi}{\omega} = 2\pi\sqrt{\frac{l}{g}} \tag{4.82}$$

で与えられることがわかる．振り子の周期はおもりの質量に依存せず，また（角度が小さい限り）振れ角の大きさにも依存しない．振り子の周期が振れ角の大きさに依存しないことを，**振り子の等時性**という．

4.6 摩擦力と空気抵抗

一般に物体にはたらく力は保存力ばかりではない．保存力ではない力の代表例が**摩擦力**と**空気抵抗**である．

粗い水平面の上に置かれた物体を押しても引いても，その力が小さければ動き出さないのは経験的に知られていることである．物体を押したり引いたりする力を外力と呼ぼう．物体が静止したままなので，運動の法則から，この物体にはたらいている力はつりあっている．鉛直方向には，重力と面からの垂直抗力，そして外力の鉛直成分がつりあっている．水平方向には，外力の水平成分と摩擦力がつりあっている．この摩擦力は，外力の大きさに依存して決まる．外力が小さければ，それとつりあう摩擦力も小さい．物体が静止しているときにはたらく摩擦力を**静止摩擦力**という．

外力を大きくしていくと，物体は動き出す．つまり，静止摩擦力の大きさには限界があり，どこまでも大きくはならない．静止摩擦力の大きさが最大のものを**最大静止摩擦力**という．実験によると，最大静止摩擦力は，面が物体に与える垂直抗力の大きさ N に比例し，接触面の面積にはよらない．

$$F_{\text{最大静止摩擦}} = \mu N \tag{4.83}$$

比例係数 μ は**静止摩擦係数**と呼ばれる．静止摩擦係数は，物体と面とによって決まるもので，物体や面を構成する物質に依存するばかりでなく，面の状態（滑らかさの度合い）などにも依存する．

物体が面上を移動しているときにも物体には面から運動の向き（速度の向き）とは逆向きの摩擦力がはたらく．物体が運動しているときにはたらく摩擦力を**動摩擦力**という．実験によると，動摩擦力の大きさは接触面の面積や物体の速さには依存せず，垂直抗力の大きさ N に比例する．

$$F_{\text{動摩擦}} = \mu' N \tag{4.84}$$

比例係数 μ' は**動摩擦係数**と呼ばれる．動摩擦係数も静止摩擦係数と同様に，物体と面とによって決まるものである．

普通，動摩擦係数は静止摩擦係数よりも少し小さい．

静止摩擦力は（物体が移動しないので）仕事をしないが，動摩擦力は仕事をする．動摩擦力のする仕事は，動摩擦力が移動の向きに対して逆向きなので，常に負である．また，垂直抗力が一定であれば動摩擦力は一定なので，その仕事は移動距離（経路の長さ）に比例する．移動距離は経路の始点と終点だけでなく，経路に依存するので，摩擦力は保存力ではない．それゆえ，摩擦力がはたらくと力学的エネルギー（運動エネルギーと保存力に対するポテンシャルエネルギーの和）は失われる．

失われたエネルギーはどこに行くのだろうか．ミクロに見ると摩擦によって接触面近傍の分子の運動は激しくなり，その運動が周りに伝わっていく．このように物体のマクロな運動としては見えないが，ミクロな運動として伝わっていくエネルギーの移動形態を**熱**と呼ぶ（熱については第II部で学ぶ）．

空気抵抗[3] も常に運動の向き（速度の向き）とは逆向きにはたらくので，空気抵抗のする仕事は常に負である．それゆえ，空気抵抗がはたらくと力学的エネルギーは失われる．

動摩擦力は物体の速さによらないが，空気抵抗は物体の速さが大きいほど大きくなる．我々が日常的に目にするたいていの物体にはたらく空気抵抗は，およそ速さの2乗に比例する．

速さの2乗に比例する空気抵抗を受ける場合の，質量 m の物体の鉛直下方への落下運動を考えよう．鉛直下方を x 軸の正の向きとし，物体の位置ベクトルを $\vec{r}(t) = x(t)\vec{e}_x$ と書こう．$\vec{e}_x$ は鉛直下向きの単位ベクトルである．$t = 0$ で物体は原点に

[3] 粘性流体中を運動する物体に，運動の向きと逆向きにはたらく力の成分を**抗力**という．ここではわかりやすいように，空気抵抗という言葉を用いた．

静止していたとする．この物体の，時刻 t における速度ベクトル $\vec{v}(t) = v(t)\vec{e}_x$ の成分 $v(t)$ は運動方程式

$$m\frac{dv(t)}{dt} = -\kappa v^2(t) + mg \tag{4.85}$$

を満足する．ただし，κ（カッパ）（> 0）は空気抵抗の係数であり，物体の形状や空気の密度などによって決まっている．空気抵抗の項 $-\kappa v^2$ の符号に注意．もし物体が鉛直上方に運動しているのなら，この符号は正になる．

物体の速度がだんだん大きくなっていくに従って，右辺の第 1 項の絶対値もだんだん大きくなっていく．第 2 項は一定なので，物体が落下するに従って，右辺は正の値 mg からだんだん小さくなり，ゼロに近づく．ゼロとなるのは重力と空気抵抗がつりあって，物体が等速度で運動する極限的な状況である．このときの速度を**終端速度**という．

$$v_{終端} = \sqrt{\frac{mg}{\kappa}} \tag{4.86}$$

〈Advanced〉　運動方程式 (4.85) は変数分離形の微分方程式であり，厳密に解くことができる．式 (4.85) は $v_{終端}$ を用いて

$$m\frac{dv}{dt} = -\kappa(v^2 - v_{終端}^2) \tag{4.87}$$

と表されるので，この式の両辺を $m(v^2 - v_{終端}^2)$ で割って

$$\frac{1}{v^2 - v_{終端}}\frac{dv}{dt} = -\frac{\kappa}{m} \tag{4.88}$$

を得る．これを時間について積分し，左辺で t から v へと積分変数変換を行うと

$$\int_0^{v(t)} \frac{dv}{v_{終端}^2 - v^2} = \frac{\kappa}{m}t \tag{4.89}$$

を得る．ここで

$$\frac{1}{v_{終端}^2 - v^2} = \frac{1}{2v_{終端}}\left(\frac{1}{v_{終端} + v} + \frac{1}{v_{終端} - v}\right) \tag{4.90}$$

を用いて左辺を積分すると

$$\int_0^{v(t)} \frac{dv}{v_{終端}^2 - v^2} = \frac{1}{2v_{終端}} \ln\left(\frac{v_{終端} + v(t)}{v_{終端} - v(t)}\right) \tag{4.91}$$

を得る．ここで $v(t) < v_{終端}$ を用いた．関数 $\ln(x)$ は自然対数 $\log_e(x)$ を表す（自然対数の微積分については 6.2 節の数学ワンポイントを参照せよ）．これを式 (4.89) に代入して整理すれば

$$v(t) = v_{終端} \tanh\left(\sqrt{\frac{\kappa g}{m}}\, t\right) \tag{4.92}$$

を得る．

位置ベクトル $\vec{r}(t)$ の成分 $x(t)$ を求めるには，$v(t) = \dot{x}(t)$ を積分すればよい．結果だけを示すと

$$x(t) = \frac{m}{\kappa} \ln\left\{\cosh\left(\sqrt{\frac{\kappa g}{m}}\, t\right)\right\} \tag{4.93}$$

となる．

数学ワンポイント　双曲線関数

物理学でよく現れる関数に**双曲線関数**がある．定義は簡単で，

$$\sinh(x) = \frac{e^x - e^{-x}}{2}, \quad \cosh(x) = \frac{e^x + e^{-x}}{2} \tag{4.94}$$

および

$$\tanh(x) = \frac{\sinh x}{\cosh x} = \frac{e^x - e^{-x}}{e^x + e^{-x}} \tag{4.95}$$

である．これらの関数の性質は，e^x および e^{-x} の性質から簡単に導くことができる．

演習問題

演習 4.1　栃木県日光市にある華厳の滝は落差が 97 m，通常時は 1 秒間に平均 1 トンの水量である．滝の落下によって解放されるポテンシャルエネルギーは，毎秒何ジュールだろうか．

演習 4.2　速さ v で走っている自動車が急ブレーキをかけた場合を考えよう．ブレーキが利き始めて自動車が停止するまでに自動車が走る距離（制動距離）はおよそ速さの 2 乗（v^2）に比例する．このことを説明せよ．

演習 4.3 **⟨Advanced⟩**　保存力が（極座標で表したとき）動径成分しか持たないならば，その力は中心力であることを示せ．

第II部

熱　力　学

第5章

気体のマクロな振る舞い

多数のミクロな構成要素からなるマクロな物質の性質は，構成要素の平均的な振る舞いによって決まり，熱平衡状態にある系の性質は少数の状態量で記述できる．第II部の主題である熱力学は，ある熱平衡状態から別の熱平衡状態に系を変化させたときに普遍的に成り立つ法則を与えるものである．この章では，熱力学を学ぶための準備として，気体のマクロな性質を記述する方法を詳しく学ぶ．気体の状態量の定義を確認したのち，理想気体で成り立つ状態方程式について見ていく．

5.1 物質のミクロとマクロ

私たちの身の回りの**マクロ**（巨視的）な物質は，**ミクロ**（微視的）に見れば分子や原子を構成要素とする多粒子の集合である．マクロな物質に対応する分子や原子の個数は極めて多いため，全ての構成要素の運動を個別に追いかけることで物質の性質を記述することは困難である．

しかし多くの場合，私たちが知りたいのは物質がマクロにどのような振る舞いを見せるかであり，それを知るためには必ずしも構成要素の運動の詳細に立ち入る必要はない．マクロな物質の振る舞いは，例えば気体であれば体積や温度などのマクロに観測できる物理量で記述され，これらの物理量はミクロな構成要素の平均的な振る舞いで決まる．これから学ぶ熱力学では，こうしたマクロな振る舞いを記述する物理量に着目し，それらについて成り立つ普遍的な法則や関係を考察する．

以下では，考察の対象となる特定の物質や範囲を指すのに**系**[1]という言葉を用いる．例えば，一定の体積を持つ容器に密閉された気体は系の一例である．

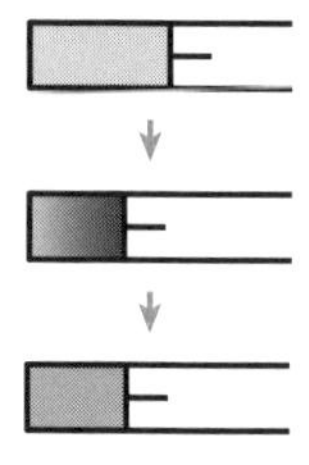

一般に，系に対して外から影響を与えなくとも，系はマクロに時間変化する．例えば，右図のようにピストンの付いた容器に入った気体を考えよう．この容器のピストンを一気に押し込み，すぐにピストンを静止させたとする．ピストンが急に押し込まれたことで，ピストンに近い側の気体は圧縮されるが，ピストンから遠い場所にあ

[1] 英語では「システム（system）」に対応する．

る気体にはピストンが押された影響がすぐには伝わらず，気体の密度にはむらが生じる．ピストンを静止させたのちに，外から影響を与えず放っておくと，この不均一が解消するように系にマクロな時間変化が生じる．そして，十分時間が経てば容器内の密度は均一になり系は時間変化しなくなる．

この最後の状態のように，系の外から影響を及ぼさない限りマクロに時間変化しないとき，その系は**熱平衡状態**にあるという．系が熱平衡状態であってもミクロに見ると構成要素は運動し時間変化するが，多数の構成要素の平均的な振る舞いは一定になっている．

熱平衡状態の系において一意に決まる物理量を**状態量**と呼ぶ．気体の場合だと，物質量，体積，温度，圧力などが状態量であり，これらについては次節で詳しく学ぶ．一般に，ミクロな構成要素の数やその自由度が極めて大きい場合でも，熱平衡状態に限れば少数の状態量だけでマクロな振る舞いを記述できる．これから学ぶ熱力学では，ある熱平衡状態から異なる熱平衡状態への遷移を考え，その前後で状態量の間に成り立つ関係を考察していく（平衡熱力学）．このように，熱平衡状態に着目することで，マクロな系であっても単純な取扱いが可能になる[2]．

注意！ 本書で状態量について述べるときは，その系は必ず熱平衡状態にある．

マクロな系に対して，その部分系を考えることができる．以降では，マクロな系の部分系として，それ自体も多数の構成要素を含むマクロな系であるような場合のみを考える．それゆえ，熱平衡状態にある系を2つの部分系に分けたとき，それぞれの系もまた熱平衡状態になる．

注意！ 系を部分系に分けるとき，必ずしも実際に系を分割する物理的な操作が行われるわけではない．例えば，箱に入った一定量の気体からなる系に対し，箱の内部に一定の領域を仮想的に考え，その領域内の気体を部分系であると見なすことができる．

マクロな物質の温度や圧力を変えると，物質は固体と液体と気体（物質の三態）の間で状態を変化させる[3]．このような状態の相変化は**相転移**と呼ばれる現象の一例である．同じ分子からなる物質であっても，相変化することで全く異なる性質を持つようになる．

---

[2] 熱平衡ではない状態を非平衡状態と呼び，非平衡状態をも含めてマクロな系を記述する熱力学を非平衡熱力学と呼ぶ．非平衡系は平衡系に比べ取扱いがずっと難しく，非平衡熱力学は現在も発展途上にある．

[3] また，極めて高温では，分子や原子から電子やイオンが分離（電離）して自由に飛び回るプラズマ状態も生じる．

5.2 気体の状態量

以下では，マクロな物質として主に気体を取り上げて議論する．気体を構成する分子は互いにほとんど力を及ぼさず，自由に飛び回っている．気体に注目するのは，液体や固体に比べてマクロな性質が単純で熱力学による取扱いが比較的容易なためである．ここでは，気体のいくつかの状態量について詳しく見ていく．

状態量は一般に**示量変数**と**示強変数**に分類される．状態量が同一の2つの系を合成した系を考えたとき，元の系と比較して値が2倍になるのが示量変数であり，値が変わらないのが示強変数である．気体の状態量のうち，物質量や体積は示量変数であり，圧力や温度は示強変数である．

5.2.1 物 質 量

物質量は物質の構成要素の量を表す物理量である．物質量の単位は mol（**モル**）で，1 mol の物質は $6.02214076 \times 10^{23}$ 個の構成要素の粒子からなる．**アボガドロ定数**

$$N_{\mathrm{A}} = 6.02214076 \times 10^{23}\,\mathrm{mol}^{-1} \tag{5.1}$$

を用いると，物質量 n の物質の構成要素の数は nN_{A} 個と表される．

物質の質量と物質量は比例する．物質量が 1 mol の物質の質量を g 単位で表すと，その値は構成要素である分子（あるいは原子）の**分子量**（あるいは**原子量**）と等しい[4]．分子量 M の物質のモル質量を

$$\bar{M} = M\,\mathrm{g\,mol}^{-1} \tag{5.2}$$

と定義する．物質量が n でモル質量 $\bar{M}$ を持つ物質の質量は $n\bar{M}$ と表される．例えば，ヘリウムの原子量は 4.0 であり，1 mol のヘリウムは 4.0 g の質量を持つ．また，水分子 H_2O の分子量はおよそ 18 であり，1 mol の H_2O の質量は 18 g である．この関係は，固体・液体・気体によらず常に成り立つ．

[4] 分子量（原子量）は無次元量である．

例題 5.1

地上の乾燥大気はおおよそ窒素分子が 78%，酸素分子が 21%，アルゴン（単原子分子）が 1% 混合した気体である．（二酸化炭素や水蒸気も含まれるが，その比率は小さい．）乾燥大気のモル質量 $\bar{M}$ を求めよ．

【解答】 混合した気体の分子量は，構成している分子の分子量に比率を乗じて足し合わせたものに等しい．窒素分子，酸素分子，アルゴンの分子量はそれぞれおよそ 28, 32, 40 であるため，乾燥大気の分子量は

$$28 \times 0.78 + 32 \times 0.21 + 40 \times 0.01 \approx 29 \tag{5.3}$$

である．よってモル質量は $\bar{M} \approx 29\,\mathrm{g\,mol^{-1}}$ となる． □

5.2.2 温　　度

気体を構成する個々の分子は力学的エネルギーを持ち，乱雑に運動している．このような運動を**熱運動**と呼ぶ．気体の**温度**は熱運動に伴う平均的なエネルギーの大小を特徴付ける状態量である．

熱は温度と深く関係した物理量である．温度が高い A と低い B という 2 つの系を接触させると，A は温度が下がり，B は温度が上昇する．さらに時間が経てば 2 つの系の温度は等しくなり，熱平衡状態になる．このプロセスにおいて A から B には分子の熱運動のエネルギーが受け渡されている．このようなエネルギーの移動の形態を熱と呼ぶ．

注意！ 日常的には熱と温度は同じような意味で使われることもあるが，両者は物理学の用語としては全く別のものである．温度は状態量だが，熱は状態量ではない．よって「系が持つ熱」や「系に蓄えられた熱」のような表現は誤りである．また，「系に熱を加える」や「系から熱を取り出す」などの表現を用いるが，これは熱という形態でエネルギーを出し入れしていることを意味する．

温度を数量化するためには基準や単位が必要となる．私たちが日常的に用いるのは**摂氏温度**であり，1 気圧で水と氷が共存して熱平衡状態になる温度を 0°C，水と水蒸気が共存して熱平衡状態になる温度を 100°C としている．この間の温度を測定するのには温度計が用いられる．測定したい系と温度計を接触させ，両者が熱平衡になったときに温度系が指す目盛がその系の温度である．例えば，水銀温度計では温度に伴って水銀の体積が変化する性質を用いて温度を決定する．一定量の水銀

が 0°C のときと 100°C のときの体積を測定し，その間の体積の変化量を 100 等分すれば，1°C の温度目盛として利用できる[5].

以下では，特に断らない限り $T_0 = -273.15$°C を温度の原点とする**絶対温度**を用いる．5.3 節で見るように，この T_0 の値はもともと気体についての実験結果から導入された．絶対温度の単位は K（ケルビン）であり，摂氏温度 t と絶対温度 T は $t/°\mathrm{C} = T/\mathrm{K} - 273.15$ の関係にある．$T_0 = -273.15°\mathrm{C} = 0\,\mathrm{K}$ を**絶対零度**と呼ぶ.

相転移によって状態が変化するとき，系に対して熱によるエネルギーの出入りがあっても系の温度は変化しない．このような相変化に関わるエネルギーを**潜熱**と呼ぶ．例えば，0°C を保ちつつ氷を水に相変化させるために必要なエネルギーを氷の**融解熱**と呼ぶ．一方，水から氷に相変化する際に放出されるエネルギーを**凝固熱**と呼ぶ．1 g の水の融解熱および凝固熱はおよそ 334 J である．また，100°C を保ちつつ水を水蒸気に相変化させるのに必要なエネルギーを水の**蒸発熱**（あるいは気化熱）と呼ぶ．一方，水蒸気が水に相変化する際に放出されるエネルギーを**凝縮熱**と呼ぶ．1 g の水の蒸発熱および凝縮熱はおよそ 2257 J である.

相転移が生じない温度で系に熱によるエネルギーの出入りが生じると，系の温度は変化する．系の温度を 1 K 変化させるのに必要なエネルギーの大きさ Q を系の**熱容量**と呼ぶ．熱容量の単位は J/K である．系の物質量が n であるとき，$\frac{Q}{n}$ は 1 mol の系の温度を 1 K 変化させるのに必要なエネルギーの大きさであり，これを**モル比熱**と呼ぶ．例えば，1 気圧のもとでの水のモル比熱はおよそ 75 J/(mol K) であり，わずかに水の温度に依存する．水蒸気の比熱はこの値に比べて小さい．比熱や潜熱の値は，物質の種類や状態によって異なる.

5.2.3 圧　　力

一般に単位面積あたりにはたらく力を**圧力**と呼ぶ．気体と液体を総称して**流体**と呼び，流体の構成粒子のランダムな運動による衝突の結果，流体中の物質には圧力が生じる.

---

[5] ただし，こうして作る温度計が正確であるためには，物質の温度上昇に対する体積の膨張率が一定でなければならないが，これは必ずしも厳密には成り立たない．5.3 節で述べる理想気体温度は，個別の物質の特性にはよらない温度の定義を与える.

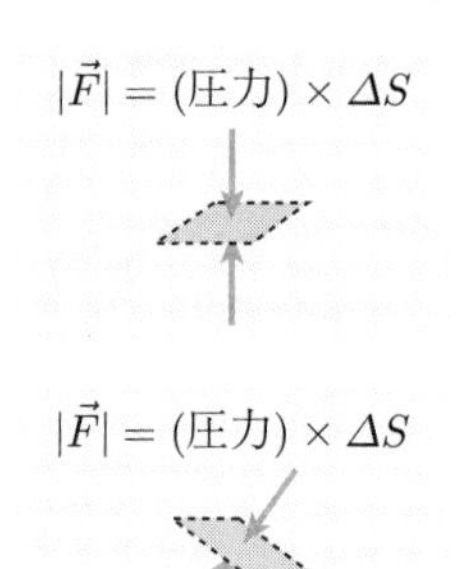

静止した流体中の一部分に注目すると，その部分系も物質であり，周囲の構成粒子から圧力を受ける．右図は，静止した流体中に微小な面積 ΔS を持つ仮想的な平面を考え，そこに生じる圧力による力を矢印で表している．圧力による力は面に垂直な方向にはたらく．流体は静止しているため，圧力による力は面の上下でつりあっていなければならない．また，流体の構成粒子の運動は乱雑で向きによって違いを持たないため，右図下のように平面を傾けたとしても，平面に単位時間当たりに衝突する構成要素の数やその平均的な速さは変化せず，圧力の大きさは変わらない．すなわち，流体中の任意の点で生じる圧力は，向きによらず等しい大きさを持つ．それゆえ，流体中の圧力は大きさのみのスカラー量で表すことができる．圧力の単位には力の単位 N を面積の単位 m^2 で割った $\mathrm{Pa} = \mathrm{N/m}^2$（**パスカル**）を用いる．あるいは，100 を意味する接頭辞 h（ヘクト）を用いた hPa（**ヘクトパスカル**）という単位もよく用いられる（$1\,\mathrm{hPa} = 100\,\mathrm{Pa}$）．

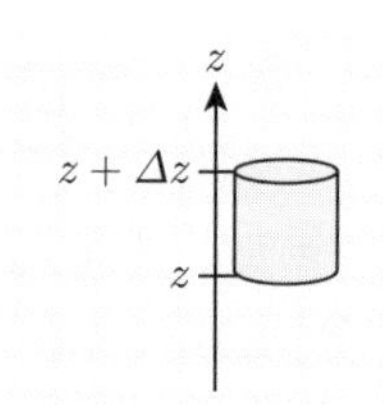

重力下で静止した流体には，重力と周りの流体からの圧力がはたらきつりあっている．この状態を**静水圧平衡**と呼ぶ．流体中で鉛直上向きに z 軸の正の方向を取る．静水圧平衡が生じているとき，流体の任意の部分はその部分の鉛直上方に積み上がっている流体にはたらく重力によって下向きに押されている．この結果，流体の圧力 $p(z)$ や密度 $\rho(z)$ は鉛直下方に行くほど増加する．このことを詳しく見てみよう．右図のように，流体中に仮想的に底面積 S と高さ Δz を持つ微小な円柱部分を考えよう．この微小部分の鉛直方向にはたらく重力の大きさは，重力加速度の大きさを g として $(\rho(z)S\Delta z)g$ である[6]．また，円柱の底面の位置を z とすると，円柱の上面と底面での圧力の大きさはそれぞれ $p(z + \Delta z)$ と $p(z)$ であり，上面と底面にそれぞれ $p(z + \Delta z)S$, $p(z)S$ の大きさの力がはたらく．よって，円柱の鉛直方向にはたらく力のつりあいは $\rho(z)S\Delta zg + p(z + \Delta z)S = p(z)S$ となる．これより

$$\frac{p(z + \Delta z) - p(z)}{\Delta z} = -\rho(z)g \tag{5.4}$$

を得る．左辺は単位高さあたりの圧力の変化量である．

---

[6] ここで円柱の質量を $\rho(z)S\Delta z$ としているが，密度として z から $z + \Delta z$ の範囲での平均値を用いても，両者の差は Δz の 2 次以上の差しか生み出さず，Δz が小さい極限では同じ結果を与える．

例えば流体が水の場合，圧力による密度の変化は小さく，z の広い範囲で密度を一定値 $\rho(z) \approx 10^3\ \mathrm{kg/m^3}$ と近似できる．よって水深 1 m ごとに水圧はおよそ 10^4 Pa 増加する．一方，気体の密度変化は液体の場合よりもずっと大きい[7]．例えば地表での空気の密度はおよそ $1.3\ \mathrm{kg/m^3}$ であり，上空に行くほど密度は小さくなる．式 (5.4) で $\Delta z \to 0$ の極限を取ると左辺は $p(z)$ の z による微分を与えるため

$$\frac{dp(z)}{dz} = -\rho(z)g \tag{5.5}$$

を得る．6.4 節では，式 (5.5) を用いて大気圧の高度依存性を詳しく議論する．

地表での大気圧の大きさはおよそ 1 気圧 $= 101325$ Pa である．1 気圧は $1\ \mathrm{m^2}$ あたり約 10^5 N の大きさの力を与える．この 10^5 N とは，およそ 10 t の物体にはたらく重力の大きさと同程度である．このように大気圧による大きい力が生じているにもかかわらず，さまざまな物体が潰れてしまわないのは，物体の内側にも同じ大きさの圧力を生じるものがあるためである．例えば，中身を空にしたペットボトルが潰れないのは，ペットボトルの中にある空気がおよそ 1 気圧で外側に押し返しているためである．もし，空のペットボトルに蓋をしてポンプで内部の空気を排気すると，内部の圧力が減少し，大気圧によってペットボトルは潰れてしまう．

例題 5.2

簡単のため上空まで空気の密度が一定であると仮定しよう．このとき，約 10^5 N という大気圧が生じるには，空気がどのくらいの高度まで存在すれば良いか概算せよ．

【解答】 大気圧が $1\ \mathrm{m^2}$ に与える力の大きさは約 10^5 N である．地表の空気の密度は $1.3\ \mathrm{kg/m^3}$ であるから，$1\ \mathrm{m^3}$ の空気にはたらく重力の大きさは約 13 N である．この空気の塊が垂直に積み重なった結果，大気圧による力が生じるには，$1\ \mathrm{m^3}$ の立方体の空気の塊を $\frac{10^5}{13} \approx 7.7 \times 10^3$ 個積み重ねればよい．このことから，$7.7 \times 10^3\ \mathrm{m} = 7.7\ \mathrm{km}$ 程度の上空まで空気が存在していると見積もることができる．

上空で密度が減少する影響を考慮すると，上の概算よりも大きな値が得られる．実際には，地表から高度 10 km までに全大気の 74% が存在し，高度 32 km までに全体の 99% 以上が含まれることが知られている． □

[7] このことは，10.1.1 節で説明する体積弾性率の値の違いによって表される．

物理の目　ポンプで水を汲み上げる

水を汲み上げるための真空ポンプは，ホース内の空気を減圧し大気圧より小さくすることで，ホース内の水面を上昇させている．下の図は，水面から高さ h だけ水が吸い上げられて静止した様子を表している．ホースの外では水面には大気圧 p_0 がかかっている．水面が静止していることから，ホースの内と外の同じ高さの位置で水にかかる圧力は等しい．このとき，ホース内の水柱の上にある気体の圧力を p_1 とすると，ホース内の圧力について

$$p_0 = p_1 + \frac{(\text{高さ } h \text{ の水柱に働く重力})}{(\text{水柱の断面積})} \tag{5.6}$$

が成り立つ．水深 1 m ごとに水圧がおよそ 10^4 Pa 増加することから，右辺第 2 項目はおよそ $10^4\,\mathrm{Pa} \times h/\mathrm{m}$ である．p_1 が小さくなるほど h が大きくなる．p_1 の最小値は 0 であり，このときの h の値はおよそ 10 m である．よって，ポンプでホース内を真空になるまで排気したとしても，最大でおよそ高さ 10 m までしか水を汲み上げることはできない．

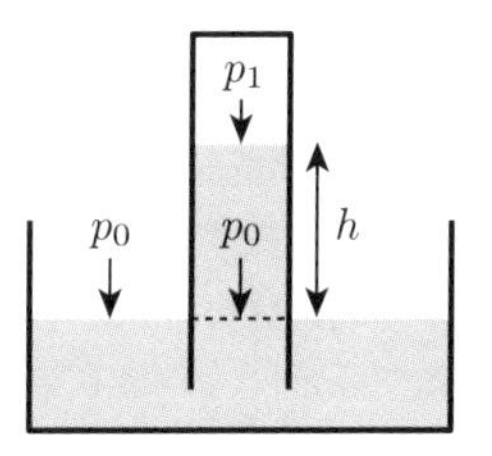

5.3 理想気体とその状態方程式

以下では，体積 V の容器に入った物質量 n，温度 T，圧力 p の気体の性質を考えていこう．これらの状態量は完全には独立ではなく，互いに関係する．一般に，複数の状態量の間で成り立つ関係を表す式を**状態方程式**と呼ぶ．

気体に関する複数の実験事実は，気体の状態量が多くの場合に

$$pV = nRT \tag{5.7}$$

という単純な関係式に良い精度で従うことを示した．そこで，この状態方程式に厳密に従う仮想的な物質を**理想気体**と呼び，関係式 (5.7) を**理想気体の状態方程式**と呼ぶ．右辺の温度 T は絶対温度である．また，R は**気体定数**と呼ばれる物理定数で，

$$R = 8.31446261815324\,\mathrm{J/(mol\,K)} \tag{5.8}$$

という値を持つ．

実在する気体（**実在気体**）は理想気体とは異なる振る舞いをすることがある．特に，気体の温度が低かったり，気体の圧力や密度が高い場合は，実在気体と理想気体の違いは無視できないほど大きくなり得る．理想気体では，気体分子は互いに力を及ぼし合わず完全に独立に熱運動し，かつ容器の体積に対して分子自体の占める体積が十分小さい．室温や大気圧程度の環境にある気体は，多くの場合に良い近似で理想気体とみなすことができ，取扱いが容易になる[8]．

物理の目　実在気体の相転移

理想気体は相変化しないが，実在気体は一般に相変化する．例えば，常温で1気圧の二酸化炭素は理想気体としての近似が可能である．しかし，二酸化炭素はおよそ -79°C 以下で固体のドライアイスになり，また非常に高い圧力のもとで液体状態にもなる．当然ながら，相転移の近傍にあるような状態の二酸化炭素は理想気体では近似できない．

〈Advanced〉 気体の状態方程式の別の例として，**ファン・デル・ワールスの状態方程式**

$$p = \frac{RT}{\frac{V}{n} - b} - a\left(\frac{n}{V}\right)^2 \tag{5.9}$$

がよく知られている．これは低温や高密度での実在気体を近似的に記述するのにしばしば用いられる．ここで a と b はパラメータで，前者は気体の分子間力による圧力の減少の効果を表し，後者は気体分子の体積が実効的に気体の体積を減らす効果を表す．a と b がゼロになる極限で，式 (5.9) は (5.7) に一致する．

注意！ 状態方程式に示量変数が含まれるとき，式の各項で示量変数のべきが等しくなければならない．理想気体の状態方程式 (5.7) は，両辺とも示量変数（V と n）の1次のべきである．ファン・デル・ワールスの状態方程式 (5.9) は，両辺とも示量変数0次のべきである．

理想気体の状態方程式は，気体についての複数の実験的法則をまとめたものである．(i) 一定量の気体の温度 T を一定に保ったまま，気体の圧力 p を変化させたときの体積 V について調べると，p と V は反比例する．すなわち，温度のみで決まる値 $c(T)$ を用いて $pV = c(T)$ が成り立つ．これを**ボイルの法則**と呼ぶ．(ii) 一定量の気体の圧力 p を一定に保ったまま，気体の温度 T を変化させたときの体積 V

---

[8] これは力学において大きさや形のない質点を考えたときと似ている．現実の物体はさまざまな大きさや形を持つため，変形や回転も含めて物体の運動を記述するのは複雑で難しい問題になる．しかし，変形や回転が重要でない運動においては，物体を変形も回転もしない「小さな」ものとして近似的に扱うことで，単純に運動を記述することができた．

について調べたところ，温度の変化量と体積の変化量の割合が一定である．温度をどんどん減少させると，体積も減少していく．この結果は（実験的に達成するのは困難だが）気体の体積がゼロに近づくような極低温の存在を示唆する．その温度を 0 K と定義したのが絶対温度である．このとき $V = d(p)T$ が成り立つ．ただし，$d(p)$ は圧力のみに依存する比例係数である．これを**シャルルの法則**と呼ぶ．

ボイルの法則とシャルルの法則を使って，$\frac{pV}{T}$ という組合せを考えると $\frac{pV}{T} = \frac{c(T)}{T} = pd(p)$ が成り立つ．$\frac{c(T)}{T}$ は温度のみで決まる値であり，$pd(p)$ は圧力のみで決まる値である．これらが等しいということは，両者は温度にも圧力にもよらない定数だということを意味する．すなわち

$$\frac{pV}{T} = (p,\, V,\, T\ \text{によらない定数}) \tag{5.10}$$

が成り立つ．これを**ボイル－シャルルの法則**と呼ぶ．

アボガドロは，同一の圧力，体積，温度を持つ気体は，気体の種類によらず同数の分子を含むと考えた．これを**アボガドロの法則**と呼ぶ．分子の数は気体の物質量 n に比例するため，アボガドロの法則によると，ボイル・シャルルの法則 (5.10) の左辺は気体の種類によらない n の関数となる．さらに，V と n が示量変数であることに注意すると，$\frac{pV}{nT}$ という組合せは p, V, T, n および気体の種類のいずれにもよらない定数となることがわかる．この定数が理想気体の状態方程式 (5.7) における気体定数である．

式 (5.7) を用いることで，$T = \frac{pV}{nR}$ のように温度を圧力と体積と物質量によって定義できる．このように定義される温度を**理想気体温度**と呼ぶ．

例題 5.3

モル質量 $\bar{M}$ の理想気体の密度 ρ を，気体の圧力 p と温度 T を用いて表せ．

【解答】　理想気体の物質量を n，体積を V とすると状態方程式 (5.7) が成り立つ．気体の質量は $m = \bar{M}n$ であり，密度を ρ とすると $\rho = \frac{m}{V} = \frac{\bar{M}n}{V}$ である．状態方程式 (5.7) より $\frac{n}{V} = \frac{p}{RT}$ が成り立つので，密度は

$$\rho = \frac{\bar{M}p}{RT} \tag{5.11}$$

と表される．□

理想気体の状態方程式から，物質量と温度と圧力が決まれば体積が定まる．身近な気体の体積を考える上で，0°C，1気圧における1 molの理想気体の体積

$$V = \frac{nRT}{p} \approx \frac{8.31 \times 273}{1013 \times 10^2}\,\mathrm{m^3} \approx 2.24 \times 10^{-2}\,\mathrm{m^3} = 22.4\,\mathrm{L} \tag{5.12}$$

を覚えておくと便利である[9]．これは気体の種類によらずに成り立つ．

例題 5.4

400 L の容積を持つ冷蔵庫の中の空気の質量を概算せよ．

【解答】 冷蔵庫の中の気体を近似的に0°C，1気圧の理想気体とみなそう．この気体は1 molで22.4 Lの体積を占める．400 Lの気体の物質量は $\frac{400}{22.4}\,\mathrm{mol} \approx 17.9\,\mathrm{mol}$ である．空気のモル質量が $\bar{M} \approx 29\,\mathrm{g/mol}$ であることから，この冷蔵庫の中の空気の質量はおよそ $17.9 \times 29\,\mathrm{g} \approx 520\,\mathrm{g}$，すなわち中身の入った500 mLのペットボトルの質量と同程度と見積もられる． □

演習問題

演習 5.1 以下の全ての文章は間違っている．どこに間違いがあるか説明せよ．

(1) 気体や液体の圧力は，単位体積にはたらく力の大きさで表される．

(2) 掃除機がものを吸い込むのは，掃除機の中の気体が外のものに引力を及ぼすためである．

(3) 1 molの水の質量はおよそ18 gであり，1 molの水蒸気の質量はそれよりもずっと小さい．

(4) 室温，大気圧下で100 Lのヘリウムガスの質量は10 gに満たない．

(5) 乾燥大気と湿った大気では，湿った大気の方が密度が高い．

(6) 一定量の物質に熱を与えるとき，与える熱の量と温度の変化量は常に比例する．

(7) 実在気体は質量を持つが，理想気体は質量が無視できるほど小さい．

(8) 理想気体は常に熱平衡状態を保つ．

演習 5.2 熱いコーヒーに氷を入れると，コーヒーから氷に熱としてエネルギーが移動する．90°Cのコーヒー100 gに0°Cの氷を入れて5°Cのアイスコーヒーを作るには，どのくらいの量の氷を入れれば良いだろうか？ ただしコーヒーと氷以外の外部と熱のやり取りはないものとする．また，水の比熱を4.2 J/(g K)とせよ．

---

[9] この気体の状態を**標準状態**と呼ぶことがある．ただし，別の温度や圧力を標準状態と定義する場合もある．

演習 5.3 下図のように，コップに入った水にストローを入れ，上部を指で押さえたままストローを持ち上げると，ストロー内の水面がコップの水面よりも h 高くなった．このように水面が持ち上がるのはなぜか説明せよ．また，最初の状態のストロー内の気体の圧力は大気圧 p_0 と等しく，水面が持ち上がった状態のストロー内の気体の圧力は p_1 であったとする．水の密度を ρ，重力加速度を g としたとき，p_0 と p_1 と ρ の間に成り立つ関係式を示せ．

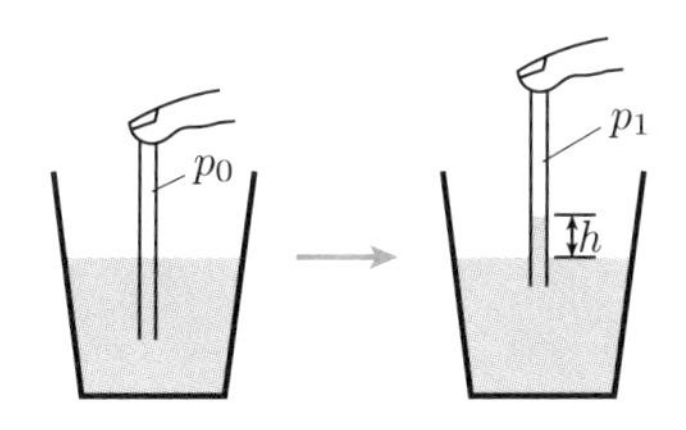

演習 5.4 下図は，体積が $2000\,\mathrm{m}^3$ の空気を温めることで浮力を得る熱気球を表している．外気が大気圧で $273\,\mathrm{K}$ のときに，気球内の気体の温度を T として，気球に生じる浮力を T の関数として表せ．また，（空気を除く）気球全体の質量を $500\,\mathrm{kg}$ としたとき，気球に生じる重力とつりあうだけの浮力を得るために必要な温度 T を求めよ．

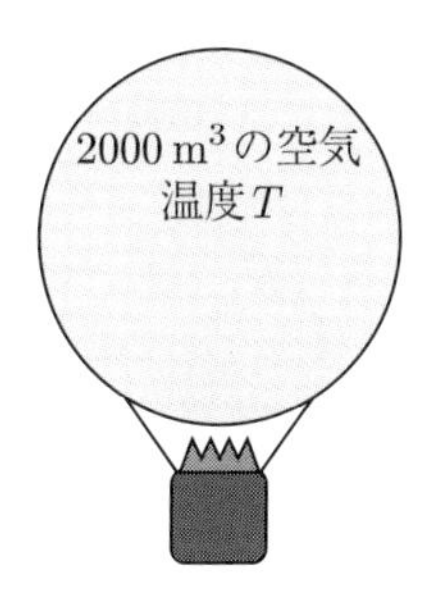

第 6 章

熱と仕事とエネルギー

マクロな系は，全体として静止して見える場合でも，その構成要素は熱運動の力学的エネルギーを持つ．これを内部エネルギーと呼ぶ．この章で導入する熱力学第 1 法則は，仕事と熱によるエネルギー移動によって，系の内部エネルギーが変化することを定式化したものである．本章では，熱力学第 1 法則を用いて，気体の典型的な状態変化で生じる現象を考察していく．

6.1 内部エネルギーと熱力学第 1 法則

第 4 章では 1 つの「小さな」物体に対する力学的エネルギーについて議論したが，これは複数の物体からなる系に対しても拡張される．N 個の物体からなる系を考えよう．この系の物体が全て保存力のみを受けて運動すると仮定する．この系の全力学的エネルギーは

$$E_{全} = \sum_{i=1}^{N}(K_i + U_i) + U_{内力} \tag{6.1}$$

と書くことができる．ここで K_i と U_i はそれぞれ i 番目の物体の運動エネルギーと外力によるポテンシャルエネルギーを表し，$U_{内力}$ は物体間にはたらく内力によるポテンシャルエネルギーの総和を表している．

第 I 部で扱った「小さな」物体も，実際はいくつもの構成要素からなる複合的な物体である．例えば，金属球は極めて多数の金属原子から構成されており，その個々の金属原子に対して運動エネルギー，ポテンシャルエネルギーを考えることができる．しかし，これを 1 つの物体として扱い，個々の原子の運動を考えなかったのは，金属球のマクロな運動に対して各々の原子の運動の詳細が重要ではなかったからである．金属球のマクロな運動を表すには，金属球の**マクロな力学的エネルギー**，すなわち，重心の運動に対する運動エネルギー $\bar{K}$ と，系全体に対する外力によるポテンシャルエネルギー $\bar{U}$ との和

$$E_{マクロ} = \bar{K} + \bar{U} \tag{6.2}$$

で十分である．これが第I部で金属球を「小さな」物体として扱った際の，金属球の力学的エネルギーである．

しかし，熱が関わるマクロな現象を議論するときには，このマクロな力学的エネルギーだけでは系を記述するのに十分ではない．例えば，金属球をバーナーで熱することを考えよう．金属球を動かさなければ $\bar{K}=0$ であり，$\bar{U}$ も変化しないので系のマクロな力学的エネルギー $E_{マクロ}$ は変化しない．しかし，今の場合，バーナーによって，金属球は熱する前とは異なる状態になっている．

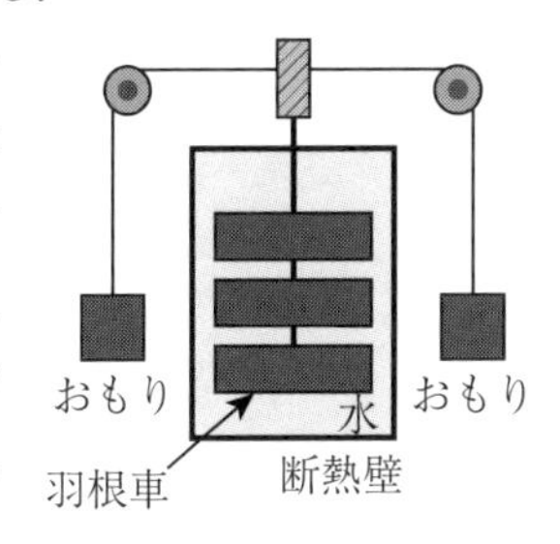

系のマクロな力学的エネルギーを保ったまま全エネルギーを変化させるには，熱する他にも方法がある．具体例として，ジュールによる有名な実験を見てみよう．右図のように熱を通さない壁（断熱壁）に囲まれた容器に水を密封し，容器の中には外からの力でかき回すことができる羽根車を設置している．この実験では，容器の外のおもりが重力によるポテンシャルエネルギーを消費して仕事をすることで羽根車を回し，系に対して外からエネルギーを与える．回転した羽根車は水との摩擦によって徐々に減速し，十分時間が経つと静止する．この仕事の前後で水全体の運動は変化せず，マクロな力学的エネルギーは一定に保たれる．ジュールはおもりによって仕事がなされる前後で精密に水温を測定し，系に与える仕事の量と水の温度の増加量が比例関係にあることを明らかにした．水温の上昇は水の熱運動に伴うエネルギーの上昇を意味する．これは5.2.2節で述べたように系に熱を加えることでも実現できる．

以下では，系の持つ全力学的エネルギー $E_{全}$ とマクロな力学的エネルギー $E_{マクロ}$ との差を $\langle E\rangle$ と表す．すなわち

$$E_{全}=E_{マクロ}+\langle E\rangle \tag{6.3}$$

と書く．$\langle E\rangle$ を**内部エネルギー**と呼ぶ．ある始状態の系が，外部に仕事 W を行い，外部から熱 Q を受け取って終状態に達したとき，全力学的エネルギーは $Q-W$ だけ変化する．特に，この過程でマクロな力学的エネルギーが変化しない場合には，内部エネルギーの変化量について

$$\langle E\rangle_{終}-\langle E\rangle_{始}=Q-W \tag{6.4}$$

が成り立つ．この関係を**熱力学第1法則**と呼ぶ．この表式は，Q と W の符号によらずに成り立つ．$Q<0$ のときは系が熱によって外部にエネルギーを放出する場合に対応し，$W<0$ のときは系が外部から仕事をされる場合に対応する．系の変化が

微小であるとき，式 (6.4) における $\langle E\rangle_{終} - \langle E\rangle_{始}$, Q, W をそれぞれ微小量 $\Delta\langle E\rangle$, $\Delta' Q$, $\Delta' W$ に置き換えた表式

$$\Delta\langle E\rangle = \Delta' Q - \Delta' W \tag{6.5}$$

を用いる[1]．本章と次章では，仕事や熱は重心運動には影響を与えず，マクロな力学的エネルギーが一定である場合のみを考える．

注意！　本書では系が外部に対して行う仕事を W としている．本によっては外部から系に対して行う仕事を W と呼ぶものがあり，その場合は W の符号が逆になる．

内部エネルギーは系を特徴付ける状態量である．つまり，系の任意の状態変化において，式 (6.4) および (6.5) の左辺はその始状態と終状態のみで決まり，途中の過程には依存しない．一方，右辺の Q（$\Delta' Q$）と W（$\Delta' W$）は状態量ではない．つまり，始状態と終状態が同じであっても，その途中の過程によって Q（$\Delta' Q$）と W（$\Delta' W$）は様々な値を取り得る．このことは次節で詳しく見る．

一般に，系と外部との間で熱のやりとりを絶った状況で行われる過程を**断熱過程**と呼ぶ．断熱過程では，式 (6.5) において $\Delta' Q = 0$ が成り立つため，系が外部からなされる仕事 $-\Delta' W$ と系の内部エネルギーの微小な変化量 $\Delta\langle E\rangle$ は等しく，

$$\Delta\langle E\rangle = -\Delta' W\Big|_{断熱過程} \tag{6.6}$$

が成り立つ．

物理の目　ストックとフロー

経済学や会計では「ストック」と「フロー」という概念を用いる．よく用いられる比喩では，ストックはある時点で水槽に溜っている水の総量，フローはその水槽に一定期間の間に流れ込む，あるいは流れ出る水の量に対応する．例えば，バランスシート（貸借対照表）はある時点における企業の資産，負債などの状態を表すストックで，一方，損益計算書はある期間の企業の損失と利益を表すフローである．この言い方を使えば，状態の様子を記述する内部エネルギーはストックで，過程における変化量である熱や仕事はフローである．

[1] Δ' のようにプライムを付けているのは，仕事や熱が系の変化の前後の状態だけでなく，途中の変化の仕方に依存する量であることを明示するためである．一方，状態量の変化量は，系の変化の前後の状態だけで決まる．

例題 6.1

100 g の水を熱して温度を 10°C 上昇させるのに必要なエネルギー Q を求めよ．また，100 g のおもりを持ち上げることで Q と等しい仕事 W を行うには，どれだけの距離持ち上げれば良いか示せ．ただし 1 g の水を 1°C 上昇させるのに必要なエネルギーを 4.2 J とせよ．

【解答】 100 g の水の温度を 10°C 上昇させるのに必要なエネルギーは

$$Q = 4.2 \times 10^2 \times 10\,\mathrm{J} = 4.2 \times 10^3\,\mathrm{J} \tag{6.7}$$

である．一方，100 g のおもりを距離 x m 持ち上げるのに必要な仕事は

$$W = (1 \times 10^{-1}) \times 9.8 \times x\,\mathrm{J} = (9.8 \times 10^{-1})x\,\mathrm{J} \tag{6.8}$$

である．$Q = W$ と置くと

$$x = \frac{4.2}{9.8} \times 10^4 \approx 4.3 \times 10^3 \tag{6.9}$$

を得る．よって，100 g のおもりを 4.3 km 持ち上げるのに必要な仕事と等しい．

□

6.2 気体のする仕事

以下では，マクロな系として気体に注目し，その膨張・収縮に伴って生じる仕事について詳しく見ていこう．

まず，気体の体積変化や温度変化に伴う重要な概念である**準静的過程**を導入しよう．熱平衡状態にある気体の体積や温度を変化させると，一般に系は熱平衡状態ではなくなる．ただし，熱平衡ではない系は時間が経てば熱平衡状態になることから，気体をゆっくりと変化させることで，熱平衡状態からの逸脱を小さくできる．そこで，気体を変化させる操作を限りなく遅くし，熱平衡を保ったまま状態を変化させる極限を考えることができる．これを準静的過程と呼ぶ．準静的過程を実現する操作には無限の時間がかかる．それゆえ準静的過程は現実には実行できない理想的な極限である．しかし，現実に気体の状態をゆっくりと変化させれば，その過程は良い近似で準静的過程とみなせる．

準静的過程では，変化の途中でも熱平衡状態が保たれるため，その過程を状態量によって連続的に追うことができる．逆に，状態量が連続的に変化するためには，必ず準静的過程でなければならない．準静的過程での状態量はグラフ上の連続曲線

として記述できる．よく用いられるのは，右の図のように，圧力を縦軸に，体積を横軸に取るグラフで，これを **p–V 図**と呼ぶ．例えば，図の A → B（B → A）は圧力を一定に保ったまま気体が膨張（圧縮）した過程を表し，C → D（D → C）は気体が膨張（圧縮）して圧力が減少（増加）した過程を表している．

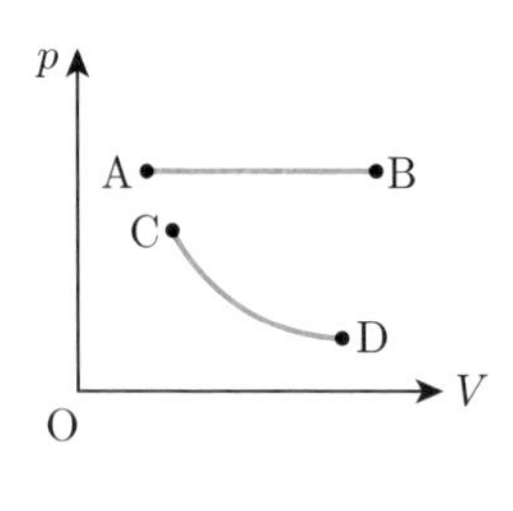

以上を踏まえ，気体のする仕事について考えよう．第4章で学んだように，力 $\vec{F}$ が物体にはたらき，物体の位置が微小な変位 $\Delta\vec{r}$ だけ変化したとき，その力のする仕事は $\vec{F}\cdot\Delta\vec{r}$ で定義された．気体に対して外力がする仕事や，気体が外部に対してする仕事も同様に考えることができる．面積 S のピストンを持つ容器に入った気体が準静的に体積を変化させるときの仕事 $\Delta'W$ を考えよう．以下ではピストンと容器の間の摩擦は十分小さく無視できるものとする．

準静的過程では，ピストンが気体の内部から受ける力の大きさとピストンが外部に与える力の大きさが一致する．それゆえ，気体が準静的に外部にする仕事は，容器の内部の気体の状態量を用いて表せる．例えば，右図のように容器の中の気体が準静的に膨張し，ピストンが微小な距離 Δx だけ動いたとする．このときの気体の圧力を p とすると，ピストンにはたらく力は pS であり，気体が外部に対してする仕事は (力) × (変位) であるので，

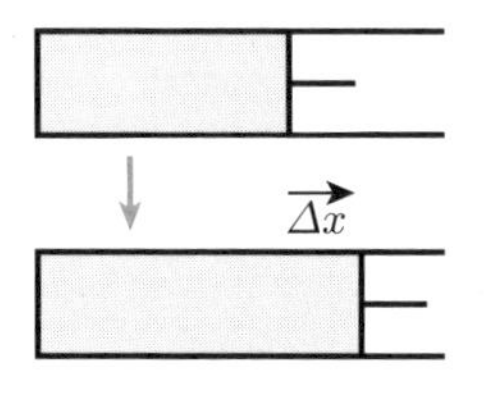

$$\Delta'W = pS\Delta x = p\Delta V \tag{6.10}$$

で与えられる．気体の入った容器が複雑な形をしていたり圧力が複雑に変化する場合も，気体が外部に対して準静的にする仕事は常に式 (6.10) の形で与えられる．

気体が外から仕事をされて準静的に収縮する場合でも，式 (6.10) は成り立つ．収縮の場合，ΔV は負の値を取るため，式 (6.10) において $\Delta'W < 0$ となる．それゆえ，気体が外部から仕事をされる過程は，気体が外部に対して負の仕事をする過程と見なすことができる．

なお，準静的ではない一般的な膨張・圧縮では，気体は熱平衡状態から逸脱するため状態量による記述が成り立たず，そのときの仕事は式 (6.10) のようには表せないことに注意せよ．例えば，外力によってピストンを素早く引いて体積を増加させたとき，もしピストンの移動する速さが気体の分子の運動よりも速ければ，ピストンが移動する間に気体分子はピストンに衝突できず外部に対して力を及ぼさない．よって気体は膨張するにもかかわらず，この過程で気体が外部にする仕事はゼロである．

準静的に気体がする有限の仕事は，微小な仕事 $\Delta' W$（式 (6.10)）を多数回続けて行うことで得られる．この微小な仕事の和を積分で表そう．気体の体積が V_{A} から V_{B} の状態に変化する準静的過程を考え，これを N 回の操作に分割して行う．分割された各操作では，気体の体積は ΔV_k（$k = 1, 2, \ldots, N$）だけ変化して仕事を $\Delta' W_k$ 行うものとする．このときの仕事の総量 W は

$$W = \sum_{k=1}^{N} \Delta' W_k = \sum_{k=1}^{N} p_k \Delta V_k \tag{6.11}$$

と表される．ただし p_k は体積が $V_k = V_{\mathrm{A}} + \sum_{j=1}^{k-1} \Delta V_j$ のときの気体の圧力である．N を無限に大きくして分割を小さくしていくと，右辺の和は積分として表されて

$$W = \int_{V_{\mathrm{A}}}^{V_{\mathrm{B}}} p(V)\, dV \tag{6.12}$$

が成り立つ．ここで $p(V)$ は体積が V のときの気体の圧力である．

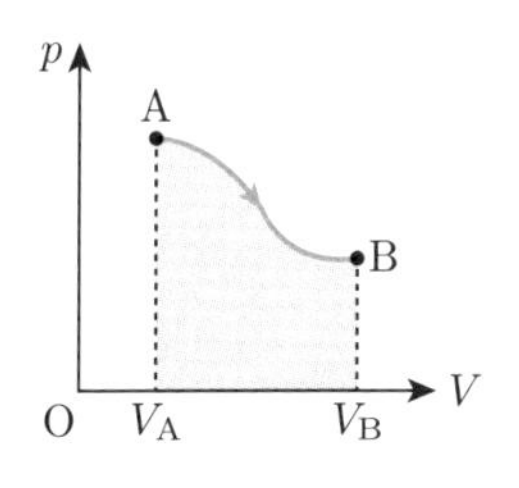

式 (6.12) の右辺は，p–V 図上での面積と対応づけられる．例えば，右図のように気体が点 A から B まで準静的に変化したとする．そのときの式 (6.12) の右辺は，図の水色の領域の面積を表している．よって，気体が A → B の過程で外部にする仕事はこの面積に等しい．また，もし気体が B → A と変化したとすると，気体が外部にする仕事は図の水色の領域の面積にマイナス符号を付けた値に等しい．

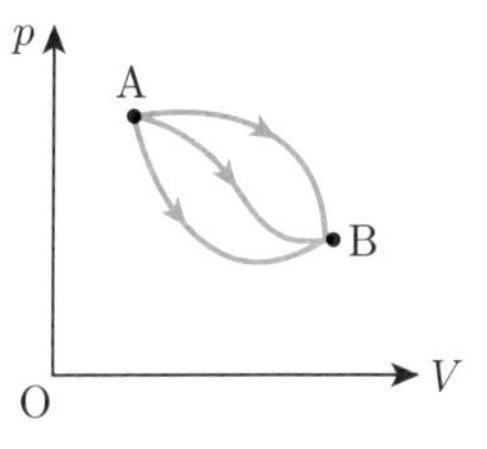

気体が状態 A から B まで準静的に変化するとき，A と B をつなぐ p–V 図上の経路は無数に存在する．どのような経路で A → B と変化するかに依存して，この間に気体がする仕事の大きさは異なる．これは気体がする仕事の重要な性質である．

気体の体積 V を一定に保ちながら行う過程を**定積過程**と呼ぶ．定積過程では $\Delta V = 0$ なので気体は仕事をしない．すなわち $W_{\text{定積}} = 0$ である．よって式 (6.5) より

$$\Delta \langle E \rangle = \Delta' Q \Big|_{\text{定積過程}} \tag{6.13}$$

が成り立つ．

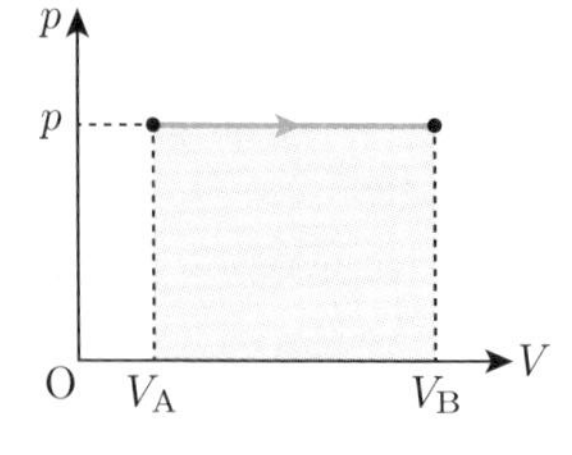

気体の圧力 p を一定に保ちながら行う過程を**定圧過程**と呼ぶ．定圧過程で気体の体積が V_A から V_B まで膨張するとき，式 (6.12) における圧力 p は一定であるため積分の外に出せて

$$W_{定圧} = p\int_{V_\mathrm{A}}^{V_\mathrm{B}} dV = p(V_\mathrm{A} - V_\mathrm{B}) \qquad (6.14)$$

が成り立つ．定圧過程での p–V 図は，右図のように水平な直線で表される．式 (6.14) の右辺が図の水色の領域の面積と等しいことは明らかである．

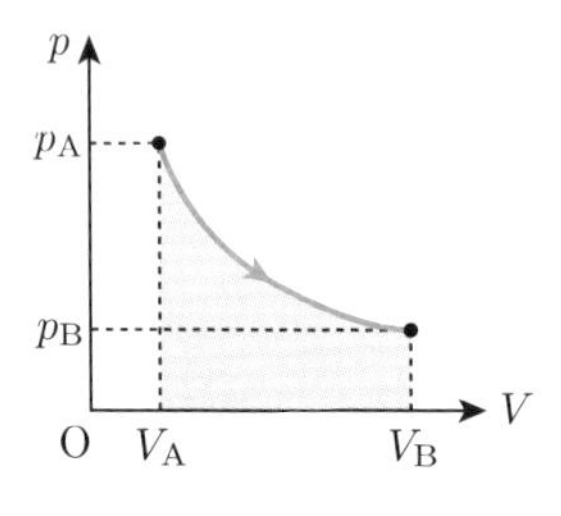

気体の温度 T を一定に保ちながら行う過程を**等温過程**と呼ぶ．理想気体では状態方程式 (5.7) が成り立つので，気体の圧力は $p(V) = \frac{nRT}{V}$ で与えられる．p は V に反比例するため，理想気体の等温過程の p–V 図は，右に示すように反比例のグラフの一部となる．等温過程で理想気体の体積が V_A から V_B まで膨張するとき，気体がする仕事は式 (6.12) により

$$W_{等温} = \int_{V_\mathrm{A}}^{V_\mathrm{B}} p(V)\,dV = nRT\int_{V_\mathrm{A}}^{V_\mathrm{B}} \frac{dV}{V} = nRT\ln\frac{V_\mathrm{B}}{V_\mathrm{A}} \qquad (6.15)$$

と表される．ここで最後の等式では式 (6.23) を用いた．式 (6.15) は上に示した p–V 図の水色の領域の面積に対応している．

数学ワンポイント　自然対数と $\frac{1}{x}$ の積分

$x = e^y$ であるとき，$y = \ln x$ と表し，この関数 ln を**自然対数**と呼ぶ．ここで $e \equiv \lim_{t\to\infty}\left(1+\frac{1}{t}\right)^t \approx 2.7218\cdots$ は**ネイピア数**である．任意の y について $e^y > 0$ であるため，自然対数の引数は正のみを取る．$y = 0$ のとき $e^y = 1$ なので，$\ln 1 = 0$ である．また，y_1 と y_2 について $x_1 = e^{y_1}$ と $x_2 = e^{y_2}$ であるとき，$x_1x_2 = e^{y_1+y_2}$ および $\frac{x_1}{x_2} = e^{y_1-y_2}$ から

$$\ln x_1 + \ln x_2 = \ln(x_1x_2), \quad \ln x_1 - \ln x_2 = \ln\frac{x_1}{x_2} \qquad (6.16)$$

が成り立つ．さらに，$x = e^y$ であるとき，任意の a について $e^{ay} = (e^y)^a = x^a$ であるため，

$$a\ln x = \ln x^a \qquad (6.17)$$

が成り立つ．

以上の性質から，$\ln x$ の微分が $\frac{1}{x}$ になることが導かれる．まず，$x > 0$ について

$$\frac{d}{dx}\ln x = \lim_{h\to 0}\frac{\ln(x+h)-\ln x}{h} = \frac{1}{x}\lim_{h\to 0}\frac{x}{h}\ln\left(1+\frac{h}{x}\right) \qquad (6.18)$$

であるが，最後の式で $t=\frac{x}{h}$ と置くと $h\to 0$ で $t\to\infty$ であり，

$$\lim_{h\to 0}\frac{x}{h}\ln\left(1+\frac{h}{x}\right)=\lim_{t\to\infty}t\ln\left(1+\frac{1}{t}\right)=\lim_{t\to\infty}\ln\left(1+\frac{1}{t}\right)^t=\ln e=1 \tag{6.19}$$

を得る．よって $\frac{d}{dx}\ln x=\frac{1}{x}$ が成り立つ．次に，$x<0$ については $z=-x$ として

$$\frac{d}{dx}\ln(-x)=\frac{dz}{dx}\cdot\frac{d}{dz}\ln(z)=-\frac{1}{z}=\frac{1}{x} \tag{6.20}$$

を得る．以上より任意の x について

$$\frac{d}{dx}\ln|x|=\frac{1}{x} \tag{6.21}$$

である．つまり，$\frac{1}{x}$ の不定積分は

$$\int\frac{dx}{x}=\ln|x|+C \tag{6.22}$$

となる．ここで C は積分定数である．これより，$x_1,x_2>0$ に対して，定積分

$$\int_{x_1}^{x_2}\frac{dx}{x}=\ln x_2-\ln x_1=\ln\frac{x_2}{x_1} \tag{6.23}$$

が成り立つことがわかる．

例題 6.2

図は，質量 M の摩擦が無視できるピストンによって，断面積 A の熱をよく通すシリンダー内に物質量 n の理想気体が封入されている様子を表している．はじめ，外気の温度は T_1，ピストンの高さは h で気体は熱平衡状態にあった．そこからゆっくりと外気の温度を上げて，気体の温度を T_1 から T_2（$T_2>T_1$）まで準静的に変化させると，ピストンの位置が $h+d$ に変化した．外気圧を p_0 として d を求めよ．また，この過程で気体が外部にする仕事 W が温度の変化量 T_2-T_1 と物質量 n のみで決まることを示せ．

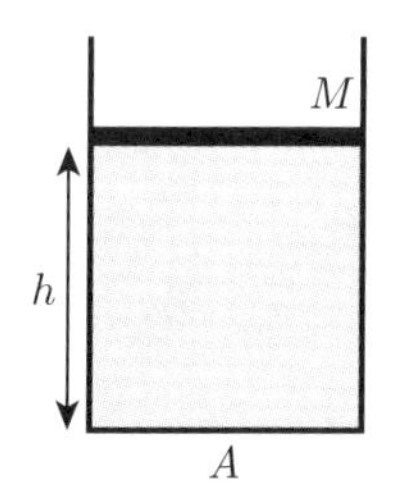

【解答】 シリンダー内の気体の圧力を p とする．重力加速度の大きさを g とすると，ピストンに対して下からはたらく力（大きさ pA）と，上からはたらく力（大きさ p_0A+Mg）は常時つりあっており，$p=p_0+\frac{Mg}{A}$ が成り立つ．よって，気体は温度 T_1 から T_2 まで定圧過程によって膨張する．それぞれの温度のときに理想気体の状態方程式

$$\left(p_0+\frac{Mg}{A}\right)Ah=nRT_1,\quad\left(p_0+\frac{Mg}{A}\right)A(h+d)=nRT_2 \tag{6.24}$$

が成り立つ．両辺の比を取ると $\frac{h+d}{h}=\frac{T_2}{T_1}$ であり，これを解いて

$$d=\frac{T_2-T_1}{T_1}h \tag{6.25}$$

を得る．定圧過程であるため，気体が外部にする仕事 W は一定の圧力 p と体積の変化量 $\Delta V=Ad$ の積で与えられ，

$$W=p\Delta V=\left(p_0+\frac{Mg}{A}\right)A\frac{T_2-T_1}{T_1}h=nR(T_2-T_1) \tag{6.26}$$

と表される．最後の等式には T_1 のときの状態方程式を用いた．このように W は n と T_2-T_1 のみで決まっていることが示された． □

6.3 理想気体の性質

6.3.1 理想気体の内部エネルギー

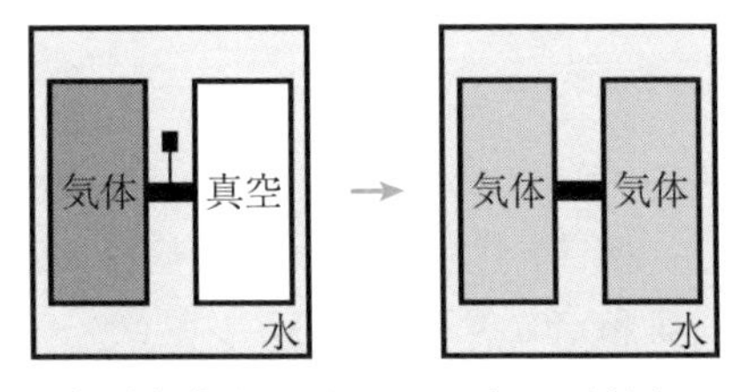

気体の内部エネルギーに関して，ゲイリュサック，そしてジュールは次のような実験を行った．右図に示すような一定量の気体からなる系を考え，系を記述する独立変数として T と V を用いる．まず，図の左側のように気体の入った容器と真空になった容器を水中に入れておく．両者をつなぐパイプはコックで閉じてある．また，容器は熱をよく伝え，気体と水は熱平衡にある．ここでコックを開けると，真空だった容器に一気に気体が広がり，時間が経つと再び熱平衡状態になる．この過程の前後で水温は変化しなかった．

この実験結果の意味を理解する上で，気体が真空へ膨張する際には気体は仕事をしないことに注意しよう[2]．それゆえ，熱力学第1法則より，この気体の内部エネルギーの変化 $\Delta\langle E\rangle$ と，気体に加えられた熱 $\Delta' Q$ に対して $\Delta\langle E\rangle=\Delta' Q$ が成り立つ．また，水温が変化しないことから，コックを開ける前後で気体の温度が一定であることがわかる．もし気体に加えられた熱が $\Delta' Q\neq 0$ であれば $\Delta T\neq 0$ となるため[3]，これは $\Delta' Q=0$ を意味する．以上より $\Delta\langle E\rangle=0$ が成り立つ．すなわち，

[2] この過程は準静的過程ではないことに注意せよ．系が外部にする仕事は，ミクロには構成粒子が外部に力を及ぼすことで生じるが，真空に向けて膨張するときには構成粒子が力を及ぼす相手は存在しないため，気体は仕事をしない．

[3] この実験は気体の相転移が生じない温度で行われたため，潜熱の影響を受けない．

気体の体積 V を変化させても内部エネルギー $\langle E\rangle$ は一定である．内部エネルギーは V には依存せず，温度のみの関数 $\langle E\rangle(T)$ であることがわかる．

詳しく調べると，実際の気体に対してはこの性質は近似的にしか成り立たないことがわかった．しかし，理想気体に対しては厳密に成り立つことを証明することができる．その証明は本書の範囲を超えるので，ここではその結果のみを受け入れることにしよう．

6.3.2 理想気体の比熱

次に，熱力学第1法則を用いて理想気体の比熱について考察しよう．体積を一定に保ったまま気体に熱を加えるとき，1 mol の気体の温度を 1 K 上昇させるのに必要な熱を**定積モル比熱** C_V と呼ぶ．すなわち，物質量 n の気体の温度を定積過程によって $\varDelta T$ 上昇させるのに必要な熱 $\varDelta' Q$ を

$$\varDelta' Q_{\text{定積}} = nC_V \varDelta T \tag{6.27}$$

と定義する．定積過程では式 (6.13) が成り立つので

$$nC_V = \left.\frac{\varDelta' Q}{\varDelta T}\right|_{\text{定積過程}} = \frac{\varDelta\langle E\rangle}{\varDelta T} \tag{6.28}$$

と表される．

理想気体の定積モル比熱は温度によらず一定である[4]．それゆえ，式 (6.28) は物質量 n で温度 T の理想気体の内部エネルギーが

$$\langle E\rangle = \langle E\rangle_0 + nC_V T \tag{6.29}$$

のように温度の1次関数で与えられることを意味する．ただし $\langle E\rangle_0$ は定数である．

圧力を一定に保ったまま気体に熱を加えるとき，1 mol の気体の温度を 1 K 上昇させるのに必要な熱を**定圧モル比熱** C_p と呼ぶ．すなわち，物質量 n の理想気体の温度を定圧過程によって $\varDelta T$ 上昇させるのに必要な熱 $\varDelta' Q$ を

$$\varDelta' Q_{\text{定圧}} = nC_p \varDelta T \tag{6.30}$$

と定義する．準静的過程では $\varDelta' W = p\varDelta V$ であるので，熱力学第1法則 (6.5) より

[4] 熱力学では，この性質は理想気体の定義として与える必要がある．一方，統計力学を用いれば，理想気体のモル比熱が温度によらず，式 (6.32) の下の〈**Advanced**〉に示す値を取ることを導出できる．なお，実在の気体でも，圧力や密度が高くない状況では，定積モル比熱および定圧モル比熱は近似的に温度によらず一定であることが実験的に確かめられている．

$$nC_p = \left.\frac{\Delta' Q}{\Delta T}\right|_{\text{定圧過程}} = \frac{\Delta\langle E\rangle}{\Delta T} + p\frac{\Delta V}{\Delta T} \tag{6.31}$$

と表される．右辺の第1項は式(6.28)より nC_V と等しい．また，定圧過程では p が一定のため，状態方程式(5.7)より $p\Delta V = nR\Delta T$ が成り立つ．よって式(6.31)の右辺第2項は nR と等しい．結局，式(6.31)より

$$C_p = C_V + R \tag{6.32}$$

を得る．これを**マイヤーの関係式**と呼ぶ．右辺第1項は内部エネルギーの上昇，第2項は気体が外部にした仕事によるものであることに注意しよう．

〈**Advanced**〉 理想気体をミクロな分子の集団として記述する統計力学の手法を用いれば，理想気体を構成するミクロな分子の構造に依存して，モル比熱が以下のような値を持つことを示すことができる．

気体の種類	C_V	C_p	自由度
単原子分子	$\frac{3R}{2}$	$\frac{5R}{2}$	3
2原子分子	$\frac{5R}{2}$	$\frac{7R}{2}$	5
多原子分子	$3R$	$4R$	6

ここで，自由度とは分子にいくつの独立な運動方向があるかを表している．単原子分子は3つの方向に並進する自由度を持つ．2原子分子は3つの方向に並進する自由度に加え，2原子を結ぶ軸と直交する2軸を中心として回転する自由度を持つ．多原子分子は3つの並進と3つの回転の自由度を持つ．マクロな系の物理量であるモル比熱が，ミクロな分子の構造を直接的に反映した値を持つのは興味深い結果である．

例題 6.3

図のように，物質量 n の理想気体が，圧力と体積が p, V の状態Aから p', V' の状態Cへと変化する2通りの準静的過程を考える．状態がA → B → Cと変化する場合を過程1，A → D → Cと変化する場合を過程2と呼ぶ．それぞれの過程で，この気体が熱として受け取るエネルギー Q_1 および Q_2 と，外部に対してする仕事 W_1 および W_2 を求めよ．ただし $p' > p$, $V' > V$ とする．また，$Q_1 - W_1$ と $Q_2 - W_2$ が等しくなることをマイヤーの関係式を用いて示せ．

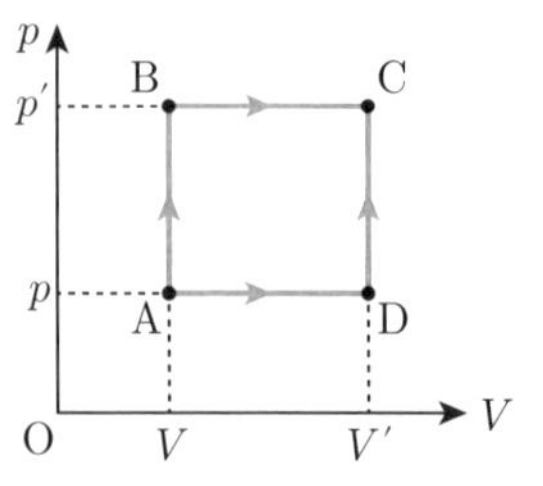

【解答】　以下では，状態 X での温度を T_X（$X = \mathrm{A, B, C, D}$）と表す．まず過程 1 を考えよう．(i) $\mathrm{A} \to \mathrm{B}$ は定積過程であり，気体は外部に仕事をしない．すなわちこの過程での仕事 $W_{\mathrm{A}\to\mathrm{B}}$ はゼロである．この過程で受け取る熱 $Q_{\mathrm{A}\to\mathrm{B}}$ は

$$Q_{\mathrm{A}\to\mathrm{B}} = nC_V(T_\mathrm{B} - T_\mathrm{A}) = \frac{C_V}{R}(p' - p)V \tag{6.33}$$

である．ここで，状態 A, B それぞれについて成り立つ理想気体の状態方程式 $pV = nRT_\mathrm{A}$, $p'V = nRT_\mathrm{B}$ を用いた．(ii) $\mathrm{B} \to \mathrm{C}$ は定圧過程であり，気体が外部にする仕事 $W_{\mathrm{B}\to\mathrm{C}}$ は式 (6.14) と同様に

$$W_{\mathrm{B}\to\mathrm{C}} = p'(V' - V) \tag{6.34}$$

である．また，この間に気体が熱として受け取るエネルギー $Q_{\mathrm{B}\to\mathrm{C}}$ は，状態 B, C での状態方程式を用いて

$$Q_{\mathrm{B}\to\mathrm{C}} = nC_p(T_\mathrm{C} - T_\mathrm{B}) = \frac{C_p}{R}p'(V' - V) \tag{6.35}$$

である．以上より，過程 1 について

$$Q_1 = Q_{\mathrm{A}\to\mathrm{B}} + Q_{\mathrm{B}\to\mathrm{C}} = \frac{C_V}{R}(p' - p)V + \frac{C_p}{R}p'(V' - V), \tag{6.36}$$

$$W_1 = W_{\mathrm{A}\to\mathrm{B}} + W_{\mathrm{B}\to\mathrm{C}} = p'(V' - V) \tag{6.37}$$

を得る．

過程 2 についても上と同様の計算で求められる．結果は

$$Q_2 = Q_{\mathrm{A}\to\mathrm{D}} + Q_{\mathrm{D}\to\mathrm{C}} = \frac{C_p}{R}p(V' - V) + \frac{C_V}{R}(p' - p)V', \tag{6.38}$$

$$W_2 = W_{\mathrm{A}\to\mathrm{D}} + W_{\mathrm{D}\to\mathrm{C}} = p(V' - V) \tag{6.39}$$

となる．

以上の結果より $Q_1 \neq Q_2$ および $W_1 \neq W_2$ である．これは，初めと終わりの状態が共通でも，熱や仕事によって系が外部とやりとりするエネルギーの量が途中の過程に依存して変わることを具体的に示している．一方，マイヤーの関係式 (6.32) を用いることで

$$Q_1 - W_1 = Q_2 - W_2 = \frac{C_V}{R}(p'V' - pV) = nC_V(T_\mathrm{C} - T_\mathrm{A}) \tag{6.40}$$

であることが示される．ここで式 (6.29) より，右辺は状態 C と A の内部エネルギーの差 $\langle E\rangle_\mathrm{C} - \langle E\rangle_\mathrm{A}$ と等しく，内部エネルギーの変化量が途中の過程によらず初めと終わりの状態のみによって決まることが確かめられた．　□

6.3.3 理想気体の準静的断熱過程

物質量 n の理想気体の準静的断熱過程 $(p, V, T) \to (p+\Delta p, V+\Delta V, T+\Delta T)$ を考えよう．以下では，変化は微小であり，$\frac{\Delta p}{p}$，$\frac{\Delta V}{V}$，$\frac{\Delta T}{T}$ はいずれも1よりも十分小さいとする．

断熱過程なので熱のやりとりはなく，熱力学第1法則から

$$\Delta\langle E\rangle = -\Delta' W \tag{6.41}$$

が成り立つ．準静的過程なので $\Delta' W = p\Delta V$ である．また，式(6.28)から内部エネルギーの変化量は $\Delta\langle E\rangle = nC_V\Delta T$ と表される．よって，式(6.41)より $nC_V\Delta T = -p\Delta V$ である．状態方程式 $p = \frac{nRT}{V}$ によって p を消去すると

$$C_V\frac{\Delta T}{T} + R\frac{\Delta V}{V} = 0 \tag{6.42}$$

を得る．

気体の体積と温度が V_{A} と T_{A} の状態から V_{B} と T_{B} の状態に変化する準静的過程を考えよう．これを，式(6.11)のときにやったように N 回の微小な変化をもたらす操作に分割して行う．この多数回の過程について式(6.42)の両辺をそれぞれ足し合わせると

$$C_V\sum_{k=1}^{N}\frac{\Delta T_k}{T_k} + R\sum_{k=1}^{N}\frac{\Delta V_k}{V_k} = 0 \tag{6.43}$$

である．N を無限に大きくして分割を小さくすることで，左辺の和は積分

$$C_V\int_{T_{\mathrm{A}}}^{T_{\mathrm{B}}}\frac{dT}{T} + R\int_{V_{\mathrm{A}}}^{V_{\mathrm{B}}}\frac{dV}{V} = 0 \tag{6.44}$$

となる．式(6.23)を用いて積分を実行すると $C_V\ln\frac{T_{\mathrm{B}}}{T_{\mathrm{A}}} + R\ln\frac{V_{\mathrm{B}}}{V_{\mathrm{A}}} = 0$ であり，対数の性質(6.16)と(6.17)およびマイヤーの関係式(6.32)を用いることで

$$T_{\mathrm{A}}V_{\mathrm{A}}^{\gamma-1} = T_{\mathrm{B}}V_{\mathrm{B}}^{\gamma-1} \tag{6.45}$$

を得る．ここで比熱比 γ（ガンマ） $\equiv \frac{C_p}{C_V} > 1$ を導入した．比熱比は，理想気体をなす分子の構造に応じて決まった値を取り，単原子分子の場合は $\gamma = \frac{5}{3}$，2原子分子の場合は $\gamma = \frac{7}{5}$，それ以上の多原子分子の場合は $\gamma = \frac{4}{3}$ であることが知られている[5]．

[5] ここで示した比熱比の値は，式(6.32)の下の ⟨**Advanced**⟩ に示す比熱の値から得られるものである．

式 (6.45) は準静的な断熱過程でつながる任意の 2 つの状態間で成り立つ．すなわち，理想気体の準静的な断熱過程では

$$TV^{\gamma-1} = (\text{定数}) \tag{6.46}$$

が成り立つ．また，状態方程式 $pV = nRT$ を用いて，式 (6.46) の左辺から T あるいは V を消去して式を整理すると

$$pV^{\gamma} = (\text{定数}), \quad pT^{\frac{-\gamma}{\gamma-1}} = (\text{定数}) \tag{6.47}$$

が得られる．式 (6.46) および (6.47) は**ポアソンの法則**と呼ばれ，理想気体の準静的断熱過程で状態量が満たす関係式である．

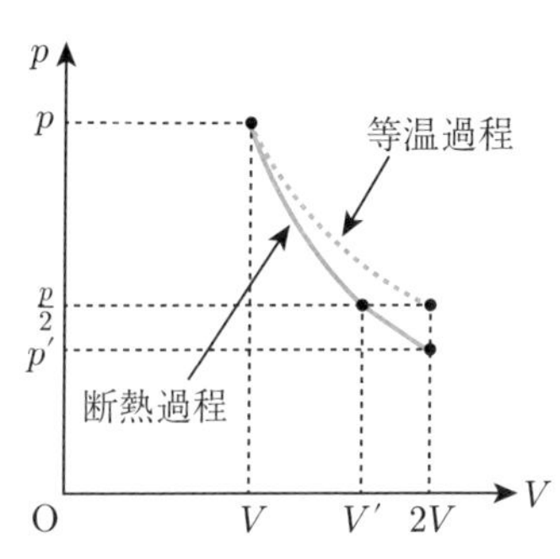

理想気体の断熱過程と等温過程を p–V 図上で比較してみよう．6.2 節で見たように，理想気体の等温過程は p–V 図上の反比例のグラフの一部に対応する．一方，断熱過程では式 (6.47) より $pV^{\gamma} =$ (一定) が成り立ち，$\gamma > 1$ であるため，p–V 図上のグラフは等温過程よりも急な傾きを持つ曲線になる．図の点線は，$(p, V) \to \left(\frac{p}{2}, 2V\right)$ の等温過程に対応している．実線は断熱過程であり，図より $(p, V) \to \left(\frac{p}{2}, V'\right) \to (p', 2V)$ である．このとき $V' < 2V$ かつ $p' < \frac{p}{2}$ が成り立つ．

例題 6.4

温度 T の気体を，体積が $V \to xV$（$0 < x < 1$）となるように断熱的に圧縮したところ，温度が T' となった．T' を T の関数として表せ．また，気体が 2 原子分子であり，$T = 300\,\mathrm{K}$ かつ $x = \frac{1}{5}$ のとき，この断熱圧縮によって気体の温度がどのくらい上昇するかを求めよ．なお，火起こしに用いられる圧気発火器（ファイヤーピストン）はこの現象を応用したものである．

【解答】　式 (6.46) より $TV^{\gamma-1} = T'(xV)^{\gamma-1}$ が成り立つため，

$$T' = \frac{T}{x^{\gamma-1}} \tag{6.48}$$

を得る．理想気体が 2 原子分子のとき，$\gamma = \frac{7}{5} = 1.4$ である．$T = 300\,\mathrm{K}$ で $x = \frac{1}{5}$ とすると，

$$T' = 5^{0.4} \cdot 300\,\mathrm{K} \approx 570\,\mathrm{K} \tag{6.49}$$

である．よって，この断熱的な圧縮で気体の温度は約 270 K 上昇したことがわかる．空気は主に窒素と酸素からなり2原子分子理想気体と近似できるため，室温の空気が断熱的に $\frac{1}{5}$ に圧縮されればこのくらい温度が上昇する．□

〈**Advanced**〉 気体の変化にかかる時間が，気体が外部と熱をやりとりするのにかかる時間に比べ短く，気体に生じた密度や圧力の不均一が緩和するのにかかる時間に比べて長ければ，その変化は近似的に準静的かつ断熱的な過程とみなせる．気体は熱を伝えにくいため，外部と熱をやりとりするのには長い時間がかかる．また，気体分子は高速で運動するため，一般に緩和にかかる時間は短い．10.1 節で詳しく見るように，気体の圧力や密度の変化は音速で伝わる．例えば，1気圧の空気中の音速で 10 cm の容器の端から端まで伝わるのにかかる時間は，およそ 3×10^{-4} s である．こうした気体の性質によって，例えば容器に入った気体をピストンで一気に押し込む過程は，近似的に準静的断熱圧縮とみなすことができる．

6.4 大気の温度の高度依存性

大気の温度は高度が上がるほど低くなる．太陽の光を吸収し温度が上昇した地表付近では，大気は暖められて膨張する．膨張した大気は密度が相対的に小さくなり，浮力を得て上昇する．ある場所で地表から上空に向けた大気の流れが生じると，別の場所ではその流れによる圧力の不均一を解消するように上空から地表に向けた空気の流れが生じる．こうした過程によって，対流圏と呼ばれる高度がおよそ 10 km 以下の領域の大気には，上層と下層で循環が生じている．

大気の圧力は上空ほど小さいため，大気は上昇に伴って圧力を低下させ膨張しながら温度を下げる．空気は熱をあまり伝えないため，この膨張は近似的には断熱膨張とみなせる．実際の大気は平衡状態ではないが，大気の状態を時間的・空間的に平均して見たときの高度と温度の関係は，平衡状態の気体と近似的に一致すると考えて良いだろう．そこで，以下では上昇・下降に伴って断熱膨張・圧縮をすることで平衡状態に達した理想気体を考え，大気の温度の高度依存性を見積もろう．

地表面を原点として鉛直上向きに z 軸の正の向きを取り，高さ z の位置における大気の圧力を $p(z)$，密度を $\rho(z)$，温度を $T(z)$ とする．5.2.3 節の静水圧平衡の議論を思い出すと，今の場合も式 (5.5) が成り立つ．理想気体の密度が式 (5.11) のように表されることを用いると

$$\frac{dp(z)}{dz} = -\frac{p(z)\bar{M}}{RT(z)}g \tag{6.50}$$

を得る．一方，ポアソンの法則 (6.47) は定数 C を用いて $T(z) = Cp^{\frac{\gamma-1}{\gamma}}(z)$ と書くことができる．この両辺を z で微分すると，合成関数の微分の公式 (1.19) より

$$\frac{dT(z)}{dz} = C\frac{\gamma-1}{\gamma}\frac{p^{\frac{\gamma-1}{\gamma}}(z)}{p(z)}\frac{dp(z)}{dz} = \frac{\gamma-1}{\gamma}\frac{T(z)}{p(z)}\frac{dp(z)}{dz} \tag{6.51}$$

を得る．この右辺に式 (6.50) を代入すると

$$\frac{dT(z)}{dz} = -\frac{\gamma-1}{\gamma}\frac{\bar{M}g}{R} \tag{6.52}$$

が得られる．

式 (6.52) は高度による温度変化を記述する微分方程式である．右辺が定数であることに注意しよう．この定数を Γ と置き，式 (6.52) の両辺を積分すると

$$T(z) \approx T_{\text{地上}} - \Gamma z \tag{6.53}$$

を得る．積分定数 $T_{\text{地上}}$ は地上（$z = 0$）での温度に相当する．大気を $\bar{M} = 29\,\mathrm{g\,mol^{-1}}$（例題 5.1）の 2 原子分子理想気体とみなし，比熱比 $\gamma = \frac{7}{5}$ を用いて右辺の定数を評価すると

$$\begin{aligned}\Gamma = \frac{\gamma-1}{\gamma}\frac{\bar{M}g}{R} &= \frac{2}{7}\times\frac{(29\times10^{-3})\times9.8}{8.31}\,\mathrm{K/m}\\ &\approx 9.8\times10^{-3}\,\mathrm{K/m} = 9.8\,\mathrm{K/km}\end{aligned} \tag{6.54}$$

となる．これより，高度が 1 km 上昇するごとに，大気の温度がおよそ 9.8 K ずつ減少することがわかる．この値は**乾燥断熱減率**と呼ばれる．

上で述べたように，断熱膨張から導かれる式 (6.53) のような大気の記述は高度がおよそ 10 km 以下の対流圏でのみ有効となる．例えば，式 (6.53) では $z_0 = \frac{T_{\text{地上}}}{\Gamma}$ において $T(z_0) = 0$ となるが，$T_{\text{地上}} = 290\,\mathrm{K}$ とすると $z_0 \approx 30\,\mathrm{km}$ であり，このような高度は成層圏に属するため式 (6.53) は成り立たない．また，対流圏における大気は水蒸気を含み，温度が下がることによって大気に含まれる水蒸気の一部が凝縮したり凝固する相変化が生じることで，凝縮熱や凝固熱が放出され大気を温める．この影響によって実際の温度変化は式 (6.53) から得られる値よりも緩やかになる．水蒸気で飽和した空気の高度変化による温度変化を表す値を**湿潤断熱減率**と呼び，その値は典型的には 5 K/km である．対流圏の大気の高度による温度変化の測定値はおよそ 6.5 K/km であり，乾燥断熱減率よりも小さく，湿潤断熱減率よりも大きい．

演 習 問 題

演習 6.1 以下の全ての文章は間違っている．どこに間違いがあるか説明せよ．

(1) 理想気体は常に準静的に変化する．

(2) 理想気体の圧力を1気圧に保ったまま，準静的に体積を $1\,\mathrm{m}^3$ 増加させた．このときに気体がする仕事の大きさは 1 J である．

(3) 準静的ではない過程では，気体は外部に仕事をすることができない．

(4) 気体の体積を一定に保ったまま準静的に圧力を $p \to 2p$ と変化させるとき，気体は外部に正の仕事をする．

(5) 理想気体の準静的な等温膨張では，系が外部に対してする仕事よりも系が外部から受け取る熱の方が大きい．

(6) 理想気体が準静的に断熱膨張すると，系が外部に行う仕事と同じだけ内部エネルギーが増加する．

(7) 理想気体の準静的な定圧過程では，内部エネルギーの増加量は系が外部から受け取る熱よりも常に大きい．

演習 6.2 次の問いに答えよ．

(1) 式 (6.53) の結果を用いて，高度 z における大気の密度 ρ を，地上（$z = 0$）における空気の密度 $\rho_{\text{地上}}$ と z のあらわな関数として表せ．[HINT: まず，密度を温度 T の関数として表せ．その後，T を z の関数として表せば良い．]

(2) 大型旅客機は，高度1万メートルほどの上空を運航する．(1) の結果を用いて，この高度における空気の密度を地上での密度と比較せよ．

第7章

熱機関とその効率

冷たい物質から熱い物質に向けて自然には熱が移動しないように，熱によるエネルギーの移動はその向きに制約を持つ．この熱現象に特有の制約を表現するのが熱力学第2法則である．本章では，熱力学第2法則を用いて熱機関の働きを考察する．カルノーサイクルを用いた議論によって，任意の熱機関の効率が満たす原理的な上限が導かれる．この強力な結論を導く過程を学ぶことで，熱力学という理論の持つ普遍性を実感できるだろう．

7.1 熱力学的サイクル

身の回りにあるガソリンエンジンや発電所のタービンなどは，熱を受け取り，仕事を生み出す動作を繰り返す働きをしている．このように，熱を仕事に変換する装置を**熱機関**と呼ぶ．

熱機関で生じる熱力学的な過程は，熱力学的**サイクル**によって記述できる．サイクルとは，系の状態が変化する過程のうち，始状態と終状態が一致するものを指す．以下では，熱機関を構成する物質を**作業物質**と呼び，作業物質を系とするサイクルを考える．熱機関が動作する過程は，サイクルを何回も繰り返す過程に対応する．

サイクルを1周まわる間に系は外部から熱を吸収・放出し，また外部へ仕事をしたり外部から仕事をされたりする．サイクルに含まれる過程を (A) 系が熱を吸収する過程，(B) 系が熱を放出する過程，(C) 断熱過程の3つに分けることができる．以下では，サイクルを1周まわるうちに (A) において系が吸収する熱の総和を $Q_{\mathrm{in}} \geq 0$，(B) において系が放出する熱の総和を $Q_{\mathrm{out}} \geq 0$ という記号で表す．このとき，サイクルを1周まわる間に系が吸収する正味の熱は $Q_{\mathrm{in}} - Q_{\mathrm{out}}$ である．また，サイクルに含まれる過程を (A′) 系が外部に正の仕事をする過程，(B′) 系が外部から正の仕事をされる過程，(C′) 定圧過程の3つに分けることができる．以下では，サイクルを1周まわるうちに (A′) において系が外部にする仕事の総和を $W_{\mathrm{out}} \geq 0$，(B′) において系が外部からされる仕事の総和を $W_{\mathrm{in}} \geq 0$ という記号で表す．このときサイクルを1周まわる間に系が外部に行う正味の仕事は $W_{\mathrm{out}} - W_{\mathrm{in}}$ である．

サイクルを1周まわって系の状態は元に戻るため，内部エネルギーは変化しない．よって熱力学第1法則より

$$Q_{\mathrm{in}} - Q_{\mathrm{out}} = W_{\mathrm{out}} - W_{\mathrm{in}} \equiv W_{\mathrm{net}} \tag{7.1}$$

が成り立つ．

正の正味の熱 $Q_{\mathrm{in}} - Q_{\mathrm{out}} > 0$ を受け取り外部に仕事 $W_{\mathrm{net}} > 0$ をするサイクルは熱機関である．一方，$W_{\mathrm{net}} < 0$ のサイクルも存在し，これは系が外部からされる仕事を利用して，系が受け取った熱より多くの熱を外部に捨てる（$Q_{\mathrm{in}} - Q_{\mathrm{out}} < 0$）装置である．このサイクルは**ヒートポンプ**と呼ばれ，冷蔵庫やエアコンなどの熱力学過程を記述する．

熱機関サイクルを1周まわる間に系が吸収する熱 Q_{in} に対する W_{net} の割合 η（イータ）を熱機関の**効率**と呼ぶ．式 (7.1) を用いると

$$\eta = \frac{W_{\mathrm{net}}}{Q_{\mathrm{in}}} = 1 - \frac{Q_{\mathrm{out}}}{Q_{\mathrm{in}}} \tag{7.2}$$

が成り立つ．

熱機関の効率の式 (7.2) において $W_{\mathrm{net}} \leq Q_{\mathrm{in}}$ であれば $0 < \eta \leq 1$ である．$\eta > 1$ であるような熱機関は**第1種永久機関**と呼ばれ，実際には存在しない．第1種永久機関は，熱として受け取るエネルギーよりも多くの仕事を行うため，熱力学第1法則と矛盾する．また，$Q_{\mathrm{out}} = 0$ のとき熱機関の効率は $\eta = 1$ になる．これは，受け取った熱 $Q_{\mathrm{in}} > 0$ の全てを仕事に変える熱機関であり，**第2種永久機関**と呼ばれる．第2種永久機関は熱力学第1法則と無矛盾であるにも関わらず実現不可能なサイクルであることを7.4節に示す．

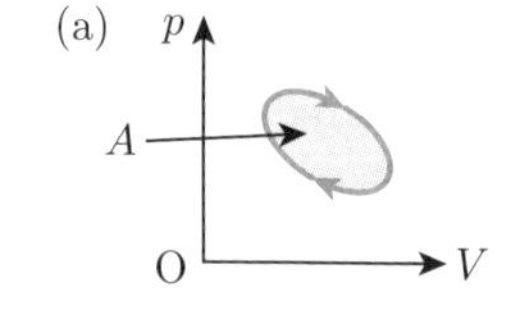

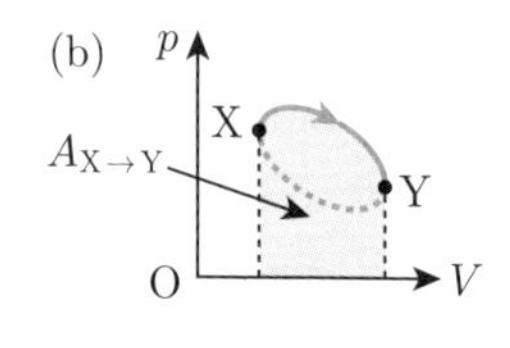

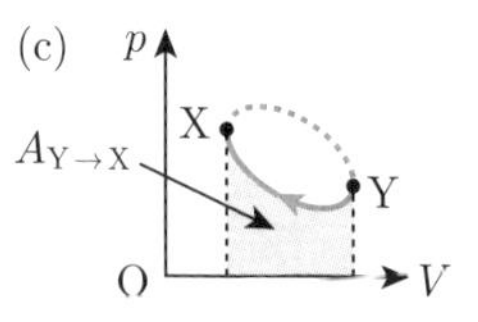

準静的過程のみで構成されるサイクルは，p–V 図上の閉曲線で表すことができる．準静的サイクルが1周まわる間にする正味の仕事は p–V 図上の閉曲線が囲む面積に対応することが以下のように示せる．まず，図 (a) のようなサイクルを考え，サイクルが p–V 図上で囲む面積を A とする．また，図 (b) と (c) のようにサイクルに含まれるXとYという状態を考え，X → Y の過程と $p = 0$ の軸が囲む面積を $A_{\mathrm{X}\to\mathrm{Y}}$，Y → X の過程と $p = 0$ の軸が囲む面積を $A_{\mathrm{Y}\to\mathrm{X}}$ とする．6.2節で見たように，$A_{\mathrm{X}\to\mathrm{Y}}$ は系が外部にする仕事 W_{out} と等しく，$A_{\mathrm{Y}\to\mathrm{X}}$ は系が外部からされる仕事 W_{in} と

等しい．よって $W_{\mathrm{net}} = A_{\mathrm{X}\to\mathrm{Y}} - A_{\mathrm{Y}\to\mathrm{X}} = A$ が成り立つ[1]．この議論より，時計回りのサイクルでは $W_{\mathrm{net}} = A > 0$ であり，反時計回りのサイクルでは $W_{\mathrm{net}} = -A < 0$ であることがわかる．

例題 7.1

理想気体を作業物質とする，準静的な定積過程と定圧過程のみからなるサイクルの p–V 図はどのような形になるだろうか．また，準静的な定積過程と等温過程のみからなるサイクルの場合は p–V 図はどのような形になるだろうか．説明せよ．

【解答】 p–V 図において，定積過程は垂直な線分，定圧過程は水平な線分で表される．これを用いて，p–V 図に閉曲線を構成したものが，定積過程と定圧過程のみからなるサイクルに対応する．それゆえ，例えば，図 (a) のような閉曲線が考えられる．また，図 (b) のように，より複雑なものも考えることができる．

一方，等温過程は，p–V 図において反比例の曲線（双曲線）の一部で表される．よって，定積過程と定圧過程のみからなるサイクルは，例えば図 (c) のように書ける．一般にはより複雑なものも考えることができる．□

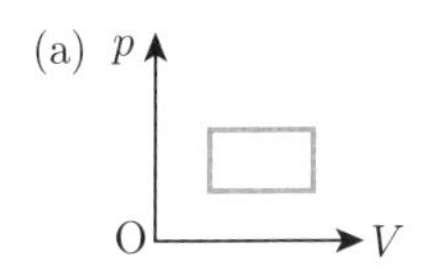

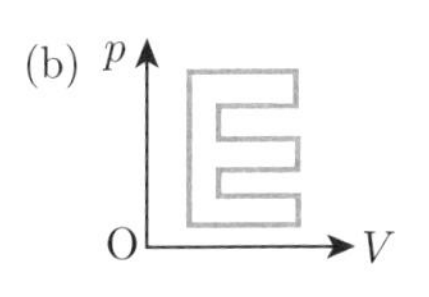

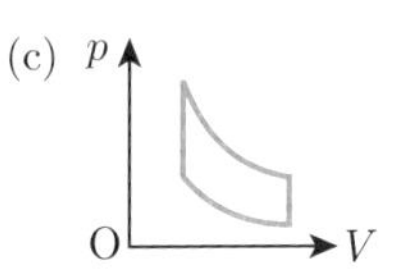

7.2 熱源と 2 温度サイクル

サイクルを稼働させるには，作業物質からなる系と熱のやりとりをする外部の系が必要になる．以下では，サイクルを行う系の外部に温度 T_{H} の高温熱源と温度 T_{L} の低温熱源（$T_{\mathrm{H}} \geq T_{\mathrm{L}}$）を用意した状況を考えよう．熱源は十分に大きな熱容量を持ち，系と熱のやりとりをしてもその温度変化は無視できるほど小さいとする[2]．また，サイクル 1 周の間に作業物質が高温熱源とやりとりする熱を $Q_{\mathrm{H}} \geq 0$，低温熱源とやりとりする熱を $Q_{\mathrm{L}} \geq 0$ と表す．

---

[1] 外部にする仕事が正と負の 2 つだけの過程の和では書けないような，より複雑な曲線で表されるサイクルでも，サイクルを 3 つ以上の過程に分けて同様の議論を行えば同じ結論が得られる．

[2] このような熱源のことを熱浴と呼ぶことがある．

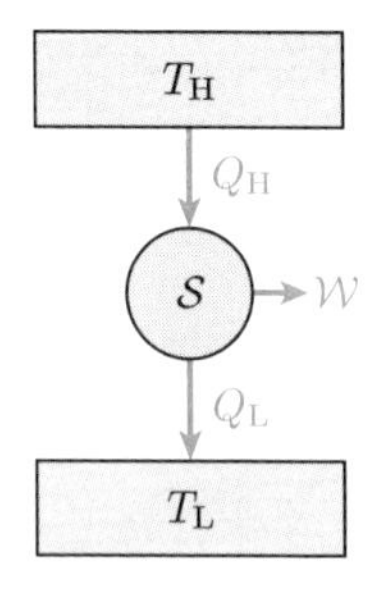

このように理想化された状況では，サイクルは右図のように模式的に表すことができる．ここで$\mathcal{S}$は熱機関を，その上下の長方形は熱源を表している．矢印は正の熱および仕事の流れの向きに描かれており，$\mathcal{S}$は高温熱源から熱Q_Hを受け取り，その一部Q_Lを低温熱源に放出し，その間に合計で$\mathcal{W} \geq 0$の仕事を外部に行う．このように温度が定まった2つの熱源を用いて稼働するサイクルを**2温度サイクル**と呼ぶ．2温度サイクルの効率は，式(7.2)において$Q_{in} = Q_H$および$Q_{out} = Q_L$を代入して

$$\eta = 1 - \frac{Q_L}{Q_H} \tag{7.3}$$

と表される．

7.3 カルノーサイクル

準静的な等温過程と断熱過程のみからなる2温度サイクルを**カルノーサイクル**と呼ぶ．カルノーサイクルは7.5節で示すように最大の熱効率を実現できるサイクルであり，熱機関一般に成り立つ普遍的な性質を理解する上で重要な役割を担う．

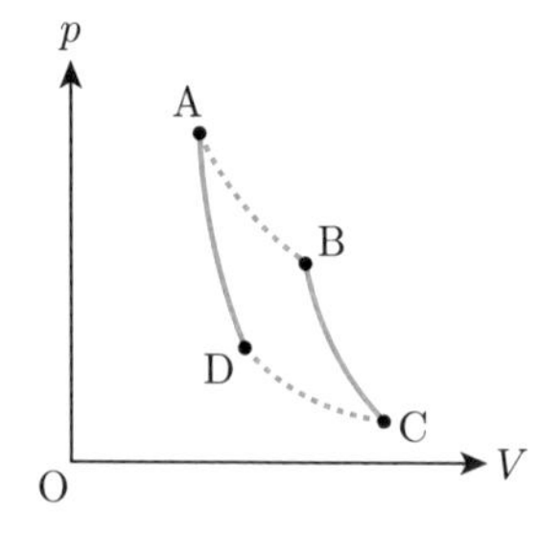

カルノーサイクルは準静的過程で構成されるため，p–V図上の閉曲線によって表すことができる．右図はカルノーサイクルのp–V図の一例である．ここで，実線は断熱過程，破線は等温過程を表している．A → Bは温度T_Hでの等温膨張，B → Cは断熱膨張，C → Dは温度T_Lでの等温圧縮，D → Aは断熱圧縮である．このサイクルを時計回りに1周することで，系は熱Q_Hを外部から受け取り，熱Q_Lを外部へ放出し，正味の仕事$\mathcal{W} = Q_H - Q_L$を外部に行う．

カルノーサイクルは，その過程を逆向きに辿ることができるという重要な性質を持つ．すなわち，上に示したp–V図を反時計回りに1周する過程が実現可能である．このようなサイクルを**可逆サイクル**と呼ぶ．一般に，熱力学的過程は**可逆過程**と**不可逆過程**に分類される．系がある状態AからBへと変化する過程に対して，これを逆向きに辿って状態BからAへと変化する過程が実現可能であり，同時に系の外部も元に戻ることができるのであれば，この過程は可逆である．熱平衡ではない状態が自然に熱平衡に戻る過程や，4.6 節で扱った摩擦によって力学的エネルギーが熱に変化する過程が含まれる場合，その過程は必ず不可逆となる．よって，マクロな系がある熱平衡状態から別の熱平衡状態へと変化するとき，その過程が可逆であるならば系は必ず準静的に変化せねばならない．一方，熱平衡を保ってゆっくりと行われる過程であっても，例えばピストンと容器に摩擦があるような場合は不可逆である．本書で議論するような気体の変化に関する過程では，式 (6.10) が成り立つ準静的過程であれば可逆である[3]．

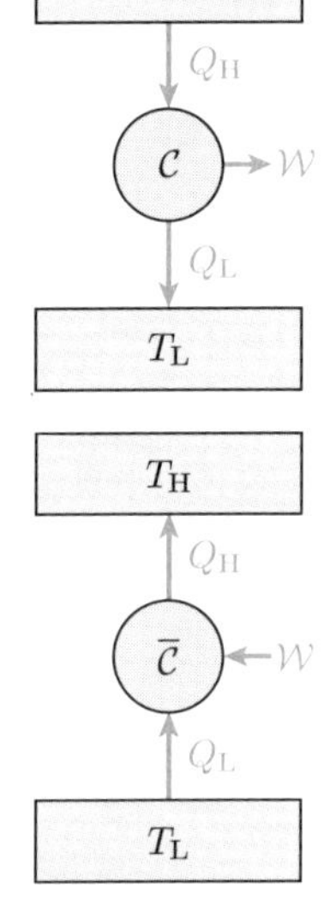

カルノーサイクルは高温熱源と低温熱源の間で稼働する 2 温度サイクルである．よって，右図のように模式的に表すことができる．以下では，特にカルノーサイクルであることを明示するときには記号 $\mathcal{C}$ を用いる．$\mathcal{C}$ は高温熱源から熱 Q_{H} を受け取る際には温度 T_{H} を保って膨張し，低温熱源に熱 Q_{L} を放出する際には温度 T_{L} を保って圧縮する．

また，逆向きに稼働するカルノーサイクルは右図のように表すことができる．以下では，逆向きに稼働するカルノーサイクルを $\overline{\mathcal{C}}$ という記号で表す．このサイクルを 1 周まわる過程において，$\overline{\mathcal{C}}$ はヒートポンプとして働き，$\mathcal{W} \geq 0$ の仕事を受け取るとともに，低温熱源から Q_{L} の熱を吸収し，高温熱源に Q_{H} の熱を放出する．

カルノーサイクルの作業物質の示強変数の値を保ったまま，示量変数を λ（ラムダ）倍すれば，カルノーサイクルに出入りする $\mathcal{W}$, Q_{H}, Q_{L} もそれぞれ λ 倍となる．以下では，作業物質の示量変数は自由に調整できるとする．なお，2 温度サイクルの効率 η は式 (7.3) で与えられ，$\frac{Q_{\mathrm{L}}}{Q_{\mathrm{H}}}$ は作業物質の量に依存しないため，効率も作業物質の量には依存しない．また，カルノーサイクルは作業物質の種類を限定するわけではないことに注意せよ．さまざまな作業物質によるカルノーサイクルを考えることができる．

---

[3] 準静的過程や可逆過程の定義や説明は本によって細かな違いがあるため注意せよ．

例題 7.2

理想気体を作業物質とするカルノーサイクルを考える．2つの熱源の温度を $T_{\rm H}, T_{\rm L}$（$T_{\rm H} > T_{\rm L}$）とし，前ページに示したカルノーサイクルの p–V 図上での A, B, C, D 点での理想気体の体積を V_i（$i = {\rm A, B, C, D}$）と表す．まず，サイクルの効率 η_C を V_i を用いて表せ．また，その結果から V_i を消去して，η_C を温度 $T_{\rm H}$ と $T_{\rm L}$ の関数として表せ．

【解答】 等温過程 A → B では，理想気体の内部エネルギーは一定である．そのため，熱力学第1法則より，この間に受け取る熱 $Q_{\rm H}$ は膨張 $V_{\rm A} \to V_{\rm B}$ の間にカルノーサイクルが外部に対して行う仕事と等しく，

$$Q_{\rm H} = \int_{V_{\rm A}}^{V_{\rm B}} p\,dV = nRT_{\rm H} \int_{V_{\rm A}}^{V_{\rm B}} \frac{dV}{V} = nRT_{\rm H} \ln \frac{V_{\rm B}}{V_{\rm A}} \tag{7.4}$$

である．ここで理想気体の状態方程式を用いた．n は理想気体の物質量である．同様に，等温過程 C → D で圧縮する際に系が放出する熱は，圧縮 $V_{\rm C} \to V_{\rm D}$ の間に外部からカルノーサイクルに対して行われる仕事と等しく，

$$Q_{\rm L} = -\int_{V_{\rm C}}^{V_{\rm D}} p\,dV = -nRT_{\rm L} \int_{V_{\rm C}}^{V_{\rm D}} \frac{dV}{V} = nRT_{\rm L} \ln \frac{V_{\rm C}}{V_{\rm D}} \tag{7.5}$$

を得る．以上より，このカルノーサイクルの効率は

$$\eta_C = 1 - \frac{Q_{\rm L}}{Q_{\rm H}} = 1 - \frac{T_{\rm L} \ln \frac{V_{\rm C}}{V_{\rm D}}}{T_{\rm H} \ln \frac{V_{\rm B}}{V_{\rm A}}} \tag{7.6}$$

である．この結果から V_i を消去しよう．理想気体の断熱過程ではポアソンの法則より式 (6.46) が成り立つことを思い出そう．断熱過程 B → C では，$V_{\rm B} \to V_{\rm C}$ に伴い温度が $T_{\rm H} \to T_{\rm L}$ に変化しているため $T_{\rm H} V_{\rm B}^{\gamma-1} = T_{\rm L} V_{\rm C}^{\gamma-1}$ が成り立つ．また，断熱過程 D → A では，$V_{\rm D} \to V_{\rm A}$ に伴い温度が $T_{\rm L} \to T_{\rm H}$ に変化しているため $T_{\rm L} V_{\rm D}^{\gamma-1} = T_{\rm H} V_{\rm A}^{\gamma-1}$ が成り立つ．これらの式を組み合わせて温度を消去すると $\frac{V_{\rm C}}{V_{\rm D}} = \frac{V_{\rm B}}{V_{\rm A}}$ が成り立つ．よって式 (7.6) の右辺の自然対数の引数は分子と分母で等しく

$$\eta_C = 1 - \frac{T_{\rm L}}{T_{\rm H}} \tag{7.7}$$

を得る．この結果から，理想気体を作業物質とするカルノーサイクルの熱効率は熱源の温度のみで決まることがわかる． □

熱力学第 2 法則

熱いものと冷たいものを接触させると，温度が高い方から低い方へ熱によってエネルギーが移動し，熱いものは温度が下がり，冷たいものは温度が上がる．この逆，つまり温かいものはより温度が上がり，冷たいものはより温度が下がる，ということは自然には生じない．このように，熱によるエネルギーの移動という現象は，エネルギーが保存するという熱力学第 1 法則に従うだけではなく，その移動の方向に制約がある．これは，熱に関わる現象の基本的な性質である．

熱力学では，基本的な原理として以下が成り立つことを認める．

クラウジウスの原理：低温の熱源から高温の熱源に正の熱を移動させ，かつ他に何の変化も残さないようにすることは不可能である．

この原理の主張は，のちに示すように以下の主張と等価である．

トムソンの原理：1 つの熱源から正の熱を受け取り，これを全て仕事に変え，かつ他に何の変化も残さないようにすることは不可能である．

クラウジウスの原理もトムソンの原理も，熱の移動に関わる原理的な不可能性について述べている．この不可能性を**熱力学第 2 法則**と呼ぶ．

熱力学第 2 法則は，低温の熱源から高温の熱源に正の熱を移動させることをすべて禁止しているわけではないことに注意しよう．例えば，前節で説明した $\bar{\mathcal{C}}$ は低温の熱源から高温の熱源に正の熱を移動させることができる．しかし，その場合は必ず $\bar{\mathcal{C}}$ に対して正の仕事を与える必要がある．そのため，$\bar{\mathcal{C}}$ は，クラウジウスの原理の「熱の移動の他に何の変化も残さないようにする」という状況には当てはまらない．

2 温度サイクルによる熱機関において，もしも $Q_{\mathrm{L}} = 0$ であればトムソンの原理と矛盾する．よって任意の 2 温度サイクルによる熱機関において $Q_{\mathrm{L}} > 0$ が成り立ち，その効率は 1 未満（$\eta = 1 - \frac{Q_{\mathrm{L}}}{Q_{\mathrm{H}}} < 1$）となることがわかる．また，任意のサイクルは複数の 2 温度サイクルを組み合わせることで表現できる．それゆえ，一般の多温度サイクルにおいてもその効率は 1 未満となり，第 2 種永久機関は実現できない．

7.4.1　クラウジウスの原理とトムソンの原理の等価性

クラウジウスの原理とトムソンの原理が等価であることを示そう．以下ではクラウジウスの原理を記号 C，トムソンの原理を記号 T で表す．C と T が等価であるとは C ⇒ T かつ T ⇒ C が成り立つことである．そこで，まず C ⇒ T を示す．その次に T ⇒ C を示す．

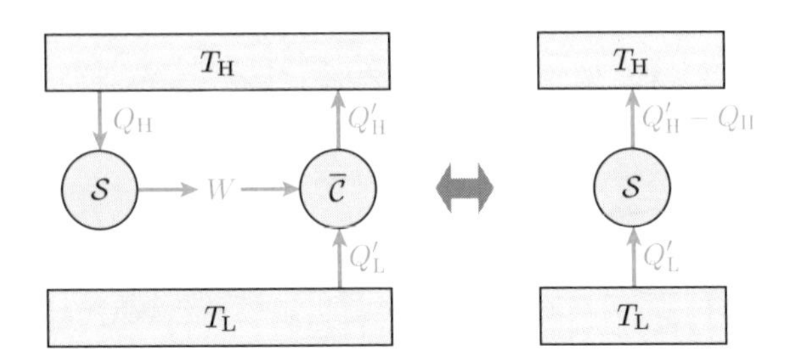

まず，C ⇒ T を示すために，C ⇒ T と等価な ¬T ⇒ ¬C を示す．ここで ¬X は X の否定を意味する．トムソンの原理の否定 ¬T とは「1 つの熱源から正の熱を受け取り，これを全て仕事に変え，かつ他に何の変化も残さないようにすることが可能」という主張である．このような熱機関の存在を仮定して，それを $\mathcal{S}$ と呼ぼう．$\mathcal{S}$ を用いると，上図の左側のように，$\mathcal{S}$ から得られる仕事を逆向きのカルノーサイクル $\overline{\mathcal{C}}$ に与えて運転させることができる．この 2 つのサイクル全体を 1 つのサイクル $\hat{\mathcal{S}}$ と見たとき，図の右側のように，外部から仕事を受けずに低温熱源から高温熱源に熱を移動させるサイクルが実現することになる．これはクラウジウスの原理の否定 ¬C である．以上より ¬T ⇒ ¬C が成り立つ．すなわち C ⇒ T が成り立つ．

次に，T ⇒ C と等価な ¬C ⇒ ¬T を示す．¬C とは「外部からの仕事なしに低温熱源から高温熱源に熱を移動させる 2 温度サイクルが実現できる」という主張である．これを実現する 2 温度サイクルの存在を仮定して，それを $\mathcal{K}$ と呼ぼう．このとき，図の左側のように $\mathcal{K}$ が低温熱源から吸収する熱 Q_L と全く同じ量の熱を低温熱源に与えるカルノーサイクル $\mathcal{C}$ を用意することができる．すると，この 2 つのサイクル全体を 1 つのサイクル $\hat{\mathcal{K}}$ と見たとき，全体としては低温熱源との熱のやりとりは生じていないので，図の右側のように，得られた熱をすべて仕事に変える熱機関が実現することになる．これは ¬T である．以上より，¬C ⇒ ¬T が成り立っている．すなわち，T ⇒ C が成り立つ．

以上の議論から，C ⇒ T かつ T ⇒ C である．よってクラウジウスの原理とトムソンの原理は等価であることが示された．

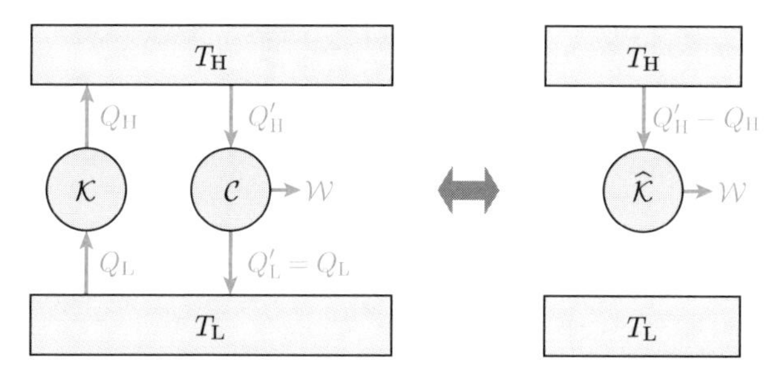

7.5 カルノーの定理

熱力学第 2 法則から，以下に示すカルノーの定理が導かれる．

(i)　温度 T_H と T_L の熱源の間で運転する任意の 2 温度サイクルの効率は，カルノーサイクルの効率を超えない．

(ii)　カルノーサイクルの効率は，作業物質の種類には依存せず，熱源の温度 T_H と T_L のみで決まる．

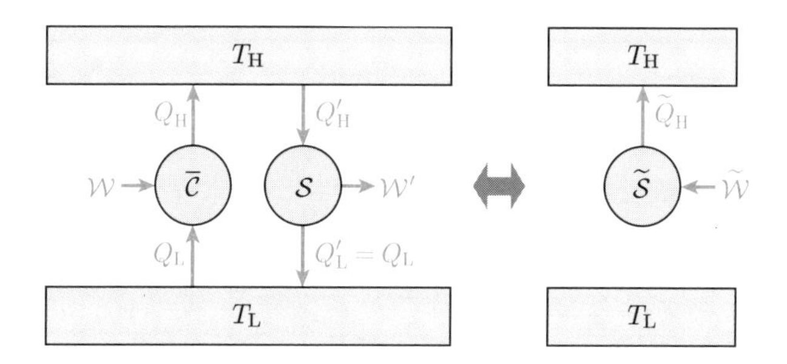

まず，(i) は以下のように示すことができる．カルノーサイクル $\mathcal{C}$ と任意の 2 温度サイクル $\mathcal{S}$ を考える．それぞれの熱効率を $\eta_{\mathcal{C}}, \eta_{\mathcal{S}}$ とする．これらを図のように組み合わせて運転させる．ここで $\bar{\mathcal{C}}$ は逆運転させたカルノーサイクルを表しており，外部から仕事 $\mathcal{W}$ と低温熱源から熱 Q_L を受け取り，高温熱源に Q_H を放出する．$\mathcal{S}$ は高温熱源から熱 Q'_H を受け取り，外部に仕事 $\mathcal{W}'$ を行い，低温熱源に Q'_L を放出する．ここでカルノーサイクルの作業物質の量を調整して $Q_L = Q'_L$ となるように取ったとしよう．いま，この 2 つのサイクルを合わせて 1 つの新たなサイクル $\tilde{\mathcal{S}}$ と見なそう．$\tilde{\mathcal{S}}$ は高温熱源とのみ熱のやりとりを行うため，トムソンの原理より外

部に正の仕事をすることができない．すなわち，図の右側のように，$\tilde{\mathcal{S}}$ は外部から $\tilde{\mathcal{W}} = \mathcal{W} - \mathcal{W}' \geq 0$ の仕事を受け取り，高温熱源に $\tilde{Q}_\mathrm{H} = Q_\mathrm{H} - Q'_\mathrm{H} \geq 0$ の熱を与えるサイクルとなる．このとき $Q'_\mathrm{H} = Q_\mathrm{H} - \tilde{Q}_\mathrm{H} \leq Q_\mathrm{H}$ であるため，$\mathcal{S}$ の効率について

$$\eta_\mathcal{S} = 1 - \frac{Q'_\mathrm{L}}{Q'_\mathrm{H}} = 1 - \frac{Q_\mathrm{L}}{Q'_\mathrm{H}} \leq 1 - \frac{Q_\mathrm{L}}{Q_\mathrm{H}} = \eta_\mathcal{C} \tag{7.8}$$

が成り立つ．以上より，$\eta_\mathcal{C} \geq \eta_\mathcal{S}$ であり，カルノーの定理 (i) が示された．

次に，(ii) は以下のように示される．作業物質が異なる2つのカルノーサイクル $\mathcal{C}$ と $\mathcal{C}'$ を用意し，(i) の $\mathcal{S}$ の代わりに $\mathcal{C}'$ を用い，$\bar{\mathcal{C}}$ と $\mathcal{C}'$ を組み合わせて運転させる．すると，(i) と同様の議論を行うことで $\eta_{\mathcal{C}'} \leq \eta_\mathcal{C}$ が得られる．次に，これらのカルノーサイクルの運転方向を変えて，$\mathcal{C}$ と $\bar{\mathcal{C}}'$ を組み合わせて運転させると，同様の議論により $\eta_\mathcal{C} \leq \eta_{\mathcal{C}'}$ を示すことができる．よって $\eta_\mathcal{C} = \eta_{\mathcal{C}'}$ である．すなわち，同じ熱源で稼働するカルノーサイクルの効率は作業物質によらずに等しい．式 (7.7) において理想気体を作業物質とするカルノーサイクルの効率が $\eta_\mathcal{C} = 1 - \frac{T_\mathrm{L}}{T_\mathrm{H}}$ となることを見た．この結果から，任意のカルノーサイクルはその作業物質によらず効率 $\eta_\mathcal{C} = 1 - \frac{T_\mathrm{L}}{T_\mathrm{H}}$ を持つことが示された．

例題 7.3

効率 $\eta_\mathcal{C}$ のカルノーサイクルを逆向きに運転し，サイクルを1周まわる間に外部からの仕事 $\mathcal{W}$ を受け取り，温度 T_L の低温熱源から熱 Q_L を吸収するとともに，温度 T_H の高温熱源へ熱 Q_H を放出するヒートポンプとして稼働させる．このヒートポンプがエアコンの冷房のように低温側の熱を高温側に捨てる目的で用いられるとき，その動作効率の指標として $\eta_{冷} = \frac{Q_\mathrm{L}}{\mathcal{W}}$ が用いられる．一方，このヒートポンプがエアコンの暖房のように高温側に熱を移動させる目的で用いられるとき，その動作効率の指標として $\eta_{暖} = \frac{Q_\mathrm{H}}{\mathcal{W}}$ が用いられる．$\eta_{冷}$ と $\eta_{暖}$ を $\frac{T_\mathrm{H}}{T_\mathrm{L}}$ によって表し，これらがどのような範囲の値を取りうるか示せ．また，外気温が35°Cで室温が26°Cのときの $\eta_{冷}$ と，外気温が0°Cで室温が22°Cのときの $\eta_{暖}$ を求めよ．

【解答】　熱力学第1法則から $\mathcal{W} = Q_\mathrm{H} - Q_\mathrm{L}$ が成り立つ．また，カルノーサイクルの効率について $\eta_\mathcal{C} = 1 - \frac{Q_\mathrm{L}}{Q_\mathrm{H}} = 1 - \frac{T_\mathrm{L}}{T_\mathrm{H}}$ であるため，$\frac{Q_\mathrm{L}}{Q_\mathrm{H}} = \frac{T_\mathrm{L}}{T_\mathrm{H}}$ が成り立つ．以上より，

$$\eta_{冷} = \frac{Q_\mathrm{L}}{Q_\mathrm{H} - Q_\mathrm{L}} = \frac{1}{\frac{T_\mathrm{H}}{T_\mathrm{L}} - 1} \tag{7.9}$$

$$\eta_{暖} = \frac{Q_\mathrm{H}}{Q_\mathrm{H} - Q_\mathrm{L}} = \frac{\frac{T_\mathrm{H}}{T_\mathrm{L}}}{\frac{T_\mathrm{H}}{T_\mathrm{L}} - 1} \tag{7.10}$$

を得る．いま，$1 < \frac{T_\mathrm{H}}{T_\mathrm{L}} < \infty$ であり，$\eta_{冷}$ と $\eta_{暖}$ はともに $\frac{T_\mathrm{H}}{T_\mathrm{L}} \to 1$ で最大値，$\frac{T_\mathrm{H}}{T_\mathrm{L}} \to \infty$ で最小値を取る．その範囲は

$$0 < \eta_{冷} < \infty, \qquad 1 < \eta_{暖} < \infty \tag{7.11}$$

となる．問題文に記載された外気温と室温のときの効率の値は，それぞれ

$$\eta_{冷} = \frac{1}{\frac{308}{299} - 1} \approx 33.2, \qquad \eta_{暖} = \frac{\frac{295}{273}}{\frac{295}{273} - 1} \approx 13.4 \tag{7.12}$$

となる．もしこのカルノーサイクルによるヒートポンプでエアコンを作れば，1 年間のエアコンの効率は大まかには $\frac{\eta_{冷}+\eta_{暖}}{2} \approx 23.3$ と見積もられる．カルノーサイクルは理想的なサイクルであり，実際のヒートポンプの効率はこれよりも小さくなる．エアコンのカタログには，通年エネルギー消費効率（APF）という値が記載されており，これは $\eta_{冷}$ と $\eta_{暖}$ の年間平均をより精密に見積もったものに対応する．近年のエアコンの APF は 5 から 8 程度である．今後，エアコンの性能が向上してより高い APF が実現するかもしれない．しかし，どんなにエアコンの能力が高くなっても，カルノーサイクルによるヒートポンプの効率を超えることはない． □

物理の目　有限時間熱力学

カルノーの定理 (i) は，熱機関の効率は 1 よりも小さく，たかだか $\eta_C = 1 - \frac{T_\mathrm{L}}{T_\mathrm{H}}$ であることを述べている．これは原理的な限界であり，この先どんな高性能な熱機関を開発したとしても破られることはない．

なお，実際の熱機関は，不可逆な過程を含み，カルノーサイクルよりも効率が小さくなる．また，もしもカルノーサイクルに限りなく近い熱機関を作ったとしても，それを実際に利用しようとすると問題が生じる．現実的に熱機関を稼働させる場合，効率 η に加え仕事率 P も考慮せねばならない．時間 T かけてサイクルを 1 周して仕事 $\mathcal{W} = Q_\mathrm{H} - Q_\mathrm{L}$ をなす熱機関の仕事率は $P = \frac{\mathcal{W}}{T}$ であるが，カルノーサイクルは準静的過程であるため 1 周するのに無限の時間がかかり，仕事率はゼロである．現実的な熱機関では，望ましい P の値を得るために，効率 η を抑えて稼働する場合がある．単位時間当たりに熱源と作業物質の間でやりとりする熱が両者の温度差に比例するという仮定のもとでは，仕事率を最大化するサイクルの効率は $\eta_P = 1 - \left(\frac{T_\mathrm{L}}{T_\mathrm{H}}\right)^{\frac{1}{2}}$ と決まる．現実に稼働している熱機関の効率は，η_C よりもむしろ η_P に近いことが知られている（詳しくは Am. J. Phys. 43, 22 (1975) を参照せよ）．

演 習 問 題

演習 7.1 以下の全ての文章は間違っている．どこに間違いがあるか説明せよ．

(1) サイクルとは，始状態と終状態が等しい準静的過程のことである．

(2) カルノーサイクルとは，断熱過程のみで構成されるサイクルである．

(3) 第2種永久機関は，熱力学第1法則を満たしていない．

(4) エアコンのクーラーは室内の熱を高温な屋外に出すことで室内の温度を下げるので，クラウジウスの原理の反例となっている．

(5) 効率的な2温度サイクルを用いれば，熱源から受け取った熱を全て仕事に変換することができる．

演習 7.2 下図は，断熱過程と定積過程から構成されるサイクルであり，**オットーサイクル**と呼ばれる．気体を作業物質とするオットーサイクルはガソリンエンジンの単純化されたモデルを与え，状態 $\mathrm{A} \to \mathrm{B}$ が燃料を含む気体の圧縮，$\mathrm{B} \to \mathrm{C}$ が燃料の発火による加熱，$\mathrm{C} \to \mathrm{D}$ が燃料を含む気体の膨張，$\mathrm{D} \to \mathrm{A}$ がエンジンの冷却に対応する．この過程で，サイクルは図に示すように外部と仕事 W_{in}, W_{out} および熱 Q_{in}, Q_{out} のやりとりを行う．物質量 n の理想気体からなるオットーサイクルを考え，定積モル比熱を C_V，比熱比を γ，状態 $I = \mathrm{A,B,C,D}$ における理想気体の圧力，体積，温度をそれぞれ p_I, V_I, T_I とする．以下の問いに答えよ．

(1) p_I, V_I, T_I の間に成り立つ関係式を用いて，12個の変数のうち $\{p_{\mathrm{B}}, p_{\mathrm{C}}, V_{\mathrm{A}}, V_{\mathrm{B}}\}$ 以外を，これら4つの変数の関数として表せ．

(2) Q_{in} と Q_{out} を求め，結果を変数 T_{A}, $\alpha \equiv \frac{p_{\mathrm{C}}}{p_{\mathrm{B}}}$, $\beta \equiv \frac{V_{\mathrm{A}}}{V_{\mathrm{B}}}$ を用いて表せ．また，その結果を用いて $W_{\mathrm{out}} - W_{\mathrm{in}}$ を求め，これが正であることを示せ．

(3) オットーサイクルの効率が β のみで決まることを示せ．

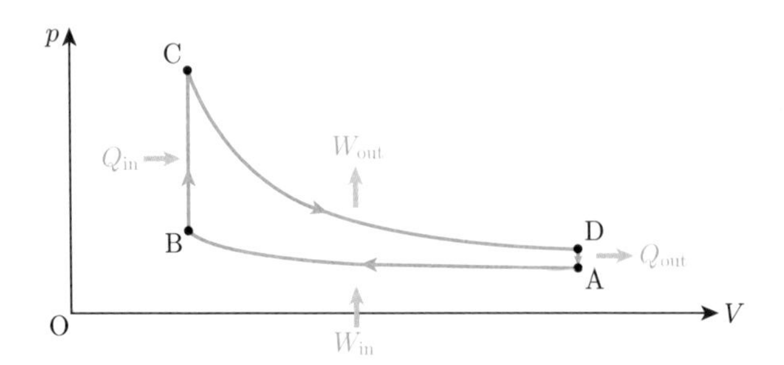

第 III 部

波　　動

第8章

波の記述

本章では波を記述するための基本的な概念と手法を学ぶ．波は媒質の変位が空間的に伝わっていく現象であり，一般に媒質の変位は時刻と位置の多変数関数として表される．特に単純な波の例として，波形を保って進行する1次元の波を取り上げ，波の伝播を記述する波動方程式が波の進行する速さを決定することを見る．また，重ね合わせの原理とフーリエ級数を用いることで，波の重要な見方であるスペクトルという概念を得る．

8.1 波とは何か？

弦の振動，水面波，地震，音（音波），光などは，一見全く違う現象である．しかし，物理学では**波**（または**波動**）という共通の概念を用いて，これらの現象を統一的に理解できる．波として理解される現象には，波を伝える**媒質**が伴う．以下の表には波と対応する媒質の例を示している．

現象	媒質	媒質の変位	縦波・横波
弦の振動	弦	弦の位置	横波
水面波	水	水面の位置	縦波と横波の混合
地震	地面	地面の位置	縦波（P波）と横波（S波）
音波	空気	空気の密度	縦波
光（電磁波）	真空	電磁場	横波

媒質が時間的に変化しない状態を**平衡状態**と呼ぶ．媒質が平衡状態から変化したとき，平衡状態からのずれを表す量を一般に**媒質の変位**と呼ぶ．波とは，媒質が時間とともに変位し，その変位が連続的に伝わっていく現象である．

媒質の変位のうち，例えば弦の位置や空気の密度などは，物質の運動に関わる力学的な量である．こうした波を**力学的な波**と呼ぶ．光はこれらとは異なり，物質ではなく真空を媒質とした電磁場の波である．電磁場の性質は後の第16章で詳しく学ぶ．

力学的な波では，ゼロでない変位を平衡状態に戻そうとする力がはたらく．このような力を**復元力**と呼ぶ．もし復元力がなければ，変位は一定のままか，どんどん大きくなっていき，平衡状態が生じない．

波は**横波**と**縦波**に分類される．右図は，ピンと張った弦（ロープ）の一端を揺らして発生させた波が伝わっていく様子を表している．時間が経つにつれ波は図の左から右に進行している．このように，媒質の変位の向きが波の進行方向に垂直な波を横波と呼ぶ．一方，媒質の変位の向きと波の進行方向が平行な波を縦波と呼ぶ．

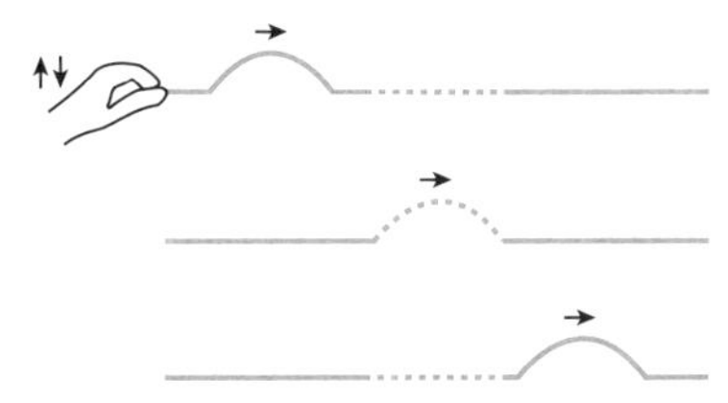

注意！ 図の点線の部分に注目せよ．波が進行しても媒質自体は進行しない．

媒質の変位は，位置と時間の関数として表すことができる．例えば弦を伝わる波では，平衡状態での弦に平行な向きの位置座標を x，時刻を t，弦の高さの平衡状態からのずれを h としたとき，h は x と t の関数 $h(x,t)$ になっている．また，例えば音波の場合，変位は空気の圧力の平衡状態からのずれである．このずれを Δp としたとき，これは空間内の位置 $\vec{r}=(x,y,z)$ と時刻 t の関数 $\Delta p(\vec{r},t)$ となる．音波は 10.1.1 節で詳しく学ぶ．

例題 8.1

「地表に吹く風は空気を媒質とした波である．」という主張は間違っている．どこに間違いがあるか説明せよ．

【解答】 風は空気の流れであり，この空気の運動は平衡状態からのずれとして表されるものではない．よって風は波ではない． □

物理の目　水の波

最も身近な波の一つである水の波は，水にはたらく重力，水の底からの圧力，表面張力などの影響で，水深や波長によって複雑に変化する振る舞いを持ち，以下の節で議論する単純な波とは異なる性質を持つ．例えば，水深が深い水の表面に生じる表面波では，水分子は楕円軌道のような運動をする．これは横波と縦波の混合であり，波の山や谷では波の進行方向に平行な向きの速度を持ち，山と谷の中間では鉛直方向の速度を持つ．

8.2 グラフによる波の表現

グラフを用いて波を表現できる．よく利用されるのは，ある特定の時刻での変位を縦軸に取り，横軸に位置を取るグラフである．このグラフの形はその時刻での**波形**を与える．また，ある特定の位置での変位を縦軸に取り，横軸に時刻を取るグラフも利用される．

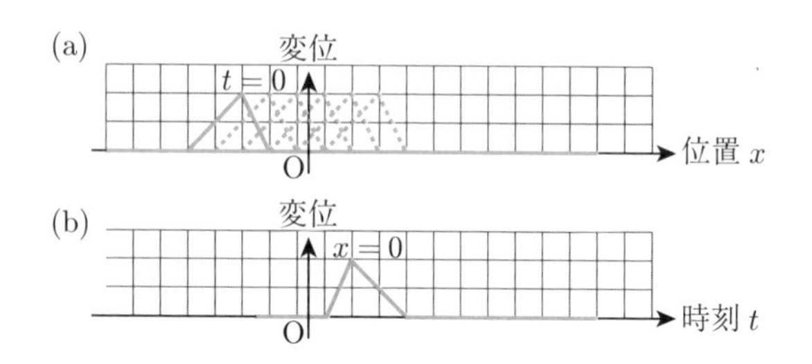

上図 (a) は，変位と位置の関係を表したグラフである．実線は $t=0$ での波形を表しており，この波は時間が経つにつれ図の点線のグラフのように進行する．一方，上図 (b) は，この波の位置 $x=0$ での変位を時刻 t のグラフとして表したものである．このように，同一の波を複数のタイプのグラフに表すことができる．

縦波をグラフに表すときは，グラフと波がどのように対応するかを注意深く見る必要がある．下図に音波のグラフの例を示した．上のグラフはある時刻での空気の圧力の変位を表しており，その下には空気の微小部分の位置の変位（平衡位置からのずれ）の様子を矢印で表している．

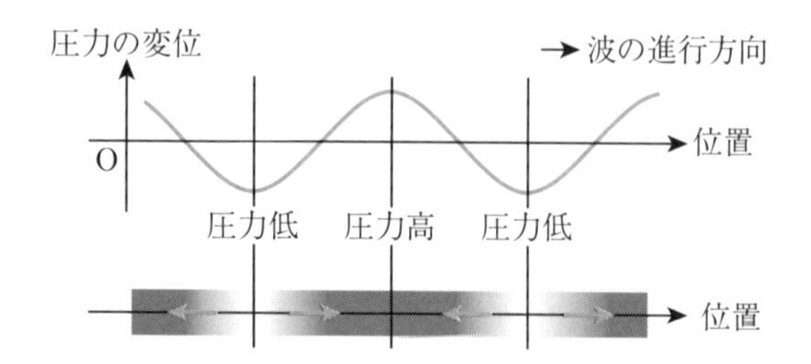

物理の目　縦波を見てみよう

スリンキーと呼ばれるばねのおもちゃを使うと，縦波の進行の様子を視覚的に確認できる．ゆるく伸ばしたばねの一端を，ばねの伸びと平行な向きに短い間揺らすと縦波が生じ，ばねの密になった部分が一定の速さで伝わっていくのが観察できる．

8.3 波形を保って進行する波の変位

1 次元の媒質を伝わる波を考えよう．x を媒質の向きに沿った位置座標とする．波の変位は x と時刻 t の関数であり，これを $u(x,t)$ と表そう．ある固定した時刻で見れば $u(x,t)$ はその時刻での波形を表す．以下では，波形を保ったまま進行する波に注目しよう．

下図は，速さ v で x の正の向きに波形を保って進行する波の，時刻 $t = t_0$ と $t = t_0 + \Delta t$ における波形を表している．グラフ中の 2 つの点は，$u(x_0, t_0)$ と $u(x_0 + \Delta x, t_0 + \Delta t)$ を示している．図からわかるように，波形を保って進行する波では $\Delta x = v\Delta t$ を満たすならば 2 点における変位は等しい．この性質は，任意の位置 x および時刻 t で成り立つ．これを式で表すと

$$u\left(x + \Delta x, t + \frac{\Delta x}{v}\right) = u(x,t) \tag{8.1}$$

となる．

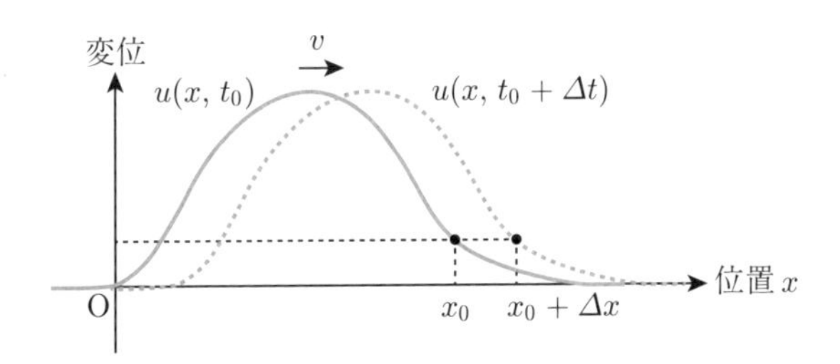

式 (8.1) は，$u(x,t)$ が x と t の特定の組合せにのみ依存していることを意味している．これを示すために，x と t を組み合わせた新たな変数

$$X = x + vt, \qquad Y = x - vt \tag{8.2}$$

を導入しよう．式 (8.1) に対応して，$x \to x + \Delta x$ と $t \to t + \frac{\Delta x}{v}$ という変化を考えたとき，新しい変数では $X \to \alpha + 2\Delta x$ となるが Y は変わらないことに注意しよう．それゆえ，新しい変数を使って変位を $u(x,t) = \tilde{u}(X,Y)$ のように表すと，式 (8.1) は

$$\tilde{u}(X + 2\Delta x, Y) = \tilde{u}(X,Y) \tag{8.3}$$

を意味する．この式は任意の Δx に対して成り立つので，$\tilde{u}$ は X には依存せず，Y のみの関数である．つまり，適当な関数 $f(x)$ を用いて $\tilde{u} = f(Y)$，すなわち

$$x \text{ の正の向きの進行波：} \qquad u(x,t) = f(x - vt) \tag{8.4}$$

と書ける．関数 $f(x)$ は $t=0$ での波形を与えることに注意せよ．

x 軸の負の向きに速さ v で波形を保って伝わる波では，上と同様の議論によって変位が Y に依存しないことを示すことができる．つまり，適当な関数 $g(x)$ を用いて $\tilde{u}=g(X)$，すなわち

$$x \text{ の負の向きの進行波：} \qquad u(x,t)=g(x+vt) \tag{8.5}$$

である．関数 $g(x)$ も $t=0$ での波形を与える．

8.4 波を記述する方程式

波の変位が位置や時間に対してどのように変化するかを表す方程式を**波動方程式**と呼ぶ．力学的な波では，媒質の運動は基本法則であるニュートンの運動方程式によって記述される．また，電磁波は電場・磁場の運動であり，その運動は第16章で学ぶマクスウェル方程式によって記述される．波動方程式は，これらの基本法則から導出することができる．

以下では，単純な例として，弦を伝わる1次元の波を記述する波動方程式がどのように得られるかを見ていこう．弦の線密度（単位長さあたりの質量）を σ（シグマ）とし，平衡状態での弦に沿った向きに x 軸，それと垂直な向きに y 軸を取る．右図は，振動する弦の，ある時刻での x から $x+\Delta x$ の領域にある微小部分を表している．弦の振動は小さく，弦の微小部分は平衡位置から y 方向にのみ微小な変位を持つとし，それを $h(x,t)$ と表す．張力に比べて重力の大きさは十分小さいとし，重力の影響は無視する．

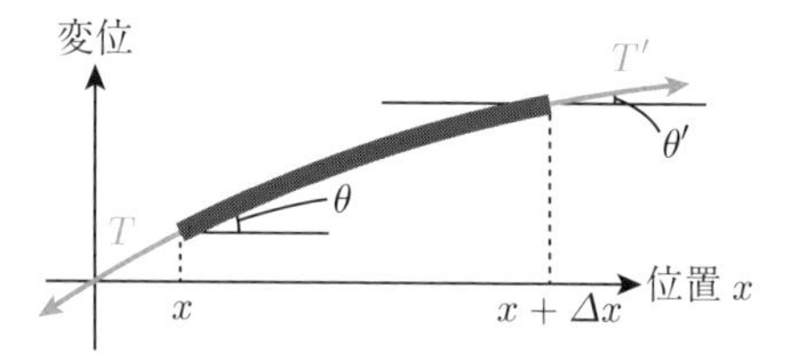

まず，弦の微小部分にはたらく力の x 方向と y 方向の成分 F_x, F_y を求めよう．図に示すように，位置 x と $x+\Delta x$ で弦が x 方向となす角度をそれぞれ θ と θ'，微小部分の端点における張力の大きさをそれぞれ T と T' とすると

$$F_x=-T\cos\theta+T'\cos\theta', \qquad F_y=-T\sin\theta+T'\sin\theta' \tag{8.6}$$

である．いま，弦の振動は小さいため，θ と θ' は1よりも十分小さい．よって，式(4.56)を用いて $\cos\theta\approx\cos\theta'\approx 1, \sin\theta\approx\theta, \cos\theta'\approx\theta'$ としてよい．すなわち

$$F_x\approx -T+T', \qquad F_y\approx -T\theta+T'\theta' \tag{8.7}$$

である．仮定より，微小部分は x 方向には変位しないため，$F_x\approx 0$ すなわち $T'\approx T$ が成り立つ．よって $F_y\approx T(-\theta+\theta')$ である．微小部分の質量は $\sigma\Delta x$ であるた

め，加速度の y 方向の成分を a_y とすると，運動方程式の y 成分は

$$\sigma \Delta x a_y = F_y \approx T(-\theta + \theta') \tag{8.8}$$

で与えられる．

ここで，式 (8.4) のように y 方向の変位が $h(x,t) = f(x - vt)$ と表される場合に，式 (8.8) が何を意味するかを見てみよう．$\frac{df}{dt}$ および $\frac{d^2f}{dt^2}$ はそれぞれ弦の y 方向の速度成分と加速度成分を表している．合成関数の微分の公式 (1.19) より

$$\frac{d}{dt}f(x - vt) = -vf'(x - vt), \qquad \frac{d^2}{dt^2}f(x - vt) = v^2 f''(x - vt) \tag{8.9}$$

が成り立つため，

$$a_y = v^2 f''(x - vt) \tag{8.10}$$

を得る．一方，位置 x での弦の傾きは $\frac{df}{dx}$ で与えられるため

$$\tan\theta = f'(x - vt), \qquad \tan\theta' = f'(x + \Delta x - vt) \tag{8.11}$$

が成り立つ．いま，式 (4.56) を用いて $\tan\theta \approx \theta, \tan\theta' \approx \theta'$ と書けるため，式 (8.8) より

$$v^2 f''(x - vt) \approx \frac{T}{\sigma \Delta x}(-f'(x - vt) + f'(x + \Delta x - vt)) \tag{8.12}$$

が得られる．ここで Δx が小さい極限を考えると，$\frac{1}{\Delta x}(f'(x+\Delta x-vt)-f'(x-vt))$ は $f'(x - vt)$ を x で微分したものに等しい．よって

$$v^2 f''(x - vt) = \frac{T}{\sigma}f''(x - vt) \tag{8.13}$$

が成り立つ．

例題 8.2

$h(x,t) = g(x + vt)$ が成り立つとき，式 (8.8) を $g(x + vt)$ によって表せ．

【解答】　このとき，加速度は $g(x + vt)$ を用いて $a_y = \frac{d^2g}{dt^2} = v^2 g''(x + vt)$ と表される．また，$\theta \approx g'(x + vt), \theta' \approx g'(x + \Delta x + vt)$ であり，式 (8.8) は

$$v^2 g''(x + vt) \approx \frac{T}{\sigma \Delta x}(-g'(x + vt) + g'(x + \Delta x + vt)) \tag{8.14}$$

となる．Δx が小さい極限で

$$v^2 g''(x + vt) = \frac{T}{\sigma}g''(x + vt) \tag{8.15}$$

が成り立つ．　□

式 (8.13) と式 (8.15) は，弦を伝わる波の速さが

$$v = \sqrt{\frac{T}{\sigma}} \tag{8.16}$$

のように張力と線密度で決まることを意味している．

〈**Advanced**〉 4.3 節で導入した偏微分を用いて，式 (8.8) から波動方程式を導くことができる．まず，変位 $h(x,t)$ に対する速度と加速度の y 成分は，変位 $h(x,t)$ の偏微分を用いて

$$v_y(x,t) = \frac{\partial h(x,t)}{\partial t}, \qquad a_y(x,t) = \frac{\partial}{\partial t} v_y(x,t) = \frac{\partial^2 h(x,t)}{\partial t^2} \tag{8.17}$$

と表せる．次に，式 (8.8) の右辺の角度は

$$\theta \approx \tan\theta \approx \frac{\partial h(x,t)}{\partial x}, \qquad \theta' \approx \tan\theta' \approx \frac{\partial h(x+\Delta x,t)}{\partial x} \tag{8.18}$$

と表せる．これらを用いて，式 (8.8) は

$$\frac{\partial^2 h(x,t)}{\partial t^2} \approx \frac{T}{\sigma}\left(\frac{\frac{\partial h(x+\Delta x,t)}{\partial x} - \frac{\partial h(x,t)}{\partial x}}{\Delta x}\right) \tag{8.19}$$

と書ける．$\Delta x \to 0$ の極限を取ると，右辺のカッコ内は $h(x,t)$ の x についての 2 階の偏微分となり

$$\frac{\partial^2 h(x,t)}{\partial x^2} - \frac{\sigma}{T}\frac{\partial^2 h(x,t)}{\partial t^2} = 0 \tag{8.20}$$

を得る．これが弦の振動を表す波動方程式の標準的な表式である．このように偏微分を含む微分方程式を**偏微分方程式**と呼ぶ．

一般に波動方程式

$$\frac{\partial^2 u(x,t)}{\partial x^2} - \frac{1}{v^2}\frac{\partial^2 u(x,t)}{\partial t^2} = 0 \tag{8.21}$$

の解は速さ v で進行する波を表す．また，3 次元空間では，時刻 t において位置が座標 (x,y,z) で与えられる点での変位を $u(x,y,z,t)$ としたとき，波動方程式 (8.21) に対応する方程式は

$$\left(\frac{\partial^2}{\partial x^2} + \frac{\partial^2}{\partial y^2} + \frac{\partial^2}{\partial z^2} - \frac{1}{v^2}\frac{\partial^2}{\partial t^2}\right)u(x,y,z,t) = 0 \tag{8.22}$$

の形を取る．

8.5 波の重ね合わせ

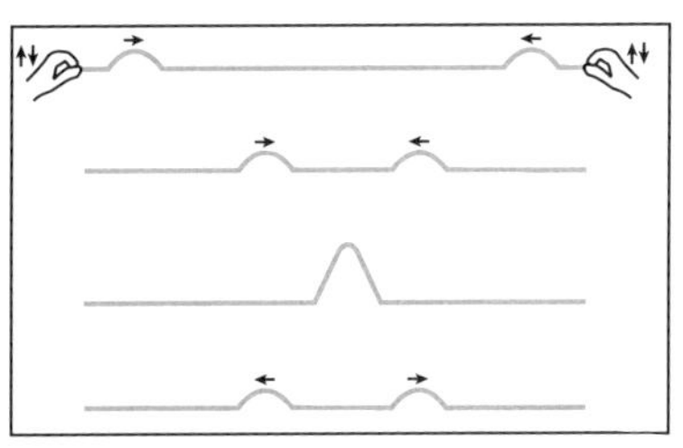

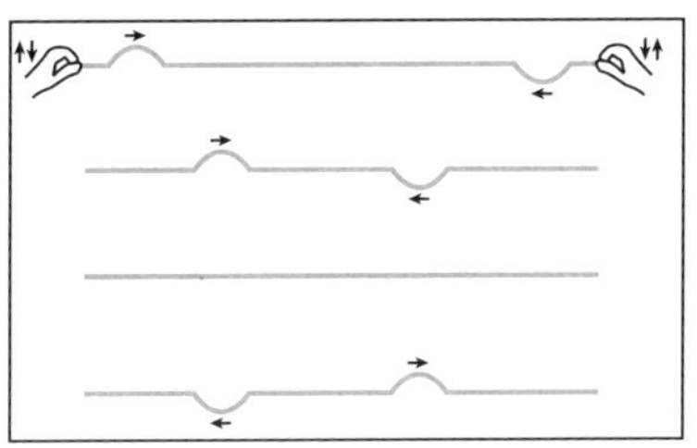

複数の波が同時刻に同じ位置に達したときに，重ね合わせと呼ばれる現象が生じる．右図は，弦を伝わる1次元の波を例に取り，重ね合わせが生じている状況を示している．右図上では，左右から同じ大きさの変位を持つ波形が進行してきて，同じ位置に来た波の変位は足し合わされ，その後すり抜けていくように進んでいる．右図下では，変位の正負が異なる波が互いに進行してきて，同じ位置に来た波の変位は打ち消しあい，その後はやはりすり抜けていくように進んでいる．

上記の性質は，左右から逆向きに進行する2つの波の間だけではなく，より一般的に成り立つ．すなわち，同じ媒質を進む2つの波が存在し，それぞれの波の変位が $u_1(x,t)$, $u_2(x,t)$ と表されるとき，合成波の変位は

$$u(x,t) = u_1(x,t) + u_2(x,t) \tag{8.23}$$

となる．この性質を，波の**重ね合わせの原理**と呼ぶ．

重ね合わせの原理が成り立つ波を**線形波動**と呼ぶ．一方，重ね合わせの原理が成り立たない**非線形波動**も存在する．非線形波動も重要な題材であるが，本書では扱いが容易な線形波動のみを議論する．

〈**Advanced**〉 線形な方程式では，方程式が u_1 および u_2 という2つの解を持つときに，$u_3 = u_1 + u_2$ もその方程式の解となることが保証されている．重ね合わせの原理は，数学的には波を記述する波動方程式が線形であることを意味する．

8.3節と8.4節の議論から，1次元の波動方程式(8.21)は，それぞれ左右の向きの進行波に対応する $u(x,t) = f(x - vt)$ と $u(x,t) = g(x + vt)$ という2つの独立な解を持つことがわかる．よって，重ね合わせの原理から $u(x,t) = f(x - vt) + g(x + vt)$ も式(8.21)の解といえる．この解は式(8.21)の一般解であることが知られている．

物理の目　**ノイズキャンセリング**

ノイズキャンセリング機能を持ったヘッドホンを使ったことがある人もいるだろう．これは，ヘッドホンの周囲で鳴る音と，ちょうど逆の変位を持った音をヘッドホンから人工的に発生させることで，周囲の音を重ね合わせの原理によって打ち消している．

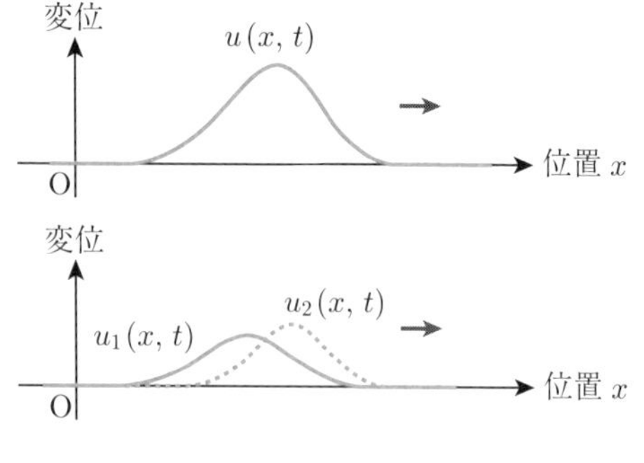

重ね合わせの原理によって波についての重要な見方が得られる．右上の図は，$u(x,t)$ という変位で表される波が速さ v で x の正の方向に進行する様子を表している．一方で，この波は右下の図に示した $u_1(x,t)$ と $u_2(x,t)$ の重ね合わせ $u(x,t) = u_1(x,t) + u_2(x,t)$ だと見ることもできる．このように，1つの波を複数の波に分解し，その重ね合わせとして記述することが可能になる．

次節で見るように，任意の周期的関数は正弦関数の和に一意的に分解できる[1]．このことを用いて，前節で見たような任意の波形の進行波を表す関数 $f(x-vt)$ や $g(x+vt)$ も正弦関数の和で表すことが可能になる．正弦関数に対応する波を正弦波と呼ぶ．それゆえ，任意の波形を持つ波は複数の正弦波の合成で表され，正弦波の性質を理解することは，任意の波動の性質を理解することにつながる．以下では，正弦関数による関数の展開と正弦波の性質を詳しく見ていこう．

8.6 フーリエ級数

ここでは，任意の周期的関数が正弦関数の和に分解できることを見ていこう．

一般に，周期 L の奇関数，すなわち $F_{奇}(x+L) = F_{奇}(x)$ および $F_{奇}(-x) = -F_{奇}(x)$ を満たす関数は，適当な係数 b_m（$m = 1, 2, \ldots$）を選ぶことで

$$F_{奇}(x) = \sum_{m=1}^{\infty} b_m \sin \frac{2\pi m x}{L} \tag{8.24}$$

のように表すことができることが知られている．このような正弦関数による展開を**フーリエ級数**と呼び，b_m を**フーリエ係数**と呼ぶ．右辺の $\sin \frac{2\pi m x}{L}$ は x について $\frac{L}{m}$ の周期を持ち，b_m は $F_{奇}(x)$ に $\sin \frac{2\pi m x}{L}$ がどの程度含まれているかを表している．フーリエ係数は展開前の関数 $F_{奇}(x)$ を用いて

$$b_n = \frac{2}{L} \int_0^L F_{奇}(x) \sin \frac{2\pi n x}{L} \, dx \qquad (n = 1, 2, \ldots) \tag{8.25}$$

[1] 厳密には，このような分解ができない関数も存在する．しかし，物理的な波動を表す関数に限れば，常に正弦関数で展開できると考えて良い．

と求めることができる．右辺が収束するような $F_{奇}(x)$ に対しては，フーリエ係数と式 (8.24) の分解は一意的に決まる．

例題 8.3 〈Advanced〉

任意の自然数 m, n について

$$\int_0^L \sin\frac{2\pi mx}{L}\sin\frac{2\pi nx}{L}\,dx = \begin{cases} \frac{L}{2} & m = n \\ 0 & m \neq n \end{cases} \tag{8.26}$$

が成り立つ（章末の演習問題 8.2 を見よ）．このことを用いて，式 (8.25) が成り立つことを示せ．

【解答】 式 (8.25) の右辺に式 (8.24) を代入すると

$$(\text{右辺}) = \frac{2}{L}\int_0^L \sum_{m=1}^{\infty} b_m \sin\frac{2\pi mx}{L}\sin\frac{2\pi nx}{L} \tag{8.27}$$

$$= \sum_{m=1}^{\infty} b_m \frac{2}{L}\int_0^L \sin\frac{2\pi mx}{L}\sin\frac{2\pi nx}{L} = b_n \tag{8.28}$$

を得る．最後の等式で式 (8.26) を用いた． □

上の議論と同様に，周期 L の偶関数，すなわち $F_{偶}(x+L) = F(x)$ および $F_{偶}(-x) = F_{偶}(x)$ を満たす関数は，適当な係数 a_m を選ぶことで

$$F_{偶}(x) = \sum_{m=0}^{\infty} a_m \cos\frac{2\pi mx}{L} = a_0 + \sum_{m=1}^{\infty} a_m \cos\frac{2\pi mx}{L}, \tag{8.29}$$

$$a_n = \frac{2}{L}\int_0^L F_{偶}(x)\cos\frac{2\pi nx}{L}\,dx \qquad (n = 0, 1, 2, \ldots) \tag{8.30}$$

のように表すことができることが知られている．式 (8.30) の右辺が収束するような $F_{偶}(x)$ に対しては，フーリエ係数は一意的に決まる．

一般に，周期 L の任意の関数 $F(x)$ は，周期 L の奇関数 $F_{奇}(x)$ と偶関数 $F_{偶}(x)$ を用いて

$$F(x) = F_{奇}(x) + F_{偶}(x) \tag{8.31}$$

の形に一意的に分解できる．よって，周期 L の任意関数 $F(x)$ は

$$F(x) = a_0 + \sum_{m=1}^{\infty}\left(a_m \cos\frac{2\pi mx}{L} + b_m \sin\frac{2\pi mx}{L}\right) \tag{8.32}$$

と分解できる．ここで，$\cos\theta = \sin\left(\theta + \frac{\pi}{2}\right)$ なので，周期 L の任意関数 $F(x)$ は正弦関数の和で書けたことになる．

例題 8.4

周期 L の任意の関数 $F(x)$ は奇関数と偶関数の和に一意的に分解できることを示せ．

【解答】 $F_{偶}(-x) = F_{偶}(x)$, $F_{奇}(-x) = -F_{奇}(x)$ である2つの関数を用いて $F(x) = F_{偶}(x) + F_{奇}(x)$ と分解できるとする．このとき

$$F(-x) = F_{偶}(x) - F_{奇}(x) \tag{8.33}$$

であるから

$$F_{奇}(x) = \frac{F(x) - F(-x)}{2}, \qquad F_{偶}(x) = \frac{F(x) + F(-x)}{2} \tag{8.34}$$

であることがわかる． □

8.7 正 弦 波

右の図のように，ある時刻での波形が正弦関数で表される波のことを**正弦波**と呼ぶ．グラフが時刻 $t = 0$ の波形を表しているとすると，正弦波の変位 $u(x, 0)$ は一般に

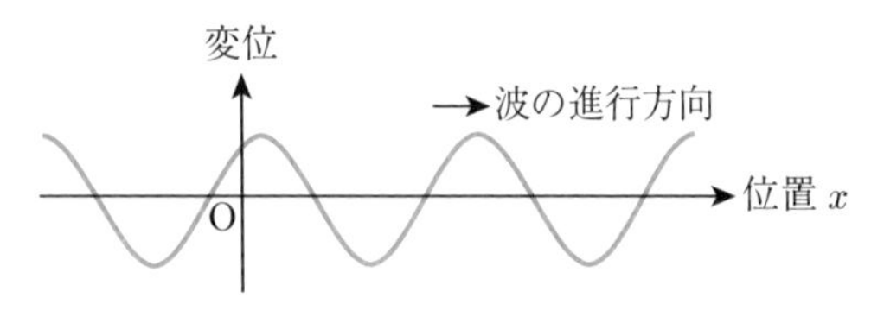

$$u(x, 0) = A\sin\left(\frac{2\pi x}{\lambda} + \delta\right) \tag{8.35}$$

と表すことができる．ここで $A > 0$ を**振幅**，λ を**波長**，δ（デルタ）を**初期位相**と呼ぶ．なお，余弦関数と正弦関数は引数を $\frac{\pi}{2}$ ずらすと一致するため，以下では余弦関数で表される波もまとめて正弦波と呼ぶ．正弦関数の最大値は1なので，振幅 A は正弦波の変位の最大値を表している．正弦関数は引数が 2π 変化するごとに元に戻る周期性を持つため，任意の位置 x_0 から $x_0 + \lambda$ までの範囲にちょうど1周期分の正弦波が含まれている．

正弦関数 $\sin\theta$ の引数 θ を**位相**と呼ぶ．正弦関数は引数が 2π 変化するごとに同じ値を繰り返すため，任意の θ に対して θ と $\theta+2\pi$ は位相としては区別されない．

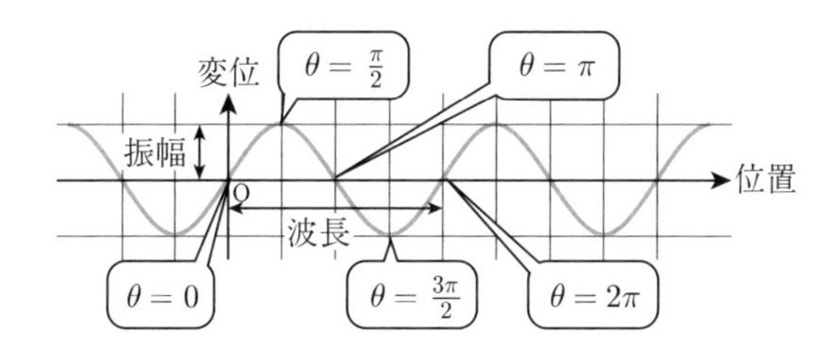

式 (8.35) における初期位相 δ は $t=0$ かつ $x=0$ での位相に対応する．座標の取り方には任意性があるため，単一の正弦波のみを考えるときには，初期位相が $\delta=0$ となるように x や t の原点を選ぶことができる．そこで本節では $\delta=0$ とする．

この波が，波形を保ったまま速さ v で x の正の向きに進むとき，8.3 節の議論と同じように考えると，時刻 t における位置 x での変位は，時刻 $t=0$ における位置 $x-vt$ での変位と等しい．それゆえ，この波の時刻 t での変位は

$$u(x,t)=A\sin\left\{\frac{2\pi}{\lambda}(x-vt)\right\}=A\sin\left\{2\pi\left(\frac{x}{\lambda}-ft\right)\right\} \tag{8.36}$$

と書ける．ここで

$$f=\frac{v}{\lambda} \tag{8.37}$$

を用いた．f を波の**振動数**と呼ぶ．振動数の SI 単位は Hz（ヘルツ）で，$\mathrm{Hz}=\mathrm{s}^{-1}$ である．振動数 $f=N\,\mathrm{Hz}$ の波では，ある固定した位置で 1 秒あたり位相が $2\pi N$ 変化する．また，$T=\frac{1}{f}$ を波の**周期**と呼ぶ．周期 T は波が 1 回振動するのにかかる時間であり，単位 s（秒）を用いて表す．

8.8 波のスペクトル

8.3 節において，波形を保つ進行波が式 (8.4) や式 (8.5) で書けることを示した．$f(x)$ や $g(x)$ は $t=0$ での波形に対応し，これを $f(x-vt)$ や $g(x+vt)$ とすることで速さ v で進む波が表された．この波を正弦波で展開することを考えよう．

いま，任意の波形 $f(x)$ を考えたとき，物理的に実現可能な波では，$f(x)$ は x の有限の領域でのみ値を取る．この領域を内部に含む十分大きな $x_0<x<x_1$ という範囲を考え，$L=x_1-x_0$ とすると，$x_0<x<x_1$ の範囲では

$$f(x) = a_0 + \sum_{m=1}^{\infty}\left(a_m \cos\frac{2\pi x}{\lambda_m} + b_m \sin\frac{2\pi x}{\lambda_m}\right), \qquad \lambda_m = \frac{L}{m} \tag{8.38}$$

のように波形を展開できる．このとき，右辺は周期 L を持つが，物理的な波形 $f(x)$ は $x_0 < x < x_1$ の 1 周期の領域に対応している．

式 (8.38) のように，任意の波形 $f(x)$ は波長 $\lambda_m = \frac{L}{m}$ （$m \geq 1$）の正弦波の重ね合わせで書ける．このとき，式 (8.41) の関係を使えば，波長 λ_m の正弦波の振幅が $A_m = \sqrt{a_m^2 + b_m^2}$ であることがわかる．

数学ワンポイント　三角関数の加法定理

三角関数について

$$\sin(\alpha \pm \beta) = \sin\alpha\cos\beta \pm \cos\alpha\sin\beta \tag{8.39}$$

$$\cos(\alpha \pm \beta) = \cos\alpha\cos\beta \mp \sin\alpha\sin\beta \tag{8.40}$$

が成り立つ．これを三角関数の**加法定理**と呼ぶ．以下で，加法定理を用いて，役立つ公式を導いておこう．

まず，式 (8.39) に $\cos\beta = \frac{a}{\sqrt{a^2+b^2}}$ と $\sin\beta = \frac{b}{\sqrt{a^2+b^2}}$ を満たす a, b を導入して整理すると

$$a\sin\alpha \pm b\cos\alpha = \sqrt{a^2+b^2}\sin(\alpha \pm \beta) \tag{8.41}$$

$\sqrt{a^2+b^2}$　b　β　a

を得る．ここで $\tan\beta = \frac{b}{a}$ であり，$b \geq 0$ のとき $0 \leq \beta \leq \pi$, $b < 0$ のとき $\pi < \beta < 2\pi$ を満たす．

次に，式 (8.39) より $\sin(\alpha+\beta) + \sin(\alpha-\beta) = 2\sin\alpha\cos\beta$ が成り立つ．ここで $\alpha+\beta = \theta$, $\alpha-\beta = \delta$ と置くと

$$\sin\theta + \sin\delta = 2\sin\frac{\theta+\delta}{2}\cos\frac{\theta-\delta}{2} \tag{8.42}$$

を得る．

式 (8.38) で得られた正弦波による波形の展開において，$f(x)$ の引数を $x - vt$ に置き換えると，x の正の向きに速さ v を持つ進行波の正弦波による展開が得られる．このとき，式 (8.38) の右辺に現れる位相 $\frac{2\pi x}{\lambda_m}$ は

$$2\pi\left(\frac{x}{\lambda_m} - f_m t\right), \qquad f_m = \frac{v}{\lambda_m} = \frac{mv}{L} \tag{8.43}$$

に置き換わる．よって，式 (8.38) で表される波形には，振動数 f_m の波が振幅 $A_m = \sqrt{a_m^2 + b_m^2}$ で含まれるとみなすこともできる．

ここまで見てきた方法で，波形を正弦波に分解して表現することで，さまざまな波の性質を把握したり比較したりすることが可能になる．波形の特徴は，波長

$\lambda_m = \frac{L}{m}$（あるいは振動数 $f_m = \frac{mv}{L}$），振幅 $A_m = \sqrt{a_m^2 + b_m^2}$ によって表さる．これらの情報を**波のスペクトル**と呼ぶ．

スペクトルの自明な例として，単一の n でのみ $A_{m=n} \neq 0$ かつ $A_{m\neq n} = 0$ である波は，波長 λ_n，振動数 f_n の正弦波である．このような波は**単色波**と呼ばれ，一般には A_m はさまざまな m に対してゼロでない値を持つ．そこで，波のスペクトルを可視化するために，横軸に λ_m あるいは f_m を取り，縦軸に A_m を取ったグラフが用いられる．

具体例を見てみよう．下図はトロンボーンから発せられた音のスペクトルを表している．横軸は音に含まれる正弦波の振動数であり，縦軸は対応する正弦波の振幅の2乗を対数目盛で表示したものである．このようなグラフに対応する波は，とびとびの値の振動数において振幅のピークを持つことから，離散的なスペクトルと呼ばれる．一方，グラフがなだらかに変化するスペクトルは連続的なスペクトルと呼ばれる．後の10.1.5節と10.2.4節では，音と光のスペクトルの具体例を取り上げ，その特徴について議論する．

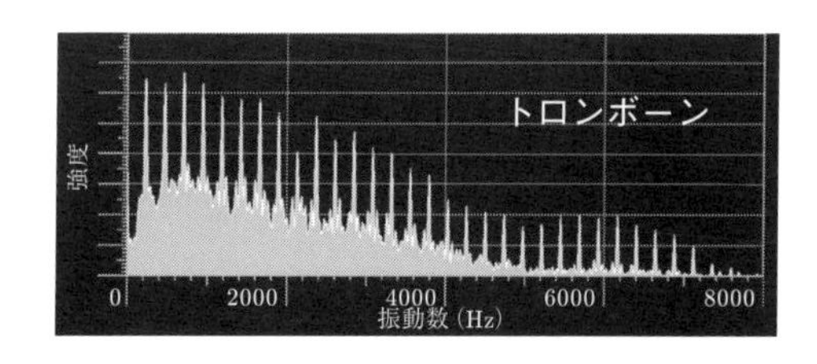

物理の目　身の回りの単色波

単色波で表される音を**純音**と呼ぶ．音叉から発せられる音はほぼ純音である．光の単色波は**単色光**と呼ばれる．レーザーポインタなどに使われるレーザー光は単色光である．

演 習 問 題

演習 8.1　x 方向に伸びた弦がそれと垂直な y 方向に変位する場合を考えよう．この弦の振動によって生じる波が，速さ v で x の正の向きに進行している．時刻 $t = 0$ における波形は，図の $f(x)$ のように幅がおよそ d で位置 $x_0 < 0$ において変位が最大値 H を取ったとする．このとき，横軸を t として以下のグラフの概形を示せ．

(1)　$x = 0$ の位置での弦の変位．

(2)　$x = 0$ の位置での弦の y 方向の速度．

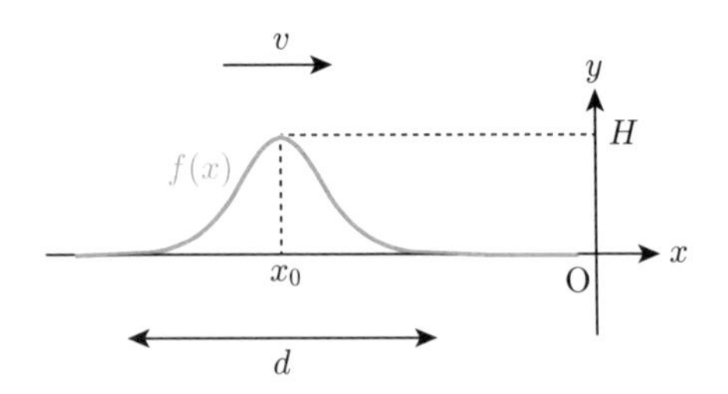

演習 8.2〈Advanced〉 式 (8.26) を証明せよ．なお，同様にして類似の公式

$$\int_0^L \cos\frac{2\pi mx}{L}\cos\frac{2\pi nx}{L}\,dx = \begin{cases}\frac{L}{2} & m=n\\ 0 & m\neq n\end{cases} \tag{8.44}$$

$$\int_0^L \sin\frac{2\pi mx}{L}\cos\frac{2\pi nx}{L}\,dx = 0 \tag{8.45}$$

も証明できる．

演習 8.3〈Advanced〉 任意の整数 m および $L>0$ を用いて，関数

$$f(x) = \begin{cases}0 & x=\frac{m}{2}L\\ 1 & mL\leq x\leq \left(m+\frac{1}{2}\right)L\\ -1 & \left(m-\frac{1}{2}\right)L\leq x\leq mL\end{cases} \tag{8.46}$$

で表される波形を持つ波を**矩形波**と呼ぶ．矩形波のフーリエ係数を求めよ．

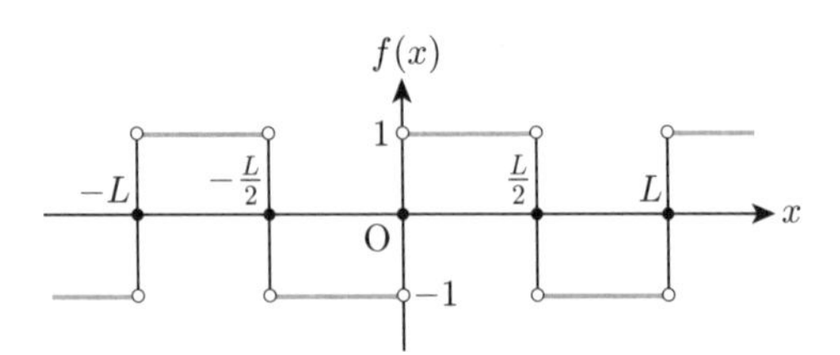

演習 8.4〈Advanced〉 1次元の波動方程式 (8.21) の一般解が

$$u(x,t) = f(x-vt)+g(x+vt) \tag{8.47}$$

となることを示せ．［HINT: 式 (8.21) を式 (8.2) の変数 X, Y を使って表し，積分せよ．］

第9章

波の性質

本章では波に関するいくつかの一般的な性質について学ぶ．波の進行に伴って媒質中を力学的エネルギーが伝わっていく．異なる媒質の境界では波の透過や反射が生じる．3次元的に伝わる波が持つ性質や，波の重ね合わせによって生じる干渉や定常波についても学ぶ．

9.1 エネルギーの流れとしての波

力学的な波は質量を持った媒質の運動による運動エネルギーを持つ．また，媒質には変位を元に戻そうとする復元力がある．復元力は（ばねの力のように）保存力である．それゆえ媒質がゼロでない変位を持つとき，媒質のポテンシャルエネルギーは増加する．これらの運動エネルギーとポテンシャルエネルギーの和は媒質の持つ力学的エネルギーをなし，波が進行するとともにそのエネルギーも媒質中を伝わっていく．

以下では，例として8.4節で考えた速さ v で弦を伝わる波 $h(x,t)=f(x-vt)$ を取り上げ，その力学的エネルギーについて考えよう．弦の線密度は σ で張力は T とする．

まず，座標が x から $x+\Delta x$ の領域にある弦の微小部分に注目しよう．この微小部分の持つ運動エネルギーを ΔK とする．微小部分の質量は $\sigma\Delta x$ である．また，弦の微小部分は y 方向に運動しており，その速さは $v_y=\frac{d}{dt}f(x-vt)=-vf'(x-vt)$ である．よって

$$\Delta K=\frac{1}{2}(\sigma\Delta x)(vf'(x-vt))^2 \tag{9.1}$$

を得る．

次に，微小部分の持つポテンシャルエネルギー ΔU を求めよう．張力 T で張られている弦の微小部分に張力とつり合う外力を加え微小な長さ ΔL だけ伸ばすのに必要な仕事は $T\Delta L$ である．この仕事がポテンシャルエネルギーを与えるため，$\Delta U=T\Delta L$ である．ΔL を求めるには，x から $x+\Delta x$ の範囲にある弦の長さか

ら，変位がゼロのときの弦の長さ Δx を差し引けばよい．座標が x から $x+\Delta x$ まで変わる間に，弦の高さは

$$\begin{aligned}\Delta h &= h(x+\Delta x,t)-h(x,t)\\ &= f(x+\Delta x-vt)-f(x-vt)\\ &= f'(x-vt)\Delta x \qquad (9.2)\end{aligned}$$

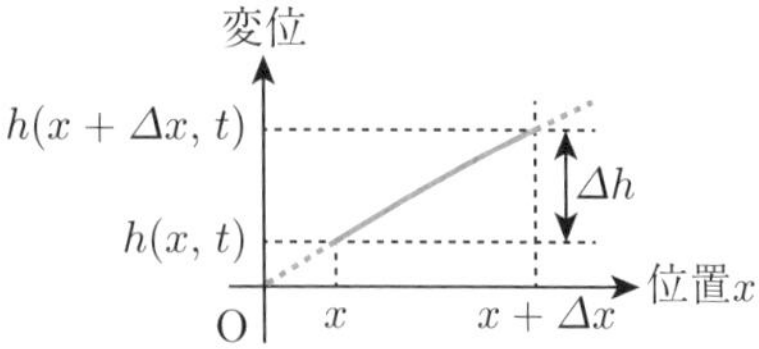

だけ変化する．x から $x+\Delta x$ の範囲にある弦の長さは三平方の定理から $(\Delta x^2+\Delta h^2)^{\frac{1}{2}}$ で与えられて，

$$\begin{aligned}\Delta L &= (\Delta x^2+\Delta h^2)^{\frac{1}{2}}-\Delta x = \Delta x\left[\left\{1+\left(\frac{\Delta h}{\Delta x}\right)^2\right\}^{\frac{1}{2}}-1\right]\\ &\approx \Delta x\left\{1+\frac{1}{2}\left(\frac{\Delta h}{\Delta x}\right)^2-1\right\} = \frac{1}{2}\Delta x\left(\frac{\Delta h}{\Delta x}\right)^2 = \frac{1}{2}\Delta x(f'(x-vt))^2 \qquad (9.3)\end{aligned}$$

が成り立つ．ここで振動が微小であるため $\left(\frac{\Delta h}{\Delta x}\right)^2 \ll 1$ として近似の公式 (4.55) を用いた．これより

$$\Delta U = \frac{1}{2}T\Delta x(f'(x-vt))^2 \qquad (9.4)$$

を得る．

微小部分の持つ力学的エネルギー ΔE は，運動エネルギーとポテンシャルエネルギーの和 $\Delta E = \Delta K + \Delta U$ で与えられる．単位長さあたりの力学的エネルギー密度を $\mathcal{E} = \frac{\Delta E}{\Delta x}$ とすると，式 (9.1) と (9.4) より

$$\mathcal{E}(x,t) = \frac{\sigma v^2+T}{2}(f'(x-vt))^2 = \sigma(vf'(x-vt))^2 \qquad (9.5)$$

が得られる．最後の等式では式 (8.16) を用いた．式 (9.5) から明らかなように，$\mathcal{E}(x,t)$ は $X=x-vt$ の 1 変数関数になっている．これは，エネルギー密度も波とともに速さ v で進行していくことを意味している．また，$h(x,t)=kf(x-vt)$ のように変位の値が k 倍になった波を考えると，エネルギー密度は k^2 倍になる．すなわち，波のエネルギー密度は変位の大きさの 2 乗に比例する．なお，$f'(x-vt)$ は波形の傾きを表すため，エネルギー密度は弦の傾きがゼロでない場所にあることがわかる．

単位長さ当たり $\mathcal{E}(x,t)$ のエネルギーが速さ v で進行するため，波が単位時間当たりに運ぶエネルギーは

$$\mathcal{P}(x,t) = v\mathcal{E}(x,t) = \sigma v(vf'(x-vt))^2 \qquad (9.6)$$

と表される．

波の透過と反射

ここまで，一様な媒質を伝わる波について考えてきたが，現実の媒質は有限の大きさを持っていて，媒質の端や境界が存在している．波が媒質の境界に届いたとき，一般に波の**透過**や**反射**が生じる．以下では，弦を伝わる波を例に取り，媒質の境界で生じる現象を見ていこう．

右図のように，線密度が σ_1（$x<0$）と σ_2（$x>0$）の 2 本の弦が $x=0$ で接続され，張力 T で x 軸に沿って張られているとする．これらの弦を伝わる波の速さをそれぞれ v_1 と v_2 とする．この弦に，$x<0$ の遠方から，x の正の向きに波が入射して来たとき，一般には $x=0$ で反射波と透過波が生じる．よって，$x<0$ の領域には入射波 $f_1(x-v_1t)$ に加え x の負の向きに進む反射波 $g_1(x+v_1t)$，$x>0$ の領域には x の正の向きに進む透過波 $f_2(x-v_2t)$ が存在する．以上より，波の変位 $h(x,t)$ は

$$h(x,t)=\begin{cases} f_1(x-v_1t)+g_1(x+v_1t) & x\le 0 \\ f_2(x-v_2t) & x\ge 0 \end{cases} \tag{9.7}$$

と書ける．ここで f_1, g_1, f_2 は対応する波の波形を表す 1 変数関数である．以下では，この式が満たすべき条件を考察し，反射波と透過波を入射波の関数として表す．

まず，弦が $x=0$ で切れずに繋がっているためには，式 (9.7) の右辺が $x=0$ で等しくなければならない．よって $f_1(-v_1t)+g_1(v_1t)=f_2(-v_2t)$ が全ての t に対して成り立つ．ここで表記を単純化するため $z=-v_1t$, $n=\frac{v_2}{v_1}$ という変数を導入すると次の式を得る．

$$f_1(z)+g_1(-z)=f_2(nz) \tag{9.8}$$

次に，$x=0$ を中心とした $-\Delta x<x<\Delta x$ の領域の弦の微小部分にはたらく張力に着目しよう．この微小部分は，$x<0$ と $x>0$ のそれぞれの領域の弦から張力を受ける．式 (8.7) および式 (8.11) での議論を思い出すと，微小部分にはたらく張力の y 方向の成分は

$$F_y=-T\{f_1'(-\Delta x-v_1t)+g_1'(-\Delta x+v_1t)\}+Tf_2'(\Delta x-v_2t) \tag{9.9}$$

となる．微小部分の運動方程式は，この部分の y 方向の加速度成分を a_y として $\{(\sigma_1+\sigma_2)\Delta x\}a_y=F_y$ である．Δx を 0 に近づけていく極限で，a_y が有限であるためには，F_y はゼロに近づかなければならない．それゆえ，$\Delta x\to 0$ で式 (9.9)

の左辺はゼロとなり，$f_1'(-v_1t) + g_1'(v_1t) = f_2'(-v_2t)$ が全ての t に対して成り立つ．変数 z と n を用いてこれを書き直すと $f_1'(z) + g_1'(-z) = f_2'(nz)$ であり，これを z について不定積分すると $f_1(z) - g_1(-z) = \frac{1}{n}f_2(nz) + C$ が得られる．C は積分定数である．いま，時間的，空間的に有限の範囲でのみゼロでない変位を持つ波を考えると，$t \to \infty$ で全ての変位はゼロとなるため，積分定数は $C = 0$ である．以上より

$$f_1(z) - g_1(-z) = \frac{1}{n}f_2(nz) \tag{9.10}$$

を得る．

式 (9.8) と (9.10) を連立して解くことで，

$$f_2(y) = C_{\rm T} f_1\left(\frac{Z_2}{Z_1}y\right), \qquad C_{\rm T} = \frac{2Z_1}{Z_1 + Z_2} \qquad \text{（透過波）} \tag{9.11}$$

$$g_1(y) = C_{\rm R} f_1(-y), \qquad C_{\rm R} = \frac{Z_1 - Z_2}{Z_1 + Z_2} \qquad \text{（反射波）} \tag{9.12}$$

を得る．ここで $Z_i = \frac{T}{v_i} = \sigma_i v_i$（$i = 1, 2$）を導入した．$Z_i$ は**インピーダンス**と呼ばれ，外力に対する弦の動きにくさ（抵抗）を表す．また，$C_{\rm T}$ と $C_{\rm R}$ はそれぞれ**透過係数**，**反射係数**と呼ばれる．これらは常に $0 \leq C_{\rm T} \leq 2$, $-1 \leq C_{\rm R} \leq 1$ および $C_{\rm T} - C_{\rm R} = 1$ を満たす．

反射波と透過波の強さと波形は，2つの媒質のインピーダンスの比によって決まる．2本の弦の張力 T は等しいため，線密度が大きいほどインピーダンスは大きい．2本の弦の線密度が等しい（$Z_1 = Z_2$）とき，$C_{\rm T} = 1$ かつ $C_{\rm R} = 0$ で $f_2(y) = f_1(y)$, $g_1(y) = 0$ が成り立ち，波は反射せず全て透過する．これは境界がない場合に対応する．一般に，$\frac{Z_1}{Z_2} \neq 1$ では $C_{\rm R} \neq 0$ であり，反射波が生じる．

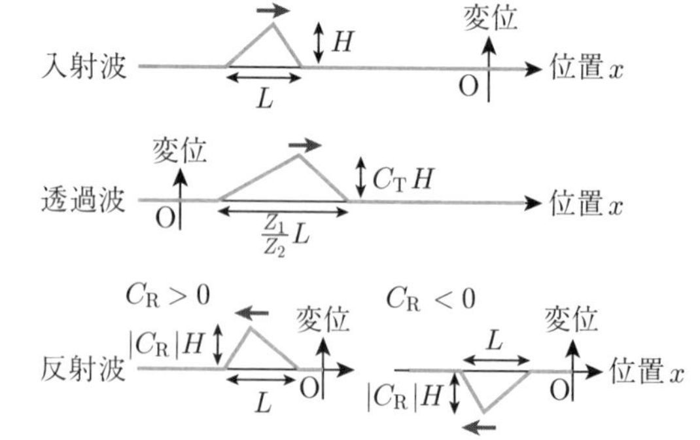

右図には，幅 L で高さ H の波形の波が入射して来たときの透過波と反射波の様子を示している．式 (9.11) より，透過波の波形 $f_2(x)$ は $f_1(x)$ に比べて大きさが $C_{\rm T}$ 倍で，x 方向に $\frac{Z_1}{Z_2}$ 倍になっている．また，式 (9.12) より，反射波の波形 $g_1(x)$ は $f_1(x)$

に比べて大きさが $|C_\mathrm{R}|$ 倍で，x 方向には反転する．$C_\mathrm{R}>0$ のときは変位の符号は入射波と等しく，$C_\mathrm{R}<0$ のときは変位の符号は入射波と逆転する．

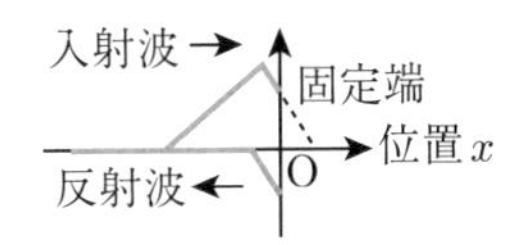

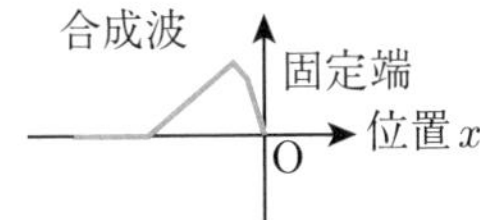

$x>0$ の弦が非常に重い極限 ($\frac{Z_1}{Z_2}\to 0$) では，$C_\mathrm{T}\to 0$ および $C_\mathrm{R}\to -1$ が成り立つ．このとき透過波は存在せず，波は全て反射する．式 (9.8) からもわかるように，境界では入射波と反射波の合成波の変位は常にゼロとなる．これは，$x<0$ に伸びた弦の端点が $x=0$ で壁などに固定された状況と物理的に等しい．この状況で起こる波の反射を**固定端反射**と呼ぶ．固定端に波が入射して反射波が生じている様子と，その合成波を右上の図に示す．固定端反射では $C_\mathrm{R}<0$ なので入射波と反射波の変位の符号が逆転することに注意せよ．

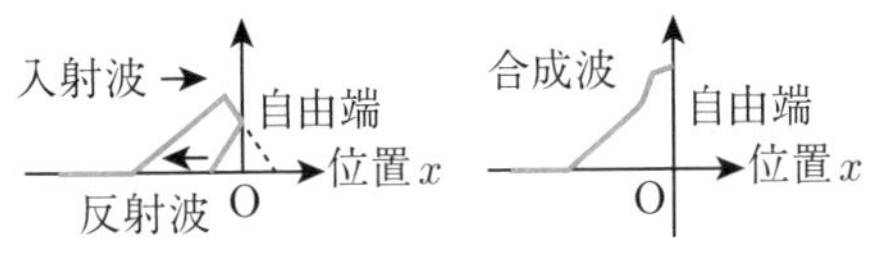

逆に $x>0$ の弦が非常に軽い極限 ($\frac{Z_1}{Z_2}\to\infty$) では，$C_\mathrm{T}\to 2$ および $C_\mathrm{R}\to 1$ が成り立つ．境界上においては，入射波と反射波の合成波の変位は，入射波の変位の 2 倍の大きさになる．これは，$x<0$ に伸びた弦が $x=0$ で弦と垂直な向きに自由に動ける端点を持つ場合に生じる反射と等しい．この状況で起こる波の反射を**自由端反射**と呼ぶ．自由端に波が入射して反射波が生じている様子と，その合成波を右上の図に示す．自由端反射では入射波と反射波の変位の符号は等しい．

例題 9.1

式 (9.7) のように $x=0$ で反射波と透過波が生じる場合に，入射波，反射波，透過波が単位時間あたりに運ぶエネルギーをそれぞれ $\mathcal{P}_\mathrm{I}(x,t)$, $\mathcal{P}_\mathrm{R}(x,t)$, $\mathcal{P}_\mathrm{T}(x,t)$ とする．このとき，$x=0$ において $\mathcal{P}_\mathrm{I}(0,t)=\mathcal{P}_\mathrm{R}(0,t)+\mathcal{P}_\mathrm{T}(0,t)$ が成り立つことを示せ．また，$\frac{\mathcal{P}_\mathrm{R}(0,t)}{\mathcal{P}_\mathrm{I}(0,t)}$ と $\frac{\mathcal{P}_\mathrm{T}(0,t)}{\mathcal{P}_\mathrm{I}(0,t)}$ を C_R と C_T の関数として表せ．

【解答】 入射波と反射波と透過波はそれぞれ $f_1(x-v_1t)$, $g_1(x+v_1t)$, $f_2(x-v_2t)$ である．弦を伝わる波が運ぶ単位時間あたりのエネルギーは式 (9.6) とインピーダンスの定義 $Z_i=\sigma_i v_i$ より

$$\mathcal{P}_\mathrm{I}(x,t)=Z_1(v_1f_1'(x-v_1t))^2 \tag{9.13}$$

$$\mathcal{P}_\mathrm{R}(x,t)=Z_1(v_1g_1'(x+v_1t))^2 \tag{9.14}$$

$$\mathcal{P}_\mathrm{T}(x,t)=Z_2(v_2f_2'(x-v_2t))^2 \tag{9.15}$$

と書ける．式 (9.11) と (9.12) より $g_1'(y) = -C_{\mathrm{R}} f_1'(-y)$ と $f_2'(y) = C_{\mathrm{T}} \frac{v_1}{v_2} f_1'\left(\frac{v_1}{v_2} y\right)$ が成り立つことを用いると，$x = 0$ で

$$\mathcal{P}_{\mathrm{I}}(0,t) = Z_1 (v_1 f_1'(-v_1 t))^2 \tag{9.16}$$

$$\mathcal{P}_{\mathrm{R}}(0,t) = Z_1 C_{\mathrm{R}}^2 (v_1 f_1'(-v_1 t))^2 = C_{\mathrm{R}}^2 \mathcal{P}_{\mathrm{I}}(0,t) \tag{9.17}$$

$$\mathcal{P}_{\mathrm{T}}(0,t) = Z_2 C_{\mathrm{T}}^2 (v_1 f_1'(-v_1 t))^2 = \frac{Z_2}{Z_1} C_{\mathrm{T}}^2 \mathcal{P}_{\mathrm{I}}(0,t) \tag{9.18}$$

である．また，C_{T} と C_{R} の定義を用いると，$C_{\mathrm{R}}^2 + \frac{Z_2}{Z_1} C_{\mathrm{T}}^2 = 1$ が成り立つことが確かめられる．以上より，$\mathcal{P}_{\mathrm{I}}(0,t) = \mathcal{P}_{\mathrm{R}}(0,t) + \mathcal{P}_{\mathrm{T}}(0,t)$ が成り立つ．この結果は，境界で入射波の運ぶエネルギーが反射波と透過波が運ぶエネルギーに変化していることを表している．

また，境界における入射波に対する反射波と透過波のエネルギーの割合は

$$\frac{\mathcal{P}_{\mathrm{R}}(0,t)}{\mathcal{P}_{\mathrm{I}}(0,t)} = C_{\mathrm{R}}^2, \qquad \frac{\mathcal{P}_{\mathrm{T}}(0,t)}{\mathcal{P}_{\mathrm{I}}(0,t)} = C_{\mathrm{T}}^2 \left(1 - 2\frac{C_{\mathrm{R}}}{C_{\mathrm{T}}}\right) = C_{\mathrm{T}}(2 - C_{\mathrm{T}}) \tag{9.19}$$

のように表される．2 式目の最後の等式では $C_{\mathrm{T}} - C_{\mathrm{R}} = 1$ を用いた．$\frac{\mathcal{P}_{\mathrm{T}}(0,t)}{\mathcal{P}_{\mathrm{I}}(0,t)} = 0$ となるのは $C_{\mathrm{T}} = 0$ と $C_{\mathrm{T}} = 2$ のときのみで，これらはそれぞれ固定端反射と自由端反射に対応する． □

9.3 3 次 元 の 波

9.3.1 波　　面

今までは簡単のため，1 次元方向に伝わる波を扱ってきた．この節では 3 次元に広がった媒質を伝わる 3 次元の波の性質を調べよう．媒質中の位置 $\vec{r}$ における時刻 t の変位を $u(\vec{r},t)$ と表そう．例えば，空気を伝わる音波の場合，$u(\vec{r},t)$ はある位置・ある時刻での圧力の（平衡の値からの）変位を表す．また，電磁波のように変位がベクトルで表される波では $u(\vec{r},t)$ はベクトルとなる．以下では簡単のため $u(\vec{r},t)$ をスカラーとして扱う．正弦的に振動する 3 次元の波（単色波）は，$u(\vec{r},t) = A(\vec{r},t)\sin\theta(\vec{r},t)$ のように振幅 $A(\vec{r},t)$ と位相 $\theta(\vec{r},t)$ が 3 次元の座標 $\vec{r}$ と時刻の関数で表される．

ある時刻 t_0 で，位相 $\theta(\vec{r},t_0)$ が一定の値 θ_0 を持つような座標 $\vec{r}$ は，3 次元空間中の 2 次元面をなす．このように，位相が一定である面を**波面**と呼ぶ．一般に，波は波面に垂直な方向に進行する．

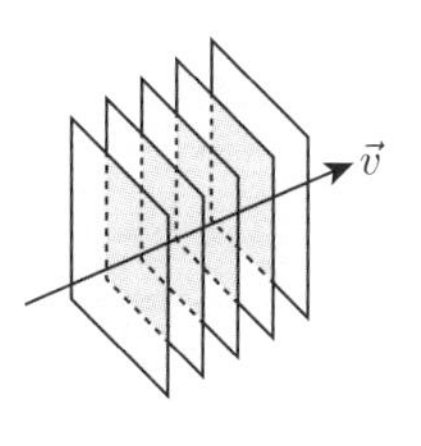

波面が平面をなす波を**平面波**と呼ぶ．波の速度ベクトルを $\vec{v}$ とし，$|\vec{v}| = v$ および $\vec{e}_v = \frac{\vec{v}}{v}$ とする．このとき，$v = f\lambda$ を満たす波長と振動数を用いて，位相が $\theta(\vec{r}, t) = 2\pi \frac{\vec{r}\cdot\vec{e}_v}{\lambda} - 2\pi f t$ で与えられる波は，速度 $\vec{v}$ で進行する平面波を表している．平面波の進行方向を x 軸に取ると $\theta(\vec{r}, t) = 2\pi \frac{x}{\lambda} - 2\pi f t$ となり，平面波の位相は y と z にはよらず，1 次元の正弦波の場合と同じ式で表される．平面波は波面が広がったり縮んだりせず，振幅は時刻によらず一定となる．

例題 9.2

$\theta(\vec{r}, t) = 2\pi \frac{\vec{r}\cdot\vec{e}_v}{\lambda} - 2\pi f t$ と定数 A を用いて $u(\vec{r}, t) = A \sin\theta(\vec{r}, t)$ と表される波について次のことを示せ．

(1)　$\vec{v}$ に直交する平面は波面をなす

(2)　波面が速度 $\vec{v}$ で進行している

(3)　$\vec{e}_v$ 方向に距離 λ 進むと位相が 2π 進む

(4)　時間が $\frac{1}{f}$ 進むと位相が 2π 進む

【解答】　(1)　$\vec{v}$ に直交する平面上の任意のベクトルを $\Delta\vec{r}$ とする．このとき，$\Delta\vec{r}\cdot\vec{e}_v = 0$ より $\theta(\vec{r} + \Delta\vec{r}, t) = \theta(\vec{r}, t)$ が成り立っている．よって $\vec{v}$ に直交する平面は位相が一定であり，波面をなしている．

(2)　$v = f\lambda$ であることから，$\theta(\vec{r} + \vec{v}\Delta t, t + \Delta t) = \theta(\vec{r}, t)$ が成り立つ．よって，時刻 $t + \Delta t$ での位置 $\vec{r} + \vec{v}\Delta t$ の位相は，時刻 t における位置 $\vec{r}$ での位相と等しく，波面は $\vec{v}$ で進行している．

(3)　$\theta(\vec{r} + \lambda\vec{e}_v, t) - \theta(\vec{r}, t) = 2\pi$

(4)　$\theta\left(\vec{r}, t + \dfrac{1}{f}\right) - \theta(\vec{r}, t) = 2\pi$　□

空間のある 1 点を中心に，球対称に広がっていく波面を持つ波を**球面波**と呼ぶ．球面波の中心を座標の原点に取ると，$|\vec{r}| = r$ が一定の位置では位相が等しい．それゆえ，位相 $\theta(\vec{r}, t) = 2\pi \frac{r}{\lambda} - 2\pi f t$ を持つ波は原点を中心に広がる球面波である．球面波によって単位時間あたりに運ばれるエネルギーの流れを，半径 r の球面上で考えよう．9.1 節で示したように（力学的な）波の持つエネルギー密度は振幅の 2 乗に比例するので，この面を通過するエネルギーの流れは $4\pi r^2 \times (\text{振幅})^2$ に

比例する．球面波が運ぶ全エネルギーが保存するためには，任意の r の球面を通過するエネルギーの流れが等しくなければならない．それゆえ，振幅は $\frac{1}{r}$ に比例し，振幅は遠方に行くほど減衰し小さくなる．球面波のこの性質は，波形を保って進む1次元の波や平面波とは異なっている．

9.3.2 3次元の波の反射と屈折

1次元の波と同様に，3次元の波でも異なる媒質の境界で反射や透過が生じる．以下では，平面波が2つの媒質の境界でどのように進行するかを見ていこう．

媒質1と2とが平面を境界として接しており，波はそれぞれの媒質中で速さ v_1 と v_2 で進行するとする．図は，速度 $\vec{v}_\mathrm{I} = v_1\vec{e}_\mathrm{I}$ の正弦波の平面波（入射波）が媒質の境界に到達したのち，速度 $\vec{v}_\mathrm{R} = v_1\vec{e}_\mathrm{R}$ の反射波と速度 $\vec{v}_\mathrm{T} = v_2\vec{e}_\mathrm{T}$ の透過波が生じている様子を模式的に表している．媒質の境界を $y = 0$ とする．$\vec{e}_i$ $(i = \mathrm{I, R, T})$ は単位ベクトルであり，図に示した角度を用いて $\vec{e}_\mathrm{I} = (\sin\theta_\mathrm{I}, -\cos\theta_\mathrm{I}, 0)$, $\vec{e}_\mathrm{R} = (\sin\theta_\mathrm{R}, \cos\theta_\mathrm{R}, 0)$, $\vec{e}_\mathrm{T} = (\sin\theta_\mathrm{T}, -\cos\theta_\mathrm{T}, 0)$ と表される．θ_I を**入射角**，θ_R を**反射角**，θ_T を**屈折角**と呼ぶ．透過波のことを屈折波と呼ぶこともある．

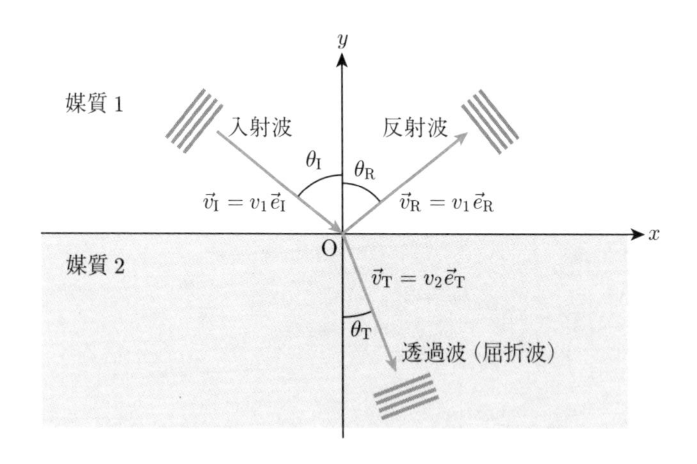

入射波による媒質1の振動が反射波と透過波を生じさせるため，反射波と透過波の振動数は入射波の振動数と等しい．この振動数を f としたとき，媒質1と2での波長はそれぞれ $\lambda_1 = \frac{v_1}{f}$, $\lambda_2 = \frac{v_2}{f}$ である．このとき，入射波，反射波，透過波の変位は

$$u_{\rm I}(\vec{r},t) = A_{\rm I}\sin\left(2\pi\frac{\vec{r}\cdot\vec{e}_{\rm I}}{\lambda_1} - 2\pi f t + \delta_{\rm I}\right) \tag{9.20}$$

$$u_{\rm R}(\vec{r},t) = A_{\rm R}\sin\left(2\pi\frac{\vec{r}\cdot\vec{e}_{\rm R}}{\lambda_1} - 2\pi f t + \delta_{\rm R}\right) \tag{9.21}$$

$$u_{\rm T}(\vec{r},t) = A_{\rm T}\sin\left(2\pi\frac{\vec{r}\cdot\vec{e}_{\rm T}}{\lambda_2} - 2\pi f t + \delta_{\rm T}\right) \tag{9.22}$$

と書ける．いま，$y \geq 0$ には入射波と反射波が，$y \leq 0$ には透過波が存在する．それゆえ，境界上の任意の位置を $\vec{r}_{\rm B} = (x, 0, z)$ と表すと，位置 $\vec{r}_{\rm B}$ においては入射波と反射波の重ね合わせが透過波と等しい．すなわち

$$u_{\rm I}(\vec{r}_{\rm B},t) + u_{\rm R}(\vec{r}_{\rm B},t) = u_{\rm T}(\vec{r}_{\rm B},t) \tag{9.23}$$

が成り立つ．ここで

$$\vec{r}_{\rm B}\cdot\vec{e}_i = x\sin\theta_i \quad (i = {\rm I, R, T})$$

である．x 依存性の異なる正弦波を加えたり引いたりしても，振動を完全に打ち消すことはできないことに注意しよう．それゆえ任意の x に対して式 (9.23) が成り立つためには，3 つの項の位相の x の係数はすべて等しくなければならない．すなわち

$$\frac{\sin\theta_{\rm I}}{\lambda_1} = \frac{\sin\theta_{\rm R}}{\lambda_1} = \frac{\sin\theta_{\rm T}}{\lambda_2} \tag{9.24}$$

が成り立つ．

式 (9.24) における入射波と反射波の関係式から

$$\sin\theta_{\rm R} = \sin\theta_{\rm I} \tag{9.25}$$

を得る．すなわち入射角と反射角は等しい．これを**反射の法則**と呼ぶ．また，入射波と透過波の関係式から

$$\frac{\sin\theta_{\rm I}}{\sin\theta_{\rm T}} = \frac{\lambda_1}{\lambda_2} = \frac{v_1}{v_2} \tag{9.26}$$

を得る．入射角と屈折角の比は，それぞれの媒質中での波の速さの比で決まる．これを**屈折の法則**と呼ぶ．特に光に関しては，式 (9.26) を**スネルの法則**と呼ぶ．

下図に，媒質1と2の波の速さと屈折角の関係を示している．境界を通過したあとの方が波が遅くなる（$v_1 > v_2$）場合，屈折角は入射角よりも小さく，透過波は境界から離れる向きに屈折する．一方，境界を通過したあとの方が速くなる（$v_1 < v_2$）場合，透過波は境界に近づく向きに屈折する．

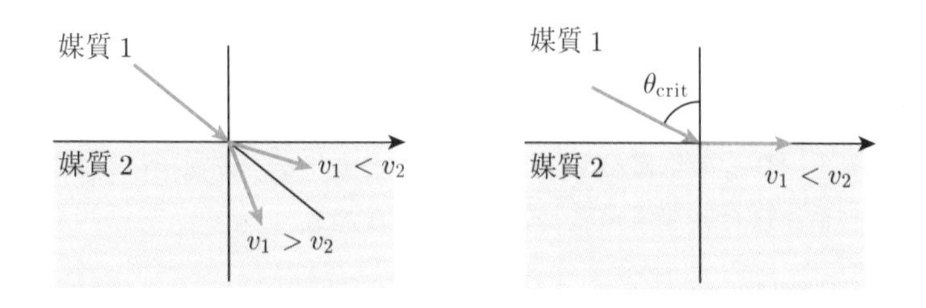

境界を通過した後の方が波が速くなる場合には，入射角 θ_I を徐々に大きくしていくと，屈折角が $\frac{\pi}{2}$ に達する θ_I の特定の値が存在する．これを**臨界角**と呼び，θ_{crit} で表す．このとき式 (9.26) より $\sin\theta_{\text{crit}} = \frac{v_1}{v_2}$ であり，臨界角は媒質中の波の速さで決まる．入射角が臨界角を超えると透過波は存在できなくなり，入射波は全て反射される．この現象を**全反射**と呼ぶ．

光は反射や屈折現象を身近に観察できるよい題材である．式 (10.32) に真空中の光速を示しているが，物質中では光速は実効的に遅くなる．真空中で光が進む速さを c，物質中で光が進む速さを v としたとき，$n = \frac{c}{v}$ を（絶対）**屈折率**と呼ぶ．媒質1, 2それぞれの屈折率を n_1, n_2 としたとき，式 (9.26) のスネルの法則は

$$\frac{\sin\theta_\text{I}}{\sin\theta_\text{T}} = \frac{n_2}{n_1} \tag{9.27}$$

と表される．

空気などの希薄な気体中を進む光では $v \approx c$ であり，$n \approx 1$ である．一方，水やガラスなどの物体中では光の進む速さは無視できないほど遅くなる．水の屈折率は $n \approx 1.33$，典型的なガラスの屈折率は $n \approx 1.5$ 程度である．

例題 9.3

光が水中から空気中に透過するとき，ガラス中から空気中に透過するとき，ガラス中から水中に透過するときのそれぞれの臨界角を求めよ．

【解答】 光が屈折率が n_1 の媒質 1 から n_2 の媒質 2 に向かって進むとき，入射角が臨界角 θ_{crit} に達すると屈折角が $\frac{\pi}{2}$ となるため，式 (9.27) より $\sin\theta_{\mathrm{crit}} = \frac{n_2}{n_1}$ が成り立つ．空気，水，ガラスの屈折率はそれぞれ 1, 1.33, 1.5 なので

$$（水 \to 空気）\quad \sin\theta_{\mathrm{crit}} = \frac{1}{1.33}, \qquad \theta_{\mathrm{crit}} \approx 48.8^\circ \tag{9.28}$$

$$（ガラス \to 空気）\quad \sin\theta_{\mathrm{crit}} = \frac{1}{1.5}, \qquad \theta_{\mathrm{crit}} \approx 42^\circ \tag{9.29}$$

$$（ガラス \to 水）\quad \sin\theta_{\mathrm{crit}} = \frac{1.33}{1.5}, \qquad \theta_{\mathrm{crit}} \approx 62^\circ \tag{9.30}$$

である． □

物理の目　ダイヤモンドの輝き

ダイヤモンドは $n \approx 2.42$ という非常に大きな屈折率を持つ．宝石の屈折率を測定することで，本物のダイヤモンドと模造品を判別することができる．また，屈折率が高いことからダイヤモンドと空気の間の臨界角は小さく（$\theta_{\mathrm{crit}} \approx 24.4^\circ$），ダイヤモンド内部に入射した光は全反射を生じやすくなる．全反射を何度も繰り返したのちにダイヤモンドの外に出る光には，10.2.2 節で見るような分散が大きく生じる．これがダイヤモンドが美しく輝く理由である．

9.4 波の重ね合わせとパターン

9.4.1 干　　渉

周期的な波の重ね合わせの結果，合成波に特徴的なパターンが生じることがある．例として，振幅 A，波長 λ，振動数 f が等しい 2 つの正弦波の重ね合わせを考えよう．下の図のように，x 軸の負の遠方と正の遠方から，それぞれ変位が $u_{\mathrm{R}}(x,t) = A\sin\left\{2\pi\left(\frac{x}{\lambda} - ft\right)\right\}$, $u_{\mathrm{L}}(x,t) = A\sin\left\{2\pi\left(\frac{x}{\lambda} + ft\right)\right\}$ で表される正弦波が進行して

くるものとする[1]．このときの合成波は，式 (8.42) を用いることで

$$u_{\mathrm{R}}(x,t)+u_{\mathrm{L}}(x,t)=2A\sin\frac{2\pi x}{\lambda}\cos(2\pi ft) \tag{9.31}$$

と表される．

$u_{\mathrm{R}}(x,t)$→弱 強 弱 強 弱 強 弱←$u_{\mathrm{L}}(x,t)$
x
$\frac{\lambda}{4}$ $\frac{\lambda}{4}$

式 (9.31) より，位置 x における合成波は，振幅が $\tilde{A}(x)\equiv 2A\left|\sin\frac{2\pi x}{\lambda}\right|$ で振動数が f の正弦的な振動であることがわかる．合成波の振幅は $\tilde{A}\left(x+\frac{\lambda}{2}\right)=\tilde{A}(x)$ を満たし，x について $\frac{\lambda}{2}$ の周期性を持つ．振幅が最大値 $\tilde{A}(x)=2A_0$ を取る位置では元の波よりも合成波の方が振幅は大きく，波の強め合いが生じている．一方，$\tilde{A}(x)=0$ となる位置では波は打ち消しあっており，弱め合いが生じている．この結果，上図に示すように，x 軸に沿って波が強めあう位置と弱めあう位置が等間隔に現れる．これは波の**干渉**と呼ばれる現象の一例である．

干渉は，一次元的に進行する正弦波に限らず，さまざまな波で生じる．下図は水面波の干渉の様子である．図の下部の中央付近の2つの波源から周期的な波が生じている．それぞれの波源から広がる波は，波源を中心とした円形の波面を持つが，それらの重ね合わせの結果，2つの波源付近から放射状に広がる模様が生じている．

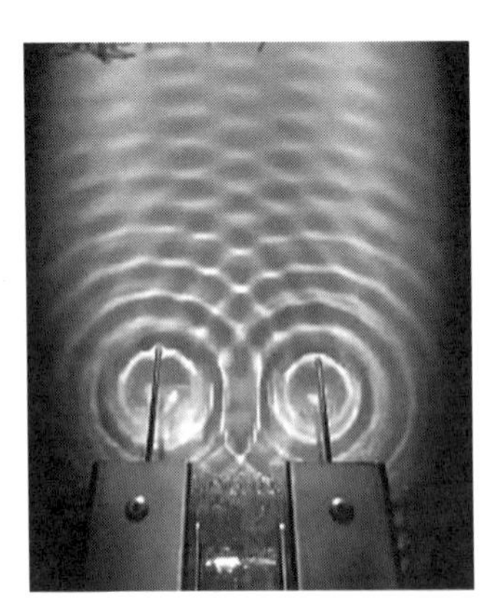

https://www.youtube.com/watch?v=xAfu0IKITh8 に
掲載の動画より作成（南晃氏（清風中学校・高等学校）提供）

[1] $u_{\mathrm{L}}(x,t)$, $u_{\mathrm{R}}(x,t)$ には初期位相を含めることもできるが，それらは x 座標と時刻 t の原点の取り方を変えることで，いつでもゼロにできる．

9.4.2 定常波

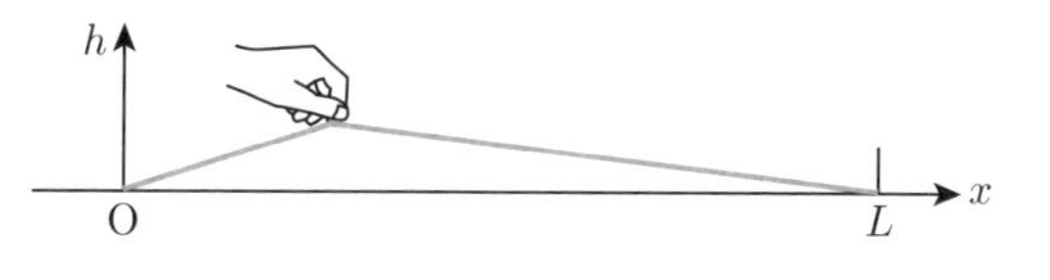

両端が固定された弦や，一定の長さの筒の中の空気（**気柱**）などでは，媒質の境界で変位が制限されることにより，振動に特徴的なパターンが生じる．具体例として，図のように $x = 0$ と L に両端が固定された弦を弾いたときに生じる波を考えよう．このときに生じた波の変位を $h(x, t)$，波が弦を伝わる速さを v とする．ある固定された時刻 t において，この波の波形を正弦関数によって展開しよう．任意の時刻で $h(0, t) = h(L, t) = 0$ が成り立つことを考慮すると，展開に含まれる正弦波の波長は $\frac{2L}{m}$（$m = 1, 2, \ldots$）となり，一般に

$$h(x, t) = \sum_{m=1}^{\infty} h_m(x, t)$$
$$= \sum_{m=1}^{\infty} A_m(t) \sin \frac{2\pi m}{2L} x \tag{9.32}$$

と書ける．ここで $h_m(x, t)$ は波長

$$\lambda_m = \frac{2L}{m}$$

を持つ正弦波を表し，$|A_m(t)|$ はその振幅である．一方，波長 λ_m の正弦波の振動数は $f_m = \frac{v}{\lambda_m} = \frac{vm}{2L}$ であるため，固定された位置 x で見たときの $h_m(x, t)$ は振動数 f_m で正弦的に振動する．以上より，$A_m(t)$ の関数形が決まり，

$$h_m(x, t) = a_m \sin\left(\frac{vm}{2L} t + \delta_m\right) \sin \frac{2\pi m}{2L} x \tag{9.33}$$

と書ける．ここで a_m と δ_m は時刻によらない定数である．

このようにして生じる波は，進行せずに一定の場所で振動することから**定常波**（あるいは**定在波**）と呼ばれる．右図には，例として $h_4(x, t)$ の 1 周期（$T_4 = \frac{1}{f_4}$）の時間変化の様子を表している．図の一番上は，$A_4(t)$ が最大値を取る時刻 t であり，時間が進むにつれ図の下の方に対応する．さまざまな時刻での変位を重ねると，右図の一番下のようになる．

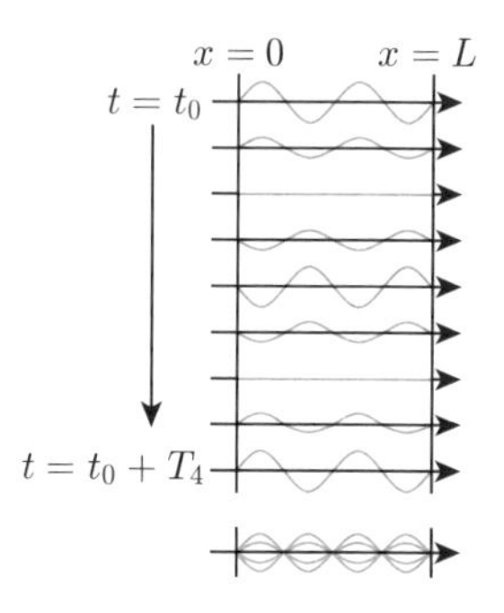

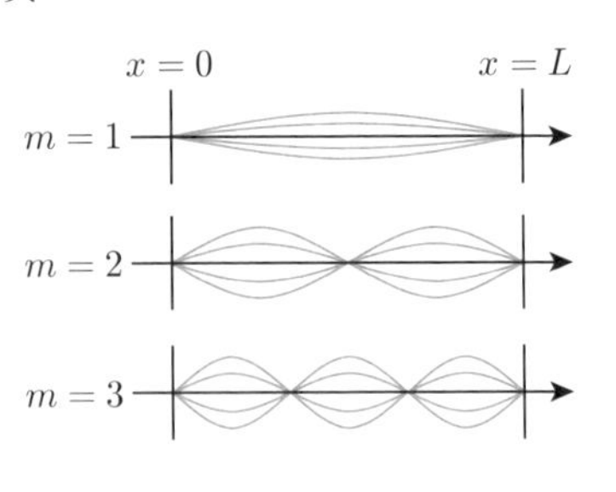

右図は $m=1,2,3$ に対応する h_m の振動の様子である．波長は m に反比例し，振動数は m に比例するため，定常波に含まれる正弦波の波長や振動数は離散的になる．それぞれの m に対応する振動 $h_m(x,t)$ を**モード**と呼び，特に $m=1$ の振動は**基本振動**と呼ばれる．図からもわかるように，定常波の各モードには，振動しない点が含まれる．これを定常波の**節**と呼び，$\sin\frac{2\pi x}{\lambda_m}=0$ を満たす位置に生じる．例えば，$m=2$ のモードでは $x=0,\frac{L}{2},L$ に節が生じる．一方，基本振動の $x=\frac{L}{2}$ の点や，$m=2$ のモードの $x=\frac{L}{4},\frac{3L}{4}$ などの点では振動が最も大きくなる．このような点を定常波の**腹**と呼び，$\sin\frac{2\pi x}{\lambda_m}=\pm1$ を満たす位置に生じる．

2次元や3次元の波の定常波は，弦の振動による定常波に比べて複雑なパターンを示す．下図は，薄い正方形の金属板の中心に外部から一定の振動数で外力を加えたときに，板に生じる様々な定常波の様子を可視化したもので，クラドニ図形と呼ばれる．板には砂が撒いてあり，定常波の腹では板の振動により砂が弾き飛ばされ，結果として定常波の節に砂が集まる．外力の振動数を変化させると，腹や節が生じる場所が様々に変化する．このような特徴的な模様が現れるのは，媒質である板が境界を持つことに由来する．

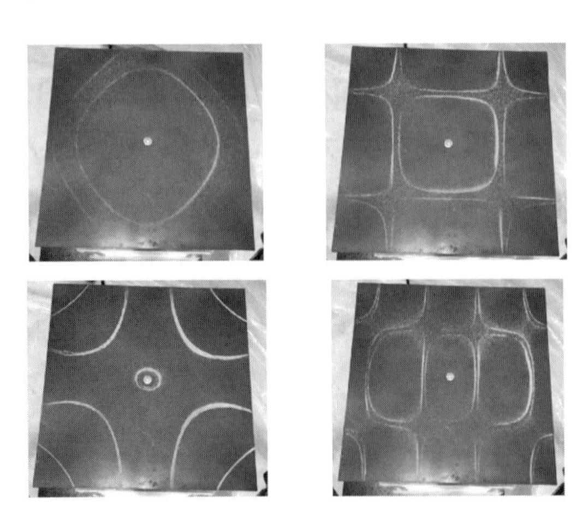

https://www.mirai-kougaku.jp/laboratory/pages/181012_03.php に掲載の動画より作成（金沢大学理工学域提供）

演 習 問 題

演習 9.1　下図は，昼間に水面付近に浮かぶダイバーを水中から撮影した写真である．この写真のように，水面の中央が明るく，その周囲が暗く見える現象をスネルの窓と呼ぶ．なぜこのように明るい領域と暗い領域が生じるのかを説明せよ．また，暗い領域は鉛直方向からの視線の傾きが何度以上の場所に生じるかを求めよ．

演習 9.2　x 方向に伸びた弦がそれと垂直な y 方向に振動している．弦は $x=0$ と L で固定されており，振動数 f，周期 $T=\frac{1}{f}$ で定常波を生じている．下の図は定常波の振動の様子を表しており，時刻 $t=0$ から T まで，$\frac{T}{8}$ 間隔での弦の変位を重ねて表示したものである．位置 $x=\frac{L}{6}$ における弦の変位は $t=0$ で最大値 A を取ったものとする．このとき，$x=\frac{L}{6},\frac{L}{3},\frac{L}{2}$ のそれぞれの位置における以下の値を答えよ．ただし，速度については正，負，0 のいずれかを答えれば良い．

(1)　$t=\frac{T}{4}$ での弦の変位

(2)　$t=\frac{T}{4}$ での弦の y 方向の速度

(3)　$t=\frac{T}{2}$ での弦の変位

(4)　$t=\frac{T}{2}$ での弦の y 方向の速度

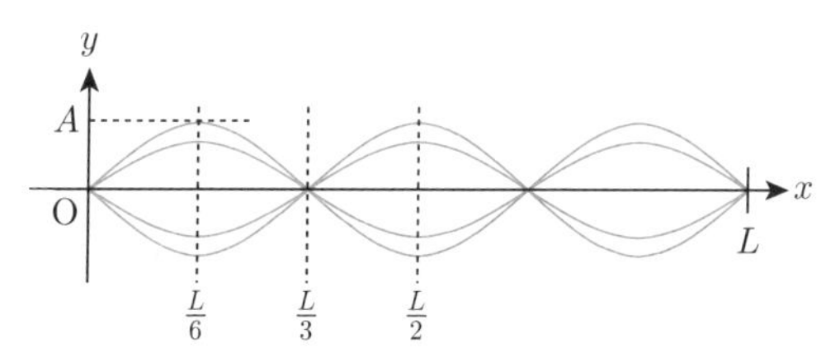

演習 9.3 〈Advanced〉

(1)　波形が $f(x)=A\sin\frac{2\pi x}{\lambda}$ で表される正弦波が，線密度 σ の弦を速さ v で伝わっている．この正弦波が運ぶ単位長さあたりの力学的エネルギー密度 $\mathcal{E}(x,t)$ を求めよ．また，この正弦波の 1 周期に含まれるエネルギーを E_λ とする．E_λ を振幅 A，弦の質量 $M_\lambda=\sigma\lambda$，および振動数 f を用いて表せ．

(2)　式 (8.38) の波形を持つ波が線密度 σ の弦を速さ v で伝わっている．この波が運ぶ単位長さあたりの力学的エネルギー密度 $\mathcal{E}(x,t)$ を求めよ．また，$\mathcal{E}(x,0)$ を $x=0$ から $x=L$ まで足し合わせたときのエネルギーを E_L としたとき，$A_n=\sqrt{a_n^2+b_n^2}$，$f_n=\frac{mv}{L}$, $M_L=\sigma L$ を用いて $E_L=\sum_{n=1}^{\infty}\frac{1}{2}M_LA_n^2(2\pi f_n)^2$ が成り立つことを示せ．［HINT: 第 8 章の演習 8.2 の公式を用いること．］

第10章

音と光の波

この章では，身近な波である音と光について学ぶ．熱力学の知識を使って，音速の温度依存性を導く．また，音の重ね合わせにより干渉やうなりが生じること，楽器が発する音波のスペクトルの特徴が定常波から理解されることを示す．目に見える光（可視光）は特定の波長領域の電磁波である．物質中の光は波長によって進む速度が異なり，プリズムなどを通過した光は波長ごとに分かれる．大気光学現象である虹も，空気中の水滴が引き起こす分散によって説明される．

10.1 音　波

10.1.1 音　速

音波は，空気の圧力や密度に平衡状態からの変位が生じ，それが波として伝わっていく現象である．位置 $\vec{r}$，時刻 t での気体の圧力を $p(\vec{r},t)$，密度を $\rho(\vec{r},t)$ としよう．以下では平衡状態での圧力および密度を p_0, ρ_0 とし，圧力と密度の変位を

$$\Delta p(\vec{r},t) = p(\vec{r},t) - p_0, \qquad \Delta\rho(\vec{r},t) = \rho(\vec{r},t) - \rho_0 \tag{10.1}$$

と表す．

一定量の気体が体積を変化させると，その圧力や密度も変化する．平衡状態において体積 V_0 の領域に含まれる一様な一定量の気体に注目し，その気体の体積が $V_0 + \Delta V$ に変化したとする．気体の圧力は示強変数であり，示量変数である体積には $\frac{\Delta V}{V_0}$ を通じて依存する．単位体積あたりの変化量が小さく $\frac{\Delta V}{V_0} \ll 1$ が成り立つとき，圧力の変化は $\frac{\Delta V}{V_0}$ の一次の項に比例し

$$\Delta p = -K\frac{\Delta V}{V_0} \tag{10.2}$$

と書ける．ここで比例定数 $K > 0$ を**体積弾性率**と呼ぶ．例えば，体積が増加するとき $\Delta V > 0$ であるが，このとき気体の圧力は減少し $\Delta p < 0$ となる．式 (10.2) の右辺のマイナス符号は，両者の符号の違いを反映している．

圧力と密度の関係を見ていこう．位置 $\vec{r}$ 近傍の微小な領域の気体の体積が，平衡状態では V_0 であり，それが時刻 t では $V(\vec{r},t) = V_0 + \Delta V(\vec{r},t)$ にわずかに変化したとしよう．体積 V_0 中の気体の質量を m とすると，密度の定義により $m = \rho_0 V_0 = \rho(\vec{r},t)V(\vec{r},t)$ が成り立つ．よって

$$\rho_0 + \Delta\rho = \frac{m}{V_0 + \Delta V} \approx \frac{m}{V_0}\left(1 - \frac{\Delta V}{V_0}\right) \tag{10.3}$$

が成り立つ．ここで近似の公式 (4.55) を用いた．いま，$\rho_0 = \frac{m}{V_0}$ であるため

$$\Delta\rho = -\rho_0 \frac{\Delta V}{V_0} = \frac{\rho_0}{K}\Delta p \tag{10.4}$$

が得られる．微小な体積変化に対して K は定数と考えてよく，Δp と $\Delta\rho$ は比例する．

音波の変位は Δp や $\Delta\rho$ である．両者は比例するため，音を記述する際にはどちらに着目してもよい．音波に関する媒質の性質は，体積弾性率 K と気体の密度 ρ_0 で決まる．音波の進む速さである音速 v は

$$v = \sqrt{\frac{K}{\rho_0}} \tag{10.5}$$

で与えられる．

〈**Advanced**〉 気体の運動方程式から，音波の波動方程式と音速の表式 (10.5) を導くことができる．ここでは，細長い筒の中に入った気体を平面波の音波が 1 次元的に伝わる場合を考え，それらを導こう．

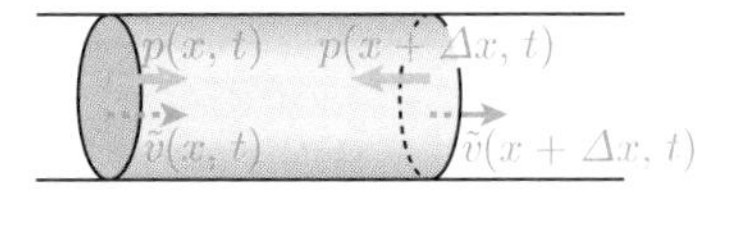

断面積 S の筒に沿った位置座標を x とし，ある時刻 t に位置 x から $x + \Delta x$ の微小な領域に存在している一定量の気体に注目する．気体の両端の断面は，それぞれ x 方向に速さ $\tilde{v}(x,t)$ および $\tilde{v}(x+\Delta x,t)$ で運動するとしよう．この気体の質量は $\rho S \Delta x$ であり，時刻 t に気体にはたらく力は，x の正の向きを正として，圧力差 $p(x,t) - p(x+\Delta x,t) = \Delta p(x,t) - \Delta p(x+\Delta x,t)$ によって生じる．気体の x 方向の加速度は $\frac{\partial\tilde{v}}{\partial t}$ であるため，運動方程式は微小量の 1 次のオーダーで

$$S(\Delta p(x,t) - \Delta p(x+\Delta x,t)) = \rho_0 S\Delta x \frac{\partial}{\partial t}\tilde{v}(x,t) \tag{10.6}$$

と表される．両辺を $S\Delta x$ で割って，$\Delta x \to 0$ の極限を考えると

$$-\frac{\partial \Delta p}{\partial x} = \rho_0 \frac{\partial \tilde{v}}{\partial t} \tag{10.7}$$

を得る．

時刻が $t \to t + \Delta t$ に変化すると，一定量の気体のかたまりの端は距離 $\tilde{v}\Delta t$ だけ移動し，その体積は $S\{\Delta x + (\tilde{v}(x+\Delta x, t) - \tilde{v}(x,t))\Delta t\}$ に変化する．気体の質量は時間によらず一定であるため

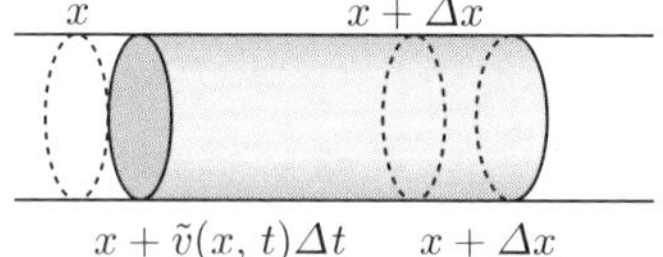

$$\rho(x,t)S\Delta x = \rho(x,t+\Delta t)S\{\Delta x + (\tilde{v}(x+\Delta x,t) - \tilde{v}(x,t))\Delta t\} \tag{10.8}$$

が成り立つ．これを整理すると $-(\Delta\rho(x, t+\Delta t) - \Delta\rho(x, t))\Delta x = \rho(x, t+\Delta t) \times (\tilde{v}(x+\Delta x, t) - \tilde{v}(x,t))\Delta t$ である．両辺を $\Delta x \Delta t$ で割り，$\Delta x \to 0$ と $\Delta t \to 0$ の極限を取ると，微小量の一次で

$$-\frac{\partial \Delta\rho}{\partial t} = \rho_0 \frac{\partial \tilde{v}}{\partial x} \tag{10.9}$$

を得る．

式 (10.7) と (10.9) から $\tilde{v}$ を消去すると，$\frac{\partial^2 \Delta p}{\partial x^2} - \frac{\partial^2 \Delta\rho}{\partial t^2} = 0$ が得られる．式 (10.4) が成り立つので，$\Delta\rho$ を消去すると

$$\frac{\partial^2 \Delta p}{\partial x^2} - \frac{\rho_0}{K}\frac{\partial^2 \Delta p}{\partial t^2} = 0 \tag{10.10}$$

である．これは式 (8.21) の形の波動方程式であり，この波の伝わる速さが $v = \sqrt{\frac{K}{\rho_0}}$ であることがわかる．

例題 10.1

音波の伝播に伴って気体の圧力や体積が変化するのにかかる時間は，気体が熱を伝えるのにかかる時間に比べてずっと短く，音は気体が断熱的に変化する現象だとみなせる．1気圧の空気中で式 (10.2) の体積弾性率はどのような値になるだろうか？ ただし，空気は2原子分子理想気体として扱うこと．

【解答】 理想気体の準静的断熱変化では，圧力と体積はポアソンの関係式 (6.47) を満たし

$$p_0 V_0^\gamma = (p_0 + \Delta p)(V_0 + \Delta V)^\gamma \tag{10.11}$$

が成り立つ．ここで γ は比熱比で，2原子分子気体では $\gamma \approx 1.4$ である．両辺を $p_0 V_0^\gamma$ で割り，近似の公式 (4.55) を用いると

$$1 = 1 + \frac{\Delta p}{p_0} + \gamma \frac{\Delta V}{V_0} \tag{10.12}$$

を得る．ここで Δp と ΔV の積は他の項に比べ十分小さいので無視した．以上より

$$\Delta p = -\gamma p_0 \frac{\Delta V}{V_0} \tag{10.13}$$

が成り立つ．これと式 (10.2) とを見比べることで体積弾性率 $K = \gamma p_0$ を得る．1 気圧の場合

$$K = 1.4 \times 10^5\ \mathrm{Pa} \tag{10.14}$$

となる．□

空気を 2 原子分子理想気体として近似することで，音速の温度依存性を導くことができる．上の例題で見たように $K = \gamma p_0$ であるため，式 (10.5) より音速は $v = \sqrt{\frac{\gamma p_0}{\rho_0}}$ で与えられる．空気の体積を V_0，温度を T_0 とすると，理想気体の密度の式 (5.11) より $\frac{\rho_0}{p_0} = \frac{RT_0}{\bar{M}}$ が成り立つ．ここで $\bar{M} \approx 29\ \mathrm{g/mol}$ は空気のモル質量である．また，温度を $T_0 = (273 + t)\ \mathrm{K}$ と表したとき，t は摂氏で測った温度の値に対応している．以上を用いて $v = \sqrt{\frac{\gamma RT_0}{\bar{M}}} = \sqrt{\frac{1.4\cdot 8.31\cdot(273+t)}{2.9\times 10^{-2}}}\ \mathrm{m/s} \approx 331\left(1 + \frac{t}{273}\right)^{\frac{1}{2}}\ \mathrm{m/s}$ を得る．$\frac{t}{273} \ll 1$ のとき，近似の式 (4.55) を用いて

$$v \approx (331 + 0.6t)\ \mathrm{m/s} \tag{10.15}$$

を得る．温度が高いと音速は上昇する．

音速の式 (10.5) は空気中のみならず水中でも成り立つ．常温での水の体積弾性率と密度

$$K \approx 2.2 \times 10^9\ \mathrm{Pa}, \qquad \rho_0 \approx 1.0 \times 10^3\ \mathrm{kg/m^3} \tag{10.16}$$

より，水中の音速

$$\begin{aligned} v &= \sqrt{\frac{K}{\rho_0}} \\ &\approx \sqrt{2.2 \times 10^6}\ \mathrm{m/s} \\ &\approx 1500\ \mathrm{m/s} \end{aligned} \tag{10.17}$$

を得る．この値は空気中よりもずっと大きい．

10.1.2　人間が感じる音

私たちが音を耳にするとき，音程（音の高さ），大きさ，音色などで音を区別することができる．これらを**音の三要素**と呼ぶ．

私たちが感じる音程は，正弦波の振動数に対応する．複雑な波形を持つ音の音程は，波形のスペクトルに主要な寄与をする正弦波の振動数に対応する．

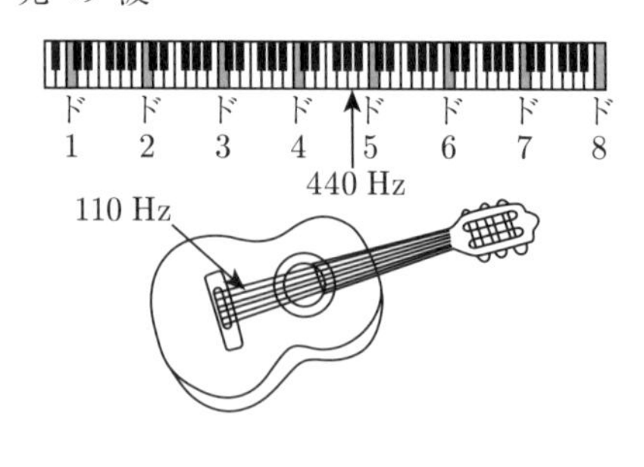

楽器やオーケストラの調音の基準には，440 Hz や 442 Hz の振動数が用いられる．この振動数は，右図に示しているピアノの鍵盤（A4）の音程に対応する．私たちは，振動数が高い音ほど音程が高く，振動数が低い音ほど音程が低いと感じる．振動数が2倍になると音程は1オクターブ上がり，振動数が半分になると音程は1オクターブ下がる．例えば，440 Hz の2オクターブ下のラの音に対応する振動数は $\frac{1}{2^2} \times 440\,\mathrm{Hz} = 110\,\mathrm{Hz}$ である．これは，標準的なギターの2番目に太い弦を弾いたときの音程に対応する．

室温における音速はおよそ 340 m/s であり，式 (8.37) を用いると，振動数 f の音の波長 λ は $\lambda = \frac{340\,\mathrm{m/s}}{f}$ と表される．例えば，基準の音として用いられる 440 Hz の音の波長は 72 cm である．また，女性の話し声の音の高さは典型的には 1 kHz 程度であり，その波長は 34 cm である．

物理の目　ドレミの振動数

振動数 f の基準の音程に対して振動数 af（$1 < a < 2$）の音程は，基準の音とその1オクターブ上の間に含まれている．適当な a の値により1オクターブを分割して音程を定めることは，音楽を記述したり演奏したりする上で根本的な問題である．1オクターブの分割にはさまざまな試みの歴史があり，古くは紀元前のピタゴラスにまで遡ることができる．現代では，標準的には1オクターブを12の半音階で均等に分割する．すなわち，基準の振動数 f に対して，半音階上の音の振動数を $a_{平均}f$ であるとし，半音階上昇を12回繰り返すと1オクターブになるように $a_{平均}^{12}f = 2f$ と定める．これを解くと $a_{平均} = 2^{\frac{1}{12}} \approx 1.05946$ であり，このようにして定める半音階を平均律と呼ぶ．

音に対する人間の耳の感度は振動数によって変化する．20 Hz より低い振動数や 20 kHz より高い振動数の音を聴き取るのは極めて難しい．およそ 20 Hz から 20 kHz の範囲を**可聴域**と呼ぶ．20 kHz よりも高いような，人間の耳では聴くことができない振動数の音を**超音波**と呼ぶ．一般に，年齢を重ねるほど高い振動数の音に対する感度が低下し，20 kHz に近い高い振動数を持つ音（モスキート音）は年齢が低い人だけが聴きとることができる．

音の大きさは，圧力の変位 Δp の大きさと関係している．音の大きさを表す単位として dB（デシベル）が用いられる．圧力の変位の振幅が P である純音のデシベ

ル値は，10 を底とする対数 $\log_{10}$ を用いて

$$L = 10\log_{10}\frac{P_{\mathrm{eff}}^2}{P_{\mathrm{thr}}^2}\ \mathrm{dB}, \qquad P_{\mathrm{eff}} = \frac{P}{\sqrt{2}}, \qquad P_{\mathrm{thr}} = 2.0\times 10^{-5}\ \mathrm{Pa} \tag{10.18}$$

と定義されている．P_{eff} は実効的な振幅の大きさであり，P_{thr} は人間が耳で聴き取ることが可能な最小の音量の圧力に対応している．通常の会話の典型的な音量は 50 dB である．地下鉄や電車が走る音を間近で聴くと 100 dB 程度の音になることがある．音量が 110 dB を超える音は，強い不快感や耳への損傷を与える危険性を持つ．

人間が感じる音の音色は，音の高さや大きさに比べ，複雑で曖昧な概念である．一般に音波の波形のスペクトルが変わると，音色の感じ方が変化する．例えば，シンセサイザーという楽器のなかには，音波の波形として正弦波，三角波，矩形波などを選ぶことで，音色を変える機能を持つものがある．

物理の目　反響定位

音の反射を使って位置情報を得ることを，反響定位（エコーロケーション）と呼ぶ．一般に，波長よりもずっと小さいサイズの物体は波の進行にほとんど影響を与えないため，反響定位の解像度は波長と関係する．例えば，コウモリは超音波による反響定位で暗闇でも周囲の情報を得ている．コウモリが発する超音波の典型的な振動数は 40 kHz から 100 kHz 程度であり，対応する空気中での波長は 8.5 mm から 3.4 mm である．これはコウモリが餌とする昆虫のサイズにだいたい対応している．また，超音波診断装置（エコー）は，体の外から内に向けて音波を発し，その反響音を測定して体内の様子を画像化する反響定位の一例である．体の主要な組成は水分であり，1500 kHz の超音波を用いると，対応する水中の音波の波長は 1 mm 程度となる．超音波診断装置では，高い振動数の超音波を用いるほど体内の細かな構造を見ることが可能だが，一方で振動数が高い波は体内の深いところまで届きにくい．

10.1.3　音の伝わり方

空気中に音波が生じるには，気体の圧力や密度に初期変位を与える音源（または発音体）の運動が必要となる．例えば，ギターに張られた弦を振動させると，弦に生じた波は直接的に，あるいは弦が張られているギター本体の振動を通じて，周囲の空気を振動させる．こうしてギターを音源として空気に生じた圧力や密度の変位が，音波として周囲に伝わっていく．音波のスペクトルは，しばしば音源の構造や特徴を反映する．10.1.5 節では，弦や気柱が音源の場合の音波のスペクトルの特徴を説明する．

音源から発せられた音が，十分に広い空間で等方的に広がっていくとき，音は9.3.1節で述べた球面波とみなせる．それゆえ，変位の大きさは音源からの距離rに反比例して減衰する．

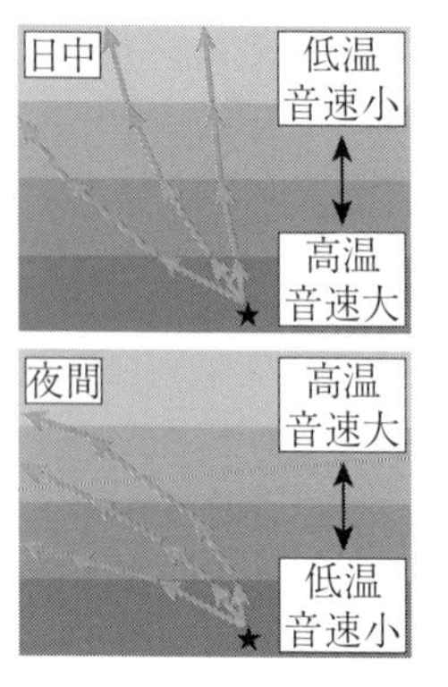

大気中では空気の温度が位置によって連続的に変化し，それに伴って音速も連続的に変化する．9.3.2節では2つの媒質で波の伝わる速さが異なる場合に生じる屈折を議論したが，速さが連続的に変化する場合は，波の速さが異なるいくつもの薄い媒質が複数重なったものと考えることで屈折の様子を理解することができる．例えば，晴れた日の日中は，地表が太陽の光で温められるため，上空よりも地表付近の方が空気の温度が高くなる．一方，寒い日の夜などは，逆に地表付近の温度が下がり，上空の空気の温度が高くなる．右図には，日中と夜間それぞれの場合に，地表付近の星印から発せられた音が進む向きを模式的に表している．地表の気温が高い場合，音は地表から遠ざかる向きに曲がり，地表の気温が低い場合，音は地表に近づく向きに曲がる．この現象によって，寒い日の夜などに，遠くで鳴った音が普段よりも大きく聴こえることがある．

10.1.4 音の干渉とうなり

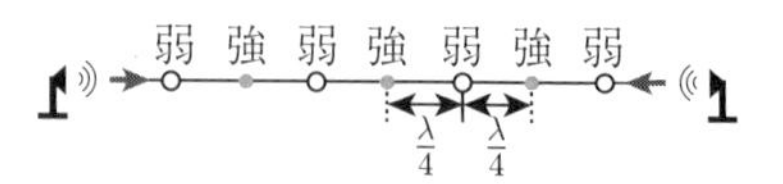

振幅，波長，振動数が等しい2つの正弦波を重ね合わせると，9.4.1節で見たように干渉が生じる．具体例として，右図のように左右に設置されたスピーカーから同じ振動数，同じ振幅の正弦波の平面波が発せられている場合を考えよう．このとき干渉が生じ，スピーカーの間には音の強め合う点と弱め合う点が交互に現れる．例えば，100 Hzの音波の波長は3.4 m程度であり，このとき，隣り合う強め合う点と弱め合う点の間隔はおよそ$\frac{\lambda}{4} = 85\,\mathrm{cm}$である．

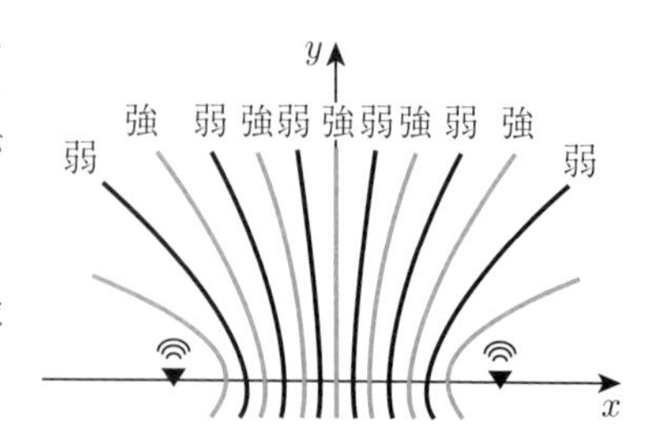

〈**Advanced**〉 音波が球面波として広がっていく場合にも干渉が生じる．例えば，右図は2つのスピーカーから同じ振幅・振動数の球面波が出るときの音の干渉を表している．2つのスピーカーは，$z=0$のx–y平面上の$(x,y)=\left(\pm\frac{L}{2},0\right)$で，同じ振幅と同じ振動数で正弦的に振動し，球面波を発しているとする．このとき，2つのスピーカーから等距離の点，すなわちy軸上では，

2 つの音は常に同位相で届き，音は強め合う．一般に，点 $\left(\frac{L}{2},0\right)$ と，点 $\left(-\frac{L}{2},0\right)$ からの距離の差の大きさが d（$0<d<L$）を満たす点 (x,y) は双曲線をなし，条件式 $\sqrt{\left(x+\frac{L}{2}\right)^2+y^2}-\sqrt{\left(x-\frac{L}{2}\right)^2+y^2}=d$ の解である．式を整理すると，双曲線上の座標が満たす条件式として $\frac{x^2}{d^2}-\frac{y^2}{L^2-d^2}=\frac{1}{4}$ を得ることができる．$d=n\frac{\lambda}{2}$（$n=1,2,\ldots$）では，2 つのスピーカーから届く音の位相差はゼロになるため，音は強め合っている．一方，$d=\left(n-\frac{1}{2}\right)\frac{\lambda}{2}$ では，位相差は π となり，2 つの音は弱め合う．その結果，上の図のように強め合いと弱め合いの位置のパターンが生じる．なお，球面波の場合，音源からの距離が遠いほど振幅が減衰するため，弱め合う点で 2 つのスピーカーから届く音の振幅は一般には異なり，重ね合わせた音の変位が完全にゼロになるわけではないことに注意しよう．

次に，静止した観測者がわずかに異なる振動数を持つ 2 つの純音を同時に観測する場合を考えよう．簡単のため，この 2 つの純音の振幅は等しいとする．それぞれの音波の変位 $\Delta p_i(t)$（$i=1,2$）は，時刻の原点を適当に選ぶことで，$\Delta p_1(t)=P_0\sin(2\pi f_1 t)$, $\Delta p_2(t)=P_0\sin(2\pi f_2 t+\delta)$ と表すことができる．観測される合成波は，式 (8.42) を用いることで

$$\Delta p_1(t)+\Delta p_2(t)=2P_0\cos\left(\pi\varepsilon t-\frac{\delta}{2}\right)\sin\left(2\pi\tilde{f}t+\frac{\delta}{2}\right) \tag{10.19}$$

となる．ここで，振動数の差 $f_1-f_2=\varepsilon$（イプシロン）および平均 $\frac{f_1+f_2}{2}=\tilde{f}$ を表す記号を導入した．

いま，f_1 と f_2 はわずかに異なることから，$|\varepsilon|\ll\tilde{f}$ が成り立つ．それゆえ，式 (10.19) の合成波はゆっくりと変化する振幅 $\tilde{P}(t)=2P_0\sin\left(\pi\varepsilon t+\frac{\delta}{2}\right)$ を持った振動数 $\tilde{f}$ の正弦波のように振る舞うことが理解される．この波の変位は図のグラフのようになる．図中の細かい振動は振動数 $\tilde{f}$ の波に相当し，振幅は $\frac{1}{|\varepsilon|}$ の周期で変化している．このようにして生じる $\frac{1}{|\varepsilon|}$ の周期の波を**うなり**と呼ぶ．例えば，440 Hz の音と 442 Hz の音を同時に鳴らしたとき，$\varepsilon=2$ Hz なので 0.5 s 周期で音の大きさが変化するうなりを聞くことができる．うなりによってわずかな振動数の違いを耳で感じることができるため，うなりを聴きながら楽器の音合せなどが行われる．

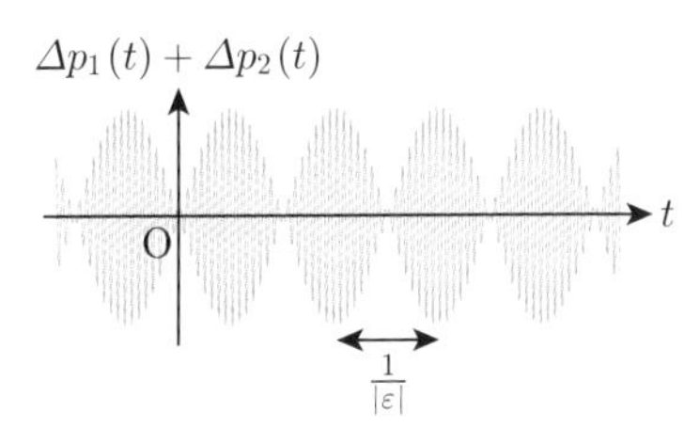

10.1.5 楽器の音のスペクトル

単一の正弦波で変位が表される純音に対して，さまざまな振動数の正弦波が同じ強度でまんべんなく含まれる波形の音は**白色雑音**（ホワイトノイズ）と呼ばれる．身の回りのほとんど全ての音は純音でも白色雑音でもなく，複雑な波形を持つ．こうした波形の特徴は，8.8節で見たように，スペクトルによって記述できる．

右図には，ギターとフルートが出す音のスペクトルを示している．横軸は音に含まれる正弦波の振動数であり，縦軸は対応する正弦波の振幅の2乗を対数目盛で表示したものである．これらはいずれも特定の振動数で振幅が大きな値を取る離散的なスペクトルを持つ．このスペクトルの特徴は楽器の発音の機構によって決まる．

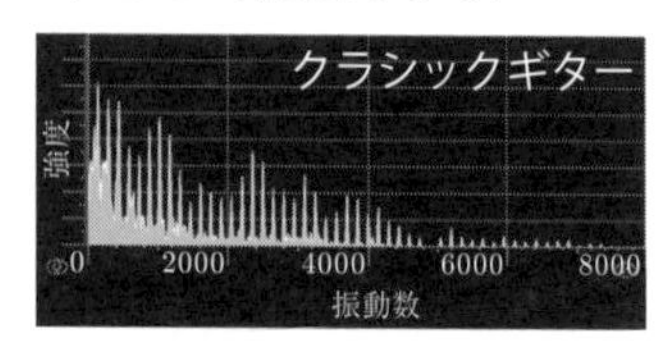

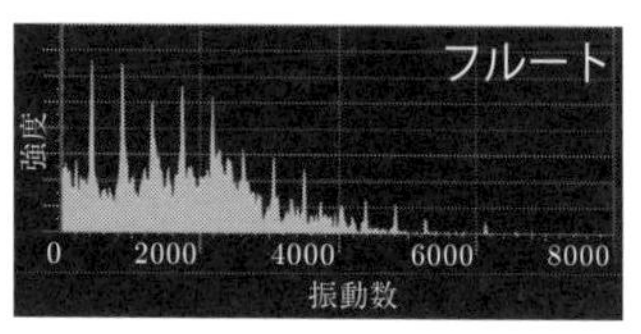

ギターは両端が固定された弦の振動によって音を生じており，9.4.2節で見たように，弦には定常波が生じる．ギターの弦の長さを L とすると，m 番目のモードの波長は $\lambda_m = \frac{2L}{m}$ である．弦を伝わる波の速さを v とすると，基本振動（$m = 1$）の振動数（基本振動数）は $f_1 = \frac{v}{2L}$ であり，m 番目のモードの振動数は $f_m = mf_1$ のように基本振動数の整数倍となる．弦を弾くと，一般にはさまざまなモードが同時に生じる．それゆえ，スペクトルは基本振動数の整数倍の振動数でピークを持ち，離散的になる．

フルートの音は，両端が開いた筒の中の気柱内を1次元的に伝わる平面音波によって生じているとみなせる．気柱の端では空気の圧力は気柱の外の圧力と等しく，気柱の端の付近での圧力の変位は近似的にゼロとなる．よって，フルートに息を吹きこむと気柱の両端に節を持つ定常波が生じる．この両端の節から節までの長さを L とし，音速を v とすると，定常波に含まれる振動数の表式は弦の場合と同じで $f_1 = \frac{v}{2L}$ と整数 m を用いて $f_m = mf_1$ のように書ける．それゆえ，弦のときと同様に，気柱振動のスペクトルも基本振動数の整数倍の振動数でピークを持ち，離散的になる．

〈**Advanced**〉 気柱に定常波が生じるとき，筒の開口端には圧力変位の節が現れるが，厳密にはこの節が生じる位置は筒の端と一致するのではなく，筒の半径程度の距離だけ筒の外部にずれる．このずれのことを**開口端補正**と呼ぶ．筒の長さに比べて筒の口径が十分小さいとき，開口端補正は近似的に無視できる．

例題 10.2

ギターから発せられる音の振動数は，弦の張力によって変化する．密度 $\rho = 7.9\times10^3\,\mathrm{kg/m^3}$ の鉄でできた直径 $D = 0.25\,\mathrm{mm}$ の弦が，ギターに $L = 0.65\,\mathrm{m}$ の長さで張られている場合を考えよう．これは，標準的なギターに用いられる 6 本の弦のうち，最も細いものに対応している．この弦の基本振動数が $f = 330\,\mathrm{Hz}$ となるために必要な張力 T を求めよ．

【解答】 10.1.5 節で見たように，長さ L で張られた弦の基本振動の波長は $\lambda = 2L$ である．また，弦を伝わる波の速さは式 (8.16) より $v = \sqrt{\frac{T}{\sigma}}$ である．いま，単位長さあたりの弦の質量が $\sigma = \rho\pi\left(\frac{D}{2}\right)^2$ と書けることに注意すると，振動数と波長の関係式 (8.37) より

$$f = \frac{v}{\lambda} = \frac{1}{2L}\sqrt{\frac{T}{\rho\pi\left(\frac{D}{2}\right)^2}} \tag{10.20}$$

が成り立つ．これを整理すると

$$T = \pi\rho f^2 L^2 D^2 \approx 71\,\mathrm{N} \tag{10.21}$$

を得る．これはおよそ 7.2 kg の物体を持ち上げるのに必要な力の大きさと等しい．

□

物理の目　定常波と倍音

振動数 f と $2f$ の音の間の音程を音楽用語で 1 オクターブと呼んだ．他にも，振動数 $2f$ と $3f$ の音の間の音程は完全 5 度，振動数 $3f$ と $5f$ の音の間の音程は純正長 6 度，振動数 $4f$ と $5f$ の音の間の音程は純正長 3 度，などと呼ばれる．弦や気柱に発生する定常波には基本振動の整数倍の振動数の純音が含まれていることから，上にあげた全ての音程が同時に含まれる．

10.1.6 ドップラー効果

音源から発せられた音が観測者に届くとき，音源や観測者の運動によって観測される音の振動数に変化が生じる．この現象を**ドップラー効果**と呼ぶ．例えば，救急車が近づいて来るときと遠ざかるときで聴こえるサイレンの音程が異なるのはドップラー効果によるものである．

まず簡単のため，音源（Source）と観測者（Listener）が1次元上を等速で運動するときにどのようにドップラー効果が生じるかを見てみよう．右図のように，x 軸上を音源と観測者がそれぞれ一定の速度 $V_{\mathrm{S}}, V_{\mathrm{L}}$ で運動する状況を考える．$V_{\mathrm{S,L}} > 0$ は x 軸の正の向き，$V_{\mathrm{S,L}} < 0$ は x 軸の負の向きの運動を表す．音源は一定の振動数 f_0，周期 $T = \frac{1}{f_0}$ で正弦的に振動し，球面波を発している．この座標系は媒質に対して静止していて，音源から発せられた波面は速さ v で等方的に広がっていく．このとき，観測者が観測する振動数 f は f_0 から変化する．

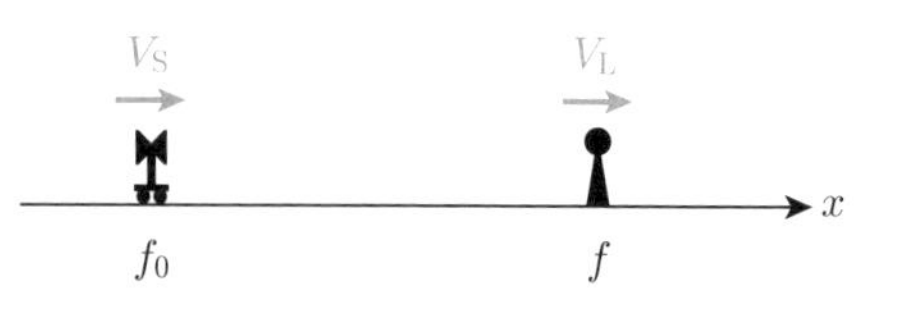

最初に，音源の運動により波長が変化することを見てみよう．右図は，時刻 t_0 に位置 x_0 にいる音源が発した波面が時刻 $t_0 + T$ にどこにあるかを表している．このときの波面は x_0 を中心とした半径 vT の球面をなす．また，音源はこの間に位置 $x_0 + V_{\mathrm{S}}T$ まで移動し，この時刻に再度同位相の波面を発する．

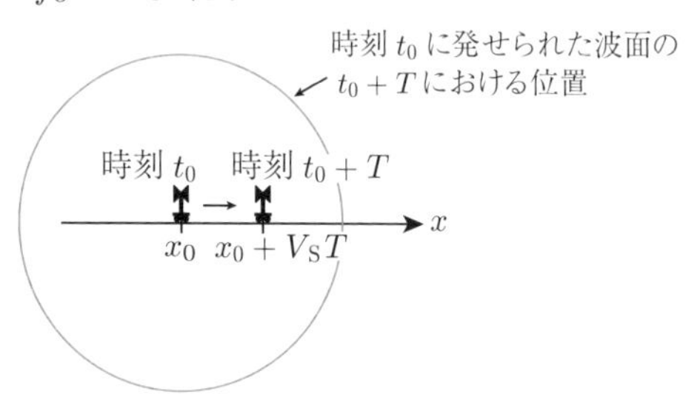

以上より，音源が発する同位相の波面は右図のようになり，$x > 0$ の向きに伝わる球面波の波長は $(v - V_{\mathrm{S}})T$，$x < 0$ の向きに伝わる球面波の波長は $(v + V_{\mathrm{S}})T$ に変化する．この球面波が速度 V_{L} で運動する観測者に届き，振動数 f が観測される．図のように，音源よりも x 座標が大きい位置で観測者が波面を観測すると，観測者から見て波面の進む速度は $v - V_{\mathrm{L}}$ となる．よって，波長 $(v - V_{\mathrm{S}})T$ の波が単位時間あたり $v - V_{\mathrm{L}}$ だけ進行し，観測される振動数は

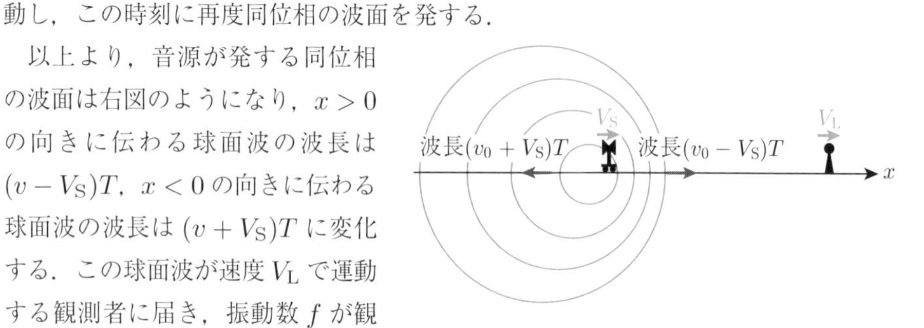

$$f = \frac{v - V_{\mathrm{L}}}{(v - V_{\mathrm{S}})T} = \frac{v - V_{\mathrm{L}}}{v - V_{\mathrm{S}}} f_0 \tag{10.22}$$

となる．また，逆に音源よりも x 座標が小さい位置で観測者が波面を観測すると，観測される振動数は

$$f = \frac{v + V_{\mathrm{L}}}{(v + V_{\mathrm{S}})T} = \frac{v + V_{\mathrm{L}}}{v + V_{\mathrm{S}}} f_0 \tag{10.23}$$

となる．式 (10.22) および式 (10.23) は，$V_{\mathrm{L,S}}$ の符号によらず成り立つ．どちらの場合も，$V_{\mathrm{L}} = V_{\mathrm{S}}$，すなわち音源と観測者の相対速度がゼロであれば $f = f_0$ となり，ドップラー効果は生じない．

例題 10.3

静止した媒質中を，振動数 f_0 の音源が一定の速さで進んでいる場合を考えよう．音源は x 方向に進んでおり，図は音源の運動と，原点から等距離にいる静止した観測者 $\mathrm{I} = \mathrm{A}, \mathrm{B}, \mathrm{C}, \mathrm{D}, \mathrm{E}$ とを x-y 平面上に図示したものである．青い実線は，位相が等しい 5 つの波面のある時刻における位置を表し，x 軸上の 1 から 5 の各点はそれぞれ 1 から 5 の波面が発せられた時刻での音源の位置を表している．それぞれの観測者が観測する音の速さを V_{I}，振動数を f_{I} とするとき，5 つの速さ V_{I} の間の大小関係，および f_0 と f_{I} の 6 つの振動数の間の大小関係を示せ．

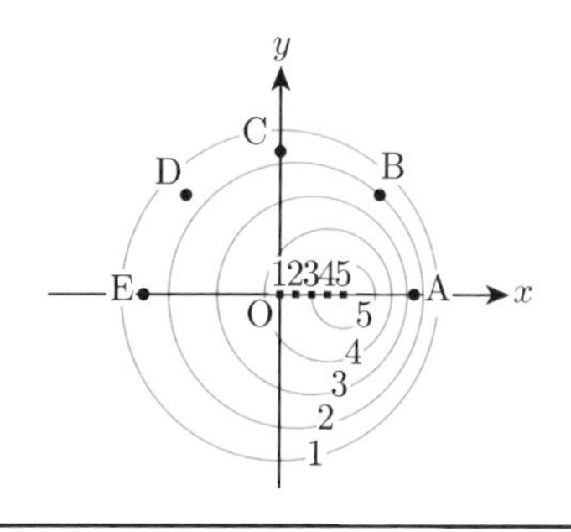

【解答】 波面が伝わる速さは媒質の静止系に対して一定である．それゆえ，音源の運動によらず

$$V_{\mathrm{A}} = V_{\mathrm{B}} = V_{\mathrm{C}} = V_{\mathrm{D}} = V_{\mathrm{E}} \tag{10.24}$$

が成り立つ．一方，振動数はドップラー効果によって変化する．観測者が観測する振動数 f は，その音が発せられたときの音源が観測者に対して近づいている場合には f_0 よりも大きくなり，遠ざかっている場合には小さくなる．そしてその度合は，その音が発せられたときの音源が観測者に対して近づく，または遠ざかる速さが大きいほど大きい．図から明らかなように，観測される振動数は f_{A} から f_{E} まで順に小さくなっていく．

B が観測する音は，地点 2 で発せられたものであり，このとき音源は B に近づいている．一方，C が観測する音は地点 1 と 2 の間で発せられたもので，このとき音源はCから遠ざかっている．それゆえ $f_{\mathrm{B}} > f_0 > f_{\mathrm{C}}$ が成り立つ．以上より

$$f_{\mathrm{A}} > f_{\mathrm{B}} > f_0 > f_{\mathrm{C}} > f_{\mathrm{D}} > f_{\mathrm{E}} \tag{10.25}$$

であることがわかる． □

〈**Advanced**〉 以下では，音源と観測者が一般的な運動をする場合に，ドップラー効果がどのように生じるかを導こう．右図は，3次元空間上で音源と観測者がそれぞれ Γ_{L}, Γ_{S} で表される曲線上を運動する状況を表している．媒質が静止している座標系のもとで，時刻 t における音源と観測者の位置ベクトルをそれぞれ $\vec{r}_{\mathrm{S}}(t)$, $\vec{r}_{\mathrm{L}}(t)$，速度ベクトルをそれぞれ $\dot{\vec{r}}_{\mathrm{S}}(t) = \vec{V}_{\mathrm{S}}(t)$, $\dot{\vec{r}}_{\mathrm{L}}(t) = \vec{V}_{\mathrm{L}}(t)$ とする．音源は時刻 t に位相 $\theta_{\mathrm{S}}(t) = 2\pi f_0 t + \theta_0$ の球面波を発し，発せられた音波は等方的に速さ v で広がっていくものとする．以下では $|\vec{V}_{\mathrm{S}}| < v$, $|\vec{V}_{\mathrm{L}}| < v$ を仮定する．

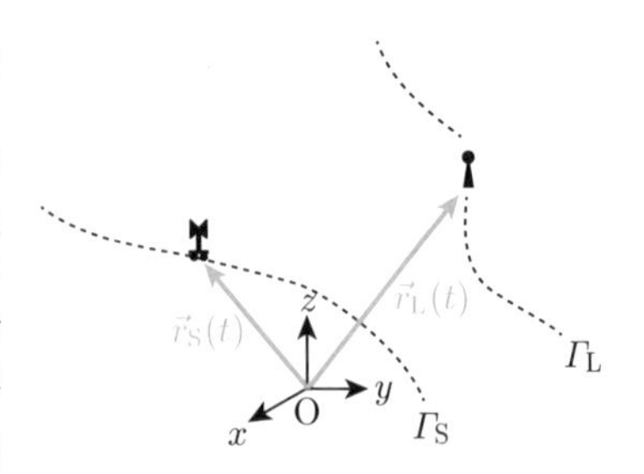

観測者が時刻 t に観測する音の位相を $\theta_{\mathrm{L}}(t)$ とする．振動数が f であるとき，単位時間あたりの位相の変化が $2\pi f$ であることから，観測者が時刻 t に観測する振動数 $f(t)$ は

$$f(t) = \frac{1}{2\pi}\dot{\theta}_{\mathrm{L}}(t) \tag{10.26}$$

で与えられる．（「単位時間あたりの」というのは時間変化率に対応する．速度は単位時間あたりの変位であった．）時刻 t に観測者に届く波面は，右図のように t よりも前の時刻 $t-\tau$ （$\tau > 0$）に音源から発せられたのちに時間 τ かけて観測者に到達したものである．よって $\theta_{\mathrm{L}}(t) = \theta_{\mathrm{S}}(t-\tau) = 2\pi f_0(t-\tau) + \theta_0$ が成り立つ．τ は時刻 t の関数 $\tau = \tau(t)$ であり

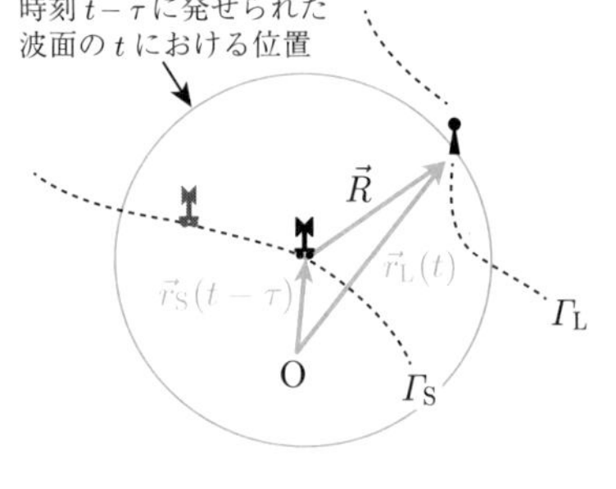

$$\tau(t) = \frac{|\vec{R}(t)|}{v}, \qquad \vec{R}(t) \equiv \vec{r}_{\mathrm{L}}(t) - \vec{r}_{\mathrm{S}}(t-\tau(t)) \tag{10.27}$$

を満たす．以上より

$$f(t) = \frac{d}{dt}\frac{\theta_{\mathrm{L}}(t)}{2\pi} = f_0\frac{d}{dt}(t-\tau(t)) = f_0(1-\dot{\tau}(t)) \tag{10.28}$$

を得る．

式 (10.27) および (10.28) は一般的なドップラー効果の表式であり，音源と観測者の任意の運動に対して成り立つ．ただし，一般的な運動の場合，$\tau(t)$ を t のあらわな関数として求めるのは難しい問題となる．以下，簡単な運動の場合にドップラー効果がどのように求まるかを見てみよう．

まず，$|\vec{R}(t)|$ が一定，すなわち音源と観測者の間の距離が時間によらず一定であれば，式 (10.27) より $\dot{\tau}(t) = 0$ となり，よって式 (10.28) より $f(t) = f_0$ でドップラー効果は生じないことがわかる．例えば，音源と観測者が同じ速度で等速度運動する場合や，

音源が静止した観測者を中心とした円周上を運動する場合は，$|\vec{R}(t)|$ が一定であるためドップラー効果は生じない．

また，すでに議論した音源と観測者が1次元上を等速で運動する場合を考えてみよう．運動が x 軸上で行われるとし，x 軸の正の向きの単位ベクトルを $\vec{e}_x$ とする．音源と観測者の位置ベクトルは一般に定数 V_{I} および r^0_{I}（$\mathrm{I}=\mathrm{S},\mathrm{L}$）を用いて $\vec{r}_{\mathrm{I}}(t)=(V_{\mathrm{I}}t+r^0_{\mathrm{I}})\vec{e}_x$ と表されるので，$\vec{R}(t)=\{V_{\mathrm{L}}t-V_{\mathrm{S}}(t-\tau)+(r^0_{\mathrm{S}}-r^0_{\mathrm{L}})\}\vec{e}_x$ である．式(10.22)の上の図のように，音源の x 座標よりも観測者の x 座標の方が大きい場合，$\vec{R}(t)$ の成分は正であり $|\vec{R}(t)|=V_{\mathrm{L}}t-V_{\mathrm{S}}(t-\tau)+(r^0_{\mathrm{S}}-r^0_{\mathrm{L}})$ および $|\dot{\vec{R}}(t)|=V_{\mathrm{L}}-V_{\mathrm{S}}(1-\dot{\tau})$ が成り立つ．このことと式(10.27)から $\dot{\tau}=\frac{V_{\mathrm{L}}-V_{\mathrm{S}}}{v-V_{\mathrm{S}}}$ が得られ，これを式(10.28)に代入することにより式(10.22)が得られる．一方，音源の x 座標よりも観測者の x 座標の方が小さい場合には，同様の議論を行えば $\dot{\tau}=\frac{-V_{\mathrm{L}}+V_{\mathrm{S}}}{v+V_{\mathrm{S}}}$ となり，式(10.23)が得られる．

音源や観測者の運動とドップラー効果の関係を別の観点から考察するため，式(10.28)を変形しよう．式(10.27)の両辺を2乗して t で微分すると

$$2\tau(t)\dot{\tau}(t)=\frac{2}{v^2}\vec{R}(t)\cdot\left(\vec{V}_{\mathrm{L}}(t)-\vec{V}_{\mathrm{S}}(t-\tau(t))(1-\dot{\tau}(t))\right) \tag{10.29}$$

である．これは $\dot{\tau}(t)$ についての1次式であり，整理すると

$$\dot{\tau}(t)=\frac{\vec{e}_{\mathrm{R}}(t)\cdot(\vec{V}_{\mathrm{L}}(t)-\vec{V}_{\mathrm{S}}(t-\tau(t)))}{v-\vec{e}_{\mathrm{R}}(t)\cdot\vec{V}_{\mathrm{S}}(t-\tau(t))},\qquad \vec{e}_{\mathrm{R}}(t)=\frac{\vec{R}(t)}{|\vec{R}(t)|} \tag{10.30}$$

が得られる．これを式(10.28)に代入して整理すると

$$f(t)=\frac{v+\vec{e}_{\mathrm{R}}(t)\cdot\vec{V}_{\mathrm{L}}(t)}{v-\vec{e}_{\mathrm{R}}(t)\cdot\vec{V}_{\mathrm{S}}(t-\tau(t))}f_0 \tag{10.31}$$

となる．この式から，ドップラー効果による振動数の変化は，観測される音波を音源が発した時刻 $t-\tau$ における音源の速度の $\vec{e}_{\mathrm{R}}$ 方向の成分（$\vec{e}_{\mathrm{R}}(t)\cdot\vec{V}_{\mathrm{S}}(t-\tau(t))$）と，観測者が音を観測するときの観測者の速度の $\vec{e}_{\mathrm{R}}$ 方向の成分（$\vec{e}_{\mathrm{R}}(t)\cdot\vec{V}_{\mathrm{L}}(t)$）だけで決まることがわかる．

物理の目　**光のドップラー効果**

真空中の光速は，どのような慣性系から見ても一定の値を持つことが実験的に確かめられている．この光の性質は，音などの力学的な波とは決定的に異なっており，ガリレイ変換の考え方とも相容れない．

異なる慣性系で光速が変わらないためには，それぞれの慣性系で時間の進み方が異なっていなければならない．アインシュタインはこのことを見抜き，1905年に特殊相対性理論を完成させた．2.6節で触れたように，特殊相対性理論では異なる慣性系の間の座標はローレンツ変換によって結びついている．

光も波であるためドップラー効果が生じる．光のドップラー効果は特殊相対性理論から導かれ，結果は光源と観測者の相対速度にのみ依存する．よって音の場合と異なり，光源が運動する場合でも観測者が運動する場合でも相対速度が等しければドップラー効果には違いが生じない．

身の回りの光

10.2.1 光とは何か

普通，光といえば目に見える光（可視光）のことを指す．しかし，物理学でいう光は可視光ばかりではない．可視光を含むすべての波長の電磁波を**光**と呼ぶ．以下では電磁波と光を区別せずに用いる．16章で見るように，電磁波の運動は電磁気学の基本方程式であるマクスウェル方程式によって記述される．ここでは，電磁波の持つ波の性質によって生じる身の回りの現象を学ぶ．

真空中では光は一定の**光速**

$$c = 299792458\ \mathrm{m/s} \approx 3.0 \times 10^8\ \mathrm{m/s} \tag{10.32}$$

で進む．これは極めて大きな値であり，日常では光が有限の速度を持つことを感じることはあまりない．光の波長 λ と振動数 f は $c = f\lambda$ の関係を満たすため，波長が短い光ほど大きな振動数を持つ．

右図に示すように，光には波長の大きさによってさまざまな呼び名がついている．波長が極めて短い光は **γ 線**や **X 線**と呼ばれる．X線はレントゲン写真の撮影に使われる光であり，その波長はおよそ 10^{-9} m 以下である．γ 線はX線よりもさらに波長が短く，原子核が崩壊する際に発生する．一方，波長が長い光を**電波**と呼び，なかでも波長が比較的短いものを**マイクロ波**と呼ぶ．マイクロ波は数ミリから数センチの波長を持ち，電子レンジや通信に用いられる．マイクロ波よりも長い波長の電波は身近なさまざまな通信に利用されている．波長が中程度の領域には，**紫外線**と**赤外線**と呼ばれる光がある．さらに，紫外線と赤外線の間の波長を持つ光を**可視光**と呼ぶ．

可視光は，私たちの目で感じることができる光で，波長はおよそ400–800 nm程度である．ここでnは 10^{-9} を表す接頭辞で，$\mathrm{nm} = 10^{-9}$ m はナノメートルと読む．目に見える色は波長によって異なり，可視光のうち最も波長が短い光は紫色，長い光は赤色に対応する．これが紫外線と赤外線の名前の由来である．

物理の目　身の回りの電波

私たちの身の回りには目には見えないさまざまな電波が飛び交っている．例えばパソコンやスマートフォンで利用する無線LAN通信には，主に $5\,\mathrm{GHz} = 5 \times 10^9\,\mathrm{Hz}$ の電波が用いられる．この振動数の電波の波長は $\frac{c}{5\,\mathrm{GHz}} \approx 6\,\mathrm{cm}$ である．また，携帯電話の4G通信では，振動数が700 MHz（波長40 cm）から3.5 GHz（波長9 cm）程度の電波が複数同時に用いられている．一般に，波長が長い電波ほど障害物による影響を受けにくい．4G 通信の電波のうち比較的波長が長いものは，地下やビルの中なども含めた広いエリアをカバーする目的で利用される．なお，現在利用が広まりつつある5G通信では，高速なデータ送受信を行うために4Gよりも高い振動数の電波が用いられる．他にも，自動的に正確な時刻を合わせてくれる電波時計は，標準電波送信所から発せられる電波を定期的に受信している．日本には福島県と佐賀県の2か所に標準電波送信所があり，福島県からは40 kHz（波長7.5 km），佐賀県からは60 kHz（波長5 km）の電波が発せられ，日本全域をカバーしている．

10.2.2　身の回りの色

さまざまな波長の可視光を均等に重ね合わせると，色がない無色の光に見える．このような無色の光を**白色光**と呼ぶ．太陽光は厳密には白色光ではないが，白色光とみなされる．一方，白色光から一部の波長の光を取り出し，その光を観察すると，その波長に対応した色が見える．

白色光の下で見える物の色は，その物体が反射した光の色である．例えばリンゴが赤く見えるのは，白色光に含まれるさまざまな波長の光のうち，リンゴの表面で赤色の波長の光が反射されやすく，それ以外の波長の光が相対的に吸収されやすいためである．このように，白色光の下での物の色は，その物体がどのような波長の光を反射・吸収しやすいかによって決まっている．

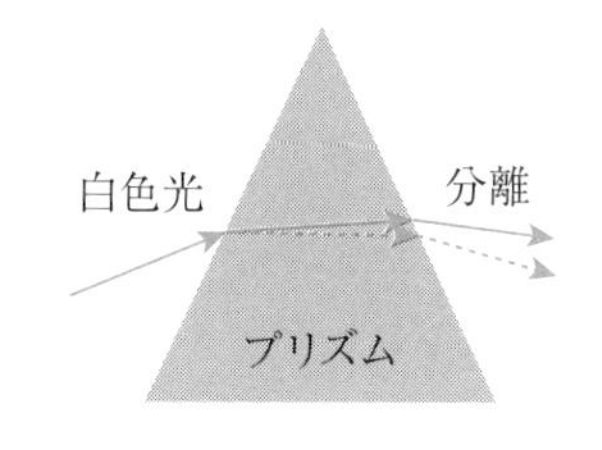

また，右図のように，プリズムなどを使って白色光をさまざまな色の光に分けることができる．このように，波長ごとに光が分離する現象を**分散**と呼ぶ．プリズムによって分散が生じるのは，プリズムと空気の境界における屈折角が光の波長に依存して異なるためである．9.3.2節で述べたように，屈折角はスネルの法則(9.27)に従い，屈折の大きさは物質の屈折率によって決まる．さらに屈折率 n は真空中の光速 c と物質中の光速 v を用いて $n = \frac{c}{v}$ と表される．よって，屈折角が光の波長によって異なるのは，物質中の光速が光の波長に依存して変化するためで

ある[1]．物質中の光のように，波長に依存して進む速度が異なる波を**分散性の波**と呼ぶ．一方，進む速度が波長によらない波を分散性がない波と呼ぶ．

以下の表には，石英ガラス中と水中におけるいくつかの波長の可視光に対する屈折率の値を示している．屈折率が波長に依存してわずかに変化していることが確認できる．

可視光に対する屈折率（「理科年表」（国立天文台編 2020）より）

波長/nm	石英ガラス（18°C）	水（20°C）
656.3	1.4564	1.3311
589.3	1.4585	1.3330
546.1	1.4602	1.3345
404.7	1.4697	1.3428

10.2.3 虹

空に大きくかかる**虹**は，空中に浮かんだ無数の水滴によって太陽光に分散が生じる大気光学現象である．虹が生じる機構については，古くはデカルトやニュートンも研究したことが知られている．

虹は太陽光が大気中の水滴で散乱されることによって生じる．右図は，空気中の水滴に入射した平面波の光が，角度 θ で散乱されている様子を表している．θ を**散乱角**と呼ぶ．水滴の大きさに比べて光の波長はずっと小さいため，光の進行する様子は図の矢印のような光線によって記述できる．

入射光 θ 水滴 散乱光

散乱の様子を詳しく見てみよう．右図は，水滴に入射した光線が通る 1 つの経路を表している．水滴を半径 r の球形とし，水滴の中心軸から距離 k だけ離れて光線が入射したとする．点 A で水滴に入射した光線は，点 B で反射し，点 C から空気中に進行する．点 A と C では光は屈折する．点 A に

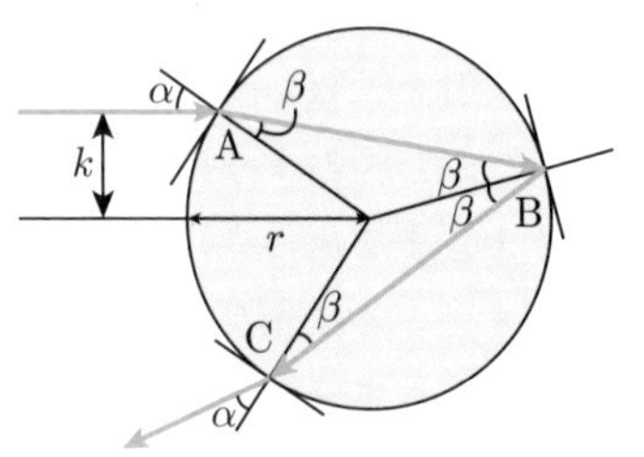

[1] ガラスや水などの物質中に光が入射する現象をミクロに見ると，光の一部は物質を構成する分子に吸収され，再度放出される．マクロに見たときの物質中を透過する光とは，元の入射光と，分子から前方に放出された光の重ね合わせである．この重ね合わされた光の進む実効的な速度は真空中の光速より小さく，さらに光の波長に依存する．よって，マクロに見たときの物質中の光速は真空中に比べて小さく，波長に依存する．

おける入射角を α，屈折角を β とすると，幾何学的な関係によって点 B と C での反射角，入射角，屈折角が図のように定まる．また，水の屈折率を n とすると，スネルの法則 (9.27) より $\sin\alpha = n\sin\beta$ が成り立つため，β は α の関数 $\beta(\alpha)$ となっている．

光線の進む向きは，点 A, B, C でそれぞれ時計回りに $\alpha-\beta, \pi-2\beta, \alpha-\beta$ だけ回転している．よって，水滴に入射して出てくるまでに，光線が進む向きは時計回りに合計 $\pi+2\alpha-4\beta$ だけ回転している．入射した方向に対して光線が角度 $\pi-\theta$ だけ回転するとき，光は散乱角 θ で散乱されるので，$\theta=-2\alpha+4\beta$ が成り立つことがわかる．β は α の関数であったため，散乱角 θ も α の関数 $\theta(\alpha)$ となる．

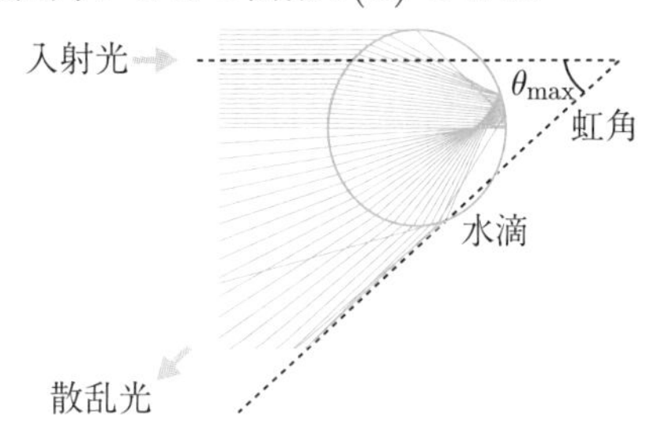

太陽光から出た光線は，一様に水滴に入射する．右図は $0 \le k < r$ の範囲での散乱光の様子を表している．いま，$\frac{k}{r} = \sin\alpha$ が成り立っていることに注意しよう．$\frac{k}{r}$ を 0 から 1 に近づけていくと，散乱角 $\theta(\alpha)$ は段々と増加し，最大値 $\theta_{\max}$ に達したのち減少する．$\theta_{\max}$ を虹角と呼び，水の屈折率に対して $\theta_{\max} \approx 42^\circ$ の値を取る．虹角付近の散乱光の量は他の角度に比べて相対的に強くなっていることから，水滴に一様に光が入射するとき，光は虹角の方向に散乱されると考えて良い．

〈Advanced〉 虹角を具体的に求めよう．$\theta(\alpha) = -2\alpha + 4\beta(\alpha)$ であり，これは $0 \le \alpha < \frac{\pi}{2}$ の範囲に極大値を持つ．極大値では $\theta(\alpha)$ の α に対する変化率

$$\frac{d\theta(\alpha)}{d\alpha} = -2 + 4\frac{d\beta(\alpha)}{d\alpha} \tag{10.33}$$

がゼロとなる．ここで，右辺を書き換えるため，$\sin\alpha = n\sin\beta(\alpha)$ の両辺を α で微分した式

$$\cos\alpha = n\frac{d\sin\beta(\alpha)}{d\alpha} = n\frac{d\beta(\alpha)}{d\alpha}\frac{d\sin\beta(\alpha)}{d\beta(\alpha)} = n\cos\beta(\alpha)\frac{d\beta(\alpha)}{d\alpha} \tag{10.34}$$

を用いよう．これより

$$\frac{d\beta(\alpha)}{d\alpha} = \frac{\cos\alpha}{n\cos\beta(\alpha)} = \frac{1}{n}\sqrt{\frac{1-\sin^2\alpha}{1-\sin^2\beta(\alpha)}} = \sqrt{\frac{1-\sin^2\alpha}{n^2-\sin^2\alpha}} \tag{10.35}$$

を得る．これを式 (10.33) に代入すると

$$\frac{d\theta(\alpha)}{d\alpha} = -2 + 4\sqrt{\frac{1-\sin^2\alpha}{n^2-\sin^2\alpha}} \tag{10.36}$$

と表される．よって，$\theta(\alpha)$ の極大値を与える α の値を $\tilde{\alpha}$ とすると，$\frac{d\theta(\tilde{\alpha})}{d\alpha} = 0$ より

$$\sin\tilde{\alpha} = \sqrt{\frac{4-n^2}{3}} \tag{10.37}$$

が成り立つ．この式で決まる $\tilde{\alpha}$ の値を用いて，虹角は $\theta_{\max} = \theta(\tilde{\alpha}) = -2\tilde{\alpha} + 4\beta(\tilde{\alpha})$ と求められる．

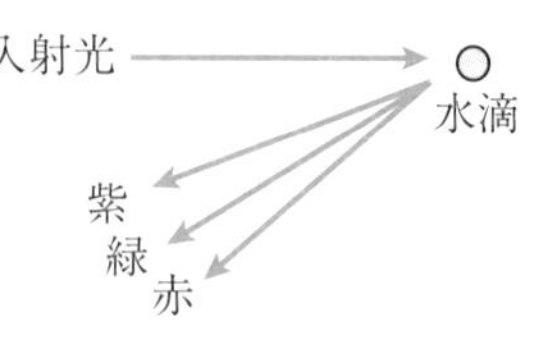

10.2.2 節で学んだように，屈折率は光の波長によってわずかに変化する．このことを反映して，虹角も光の波長によって変化する．赤（$\lambda = 656.3\,\mathrm{nm}$），緑（$\lambda = 546.1\,\mathrm{nm}$），紫（$\lambda = 404.7\,\mathrm{nm}$）のそれぞれの光に対して 10.2.2 節の表に示した水の屈折率を用いて虹角を求めると，それぞれ $\theta_{\max} = 42.36°, 41.86°, 40.67°$ となる．そのため，水滴に太陽光が入射すると，上の図のようにそれぞれの波長に対応した虹角の向きに散乱光が強く生じる．

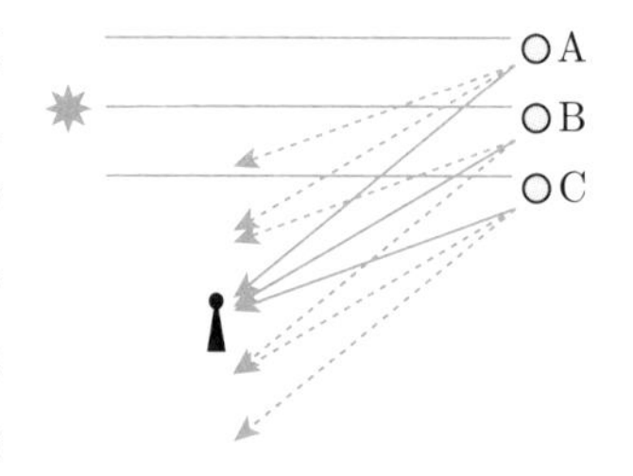

右図は，図の左の方から太陽光が入射し，水滴で虹角付近に強く散乱された光が観測者に届く様子を表している．空気中には水滴が多数存在しており，それぞれの水滴で散乱された光のうち，観測者に届くのはその一部のみである．図には観測者に届く光を実線で示しており，水滴 A, B, C それぞれから赤，緑，紫の光が観測者に届く．この結果，観測者は空の上の方には赤色，下の方には紫色を持つ虹色に広がった光の帯を見る．

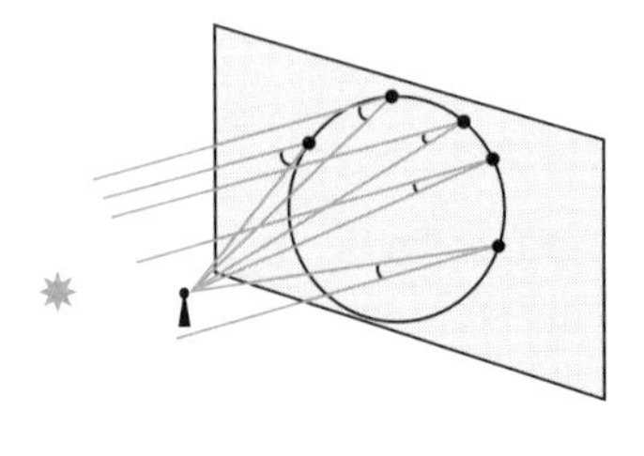

右図は，大気中に広がった水滴のスクリーンに，太陽光が観測者の後方から降り注ぐ様子を表している．上で述べたような虹色の光は，太陽光の進行方向と観測者の視線方向のなす角がおよそ $42°$ の向きに見えるが，そのような場所は観測者から見て円形になる．

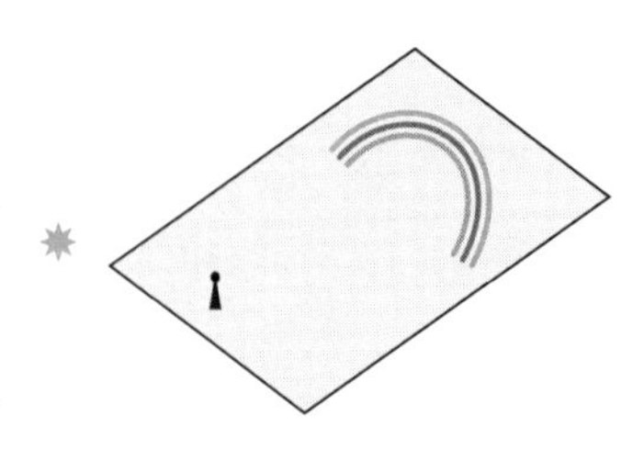

こうして，外側に赤，内側に紫の虹色の広がりを持つ円形の光の帯を観測することができる．これを私たちは虹と呼んでいる．右図のように，地上に立つ観測者から見て，円の下の方は地面で遮られるため，虹は円の上側を一部切り取ったような形に見える．太陽の高度が上がるほど，虹の見える向きは下

がっていく．そのため，昼間のような太陽の高度が高い時間帯には，空にかかる虹を見ることはできない．

物理の目 主虹と副虹

空に二重の虹がかかっているのを見たことがある人もいるだろう．上で述べた約 42° の虹角を持つ虹を**主虹**と呼ぶ．その外側に，太陽光と視線が約 50° になる向きに見える虹を**副虹**と呼び，水滴内で 2 回反射して得られる散乱光によって生じている（演習 10.6 を参照）．主虹と副虹の間は周囲と比べて暗く，この領域は**アレキサンダーの暗帯**と呼ばれる．

10.2.4 さまざまな光のスペクトル

物質を高温まで熱すると目に見える光を発する．一般に，熱運動する分子は，光を発してエネルギーを放出している．このような光を**熱放射**と呼ぶ．熱平衡にある物質は，周囲に光を放出しつつ光を受け取り，エネルギーを一定に保っている．このとき，物質の周囲の光はその温度だけで決まるスペクトルを持つ．このような光を**黒体放射**と呼ぶ．

右図は，2000 K から 4000 K までの黒体放射による光のスペクトルの強度を示している．横軸は光の波長（nm）で，縦軸はその波長の光の強度に対応する．スペクトルはなだらかで連続的であり，その形状は温度によって変化する．光の強度が最大となる波長は温度によって異なり，温度が高いほどその波長は短い．

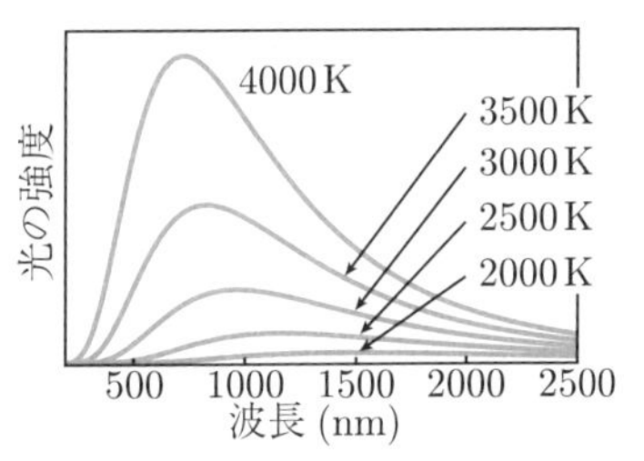

黒体放射の普遍的な性質を使って，遠くの星など直接測定できない物質の温度を，光によって推定できる．右図には，大気圏外と地表で観測された太陽光のスペクトルがそれぞれ示されている．大気圏外のスペクトルの形状は約 5800 K の黒体放射のスペクトルに良く一致することから，この温度が太陽の表面温度だと考えられる．太陽よりもずっと遠い星であってもこの手法は有効で，さまざまな星の温度を光によって推測できる．また，室温程度の常温で

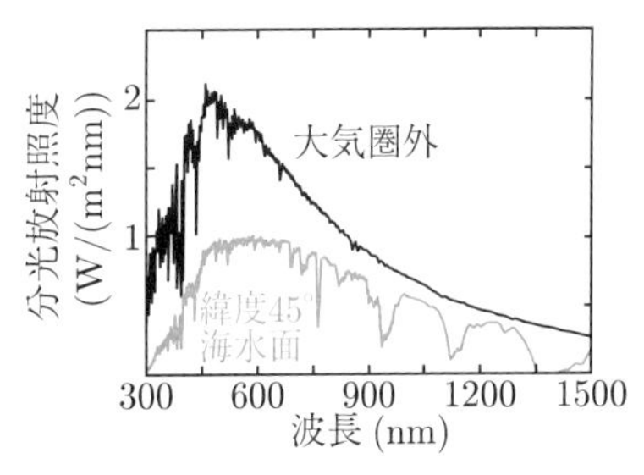

（K. Mangold, J. A. Shaw, and M. Vollmer, Eur. J. Phys. 34, 51 (2013) より作成）

あっても，物質は熱放射を発する．常温での熱放射のスペクトルは赤外線が主要な成分となる．サーモグラフィーは，熱放射による赤外線を測定することで，対象に接触することなく温度を推定する機器である．

原子や分子は，特定の波長の光を吸収・放出する．これは熱放射とは別の，原子・分子の構造に起因するものである．例えば，炎色反応は金属などの物質を熱したときに物質固有の色の光が発せられる現象である．このような光は特定の波長に鋭いピークを持つ離散的なスペクトルを持ち，**輝線**と呼ばれる．一方，連続的なスペクトルを持つ光が物質中を通過することで，特定の波長の光が吸収され，スペクトルに谷が生じる．これを**暗線**と呼ぶ．輝線と暗線の波長は，分子や原子の種類によって固有の値を取る．それゆえ，輝線や暗線の波長を調べることで物質の種類を推定できる．例えば，太陽光のスペクトルには複数の暗線が存在する．この暗線を**フラウンホーファー線**と呼び，その波長から太陽を構成する物質の組成が推定できる．

輝線による離散的なスペクトルは，身近な照明にも見られる．例えば，ネオンランプやナトリウムランプは，ガラス管にネオンやナトリウムの気体を封入したものである．これらの気体に電圧を加えると，気体分子の電子がエネルギーを得て，それを光として放出する．よって，これらのランプから発せられる光のスペクトルはネオンやナトリウム固有の輝線を持つ．また，蛍光灯は水銀から出る紫外線の輝線を蛍光物質に当てることで可視光を生み出している．蛍光灯のスペクトルは蛍光物質の輝線を持つ．

物理の目　輝線スペクトル，ドップラー効果，ビッグバン

地球に対して運動する天体が発する光の振動数は，光のドップラー効果によって変化する．原子や分子は固有の輝線スペクトル振動数を持つことから，この振動数がドップラー効果によってどのように変化したかを知ることで，地球と天体の相対速度を知ることができる．

遠くの天体から来る光のドップラー効果の観測によって，全ての銀河が地球から遠ざかる向きに運動しており，かつ遠くの銀河ほど地球から遠ざかる速さが大きいことが明らかになった．これは，宇宙がその誕生以降，膨張を続けながら現在に至っている証拠だと理解されている．この動的な宇宙の歴史を過去に遡っていくと，今からおよそ140億年前，宇宙は超高温・高密度な状態から始まったことが示唆される．このような宇宙の始まりをビッグバンと呼ぶ．

演　習　問　題

演習 10.1　50 dB の純音の圧力の変位の振幅 P を求め，大気圧の大きさと比較せよ．

演習 10.2　一般に，笛は長いほど低い音が出る．この理由を，笛を両端が開いた筒だと考えて説明せよ．

演習 10.3　クラリネットの中の気柱は，一方が固定端でもう一方が自由端のように振動する．このときに生じる定常波は，気柱の両端にそれぞれ定常波の腹と節を持つ．クラリネットの中の気柱の長さが 70 cm の場合に，気柱に生じうるモードの波長と振動数を示せ．また，基本振動の振動数を，同じ長さの両端が開いた筒の場合と比較せよ．

演習 10.4　パーティー用のグッズで，ヘリウム 80%，酸素 20% の混合ガスのスプレーが販売されている．このガスを吸うと，普段よりも高い声が出るのはなぜだろうか．
[HINT: 混合気体の音速を考察せよ．]（**注意！！**　風船用などのヘリウムガス 100% のスプレーを吸うと酸欠になり死亡する恐れもあるため，絶対に吸ってはいけない．）

演習 10.5 ⟨Advanced⟩　媒質が静止した 2 次元平面上で，音源の位置 $\vec{r}_{\mathrm{S}}(t)$ と観測者の位置 $\vec{r}_{\mathrm{L}}(t)$ がそれぞれ $\vec{r}_{\mathrm{S}}(t)=(V_{\mathrm{S}}t, L)$ と $\vec{r}_{\mathrm{L}}(t)=(V_{\mathrm{L}}t, 0)$ で与えられる場合のドップラー効果を考えよう．ここで $L>0$ であり，音源と観測者は平行で距離 L 離れた軌跡上をそれぞれ等速直線運動している．音源は一定の振動数 f_0 の音波を等方的に発しており，時刻 $t-\tau(t)$ に音源が発した音波を観測者が時刻 t に観測するものとする．

(1)　式 (10.27) を用いて $\tau(t)$ を時刻 t の関数として表せ．結果を

$$\hat{V}_{\mathrm{rel}}=\frac{V_{\mathrm{L}}-V_{\mathrm{S}}}{v},\quad \hat{V}_{\mathrm{S}}=\frac{V_{\mathrm{S}}}{v},\quad \hat{L}=\frac{L}{v} \tag{10.38}$$

を用いて整理せよ．ここで v は音速である．なお，音源と観測者の運動する速さは音速よりも小さいものとせよ．

(2)　観測者が時刻 t に観測する音の振動数 $f(t)$ を求めよ．また，その結果を用いて音源と観測者の速度が等しいときにドップラー効果が生じないこと，および $\frac{\hat{L}}{t}\to 0$ で $f(t)$ が式 (10.22) および式 (10.23) に帰着することを示せ．

(3)　$v=340\ \mathrm{m/s}$, $V_{\mathrm{S}}=-20\ \mathrm{m/s}$, $V_{\mathrm{L}}=10\ \mathrm{m/s}$, $L=200\ \mathrm{m}$, $f_0=440\ \mathrm{Hz}$ の場合に，適当なグラフ描画ソフトを用いて横軸 t，縦軸 $f(t)$ のグラフを描け．

演習 10.6 ⟨Advanced⟩　(1)　副虹は，水滴に入った光が 2 回反射したのち空気中に出ていく光によって生じる．このときの散乱角 θ を水滴への入射角 α と屈折角 β を用いて表せ．なお，水の屈折率を n とする．[HINT: 水滴の下半球に入射した光が，上半球から出てくる場合を考えよ．]

(2)　副虹の虹角が約 50° であることを示せ．また，副虹の色の順番が主虹と逆になることを示せ．

第 IV 部
電 磁 気 学

第11章
電流と電荷

この章から電磁気学の勉強を始めよう．電磁気学の主な対象は**場**であって，「目に見えない」分，力学などに比べてわかりにくい点がある．この章では電流という比較的なじみのあることがらから始めよう．電流の実体は，電子のような電荷を持った粒子の流れである．

11.1 電磁気学とは

電磁気学は力学と並んで，古典物理学の最も重要な分野である．電磁気学によってカバーされる範囲は極めて広く，身の回りの現象の多くは究極的には電磁気学によって説明される．

宇宙における基本的な相互作用は，現在のところ，4種類しかないと考えられている．その第1が重力，第2が電磁気力である．第3，第4の弱い力，強い力は原子核サイズ以下のミクロな世界では重要であるが，身の回りの現象としてはあまり現れてこない．重力（万有引力）については力学で学んだ．電磁気学は電磁気力を扱う．

電磁気学は「電気」と「磁気」についての学問である．これらは別のものと考えられてきたが，19世紀に電流の磁気作用（14章），電磁誘導の法則（15章）などが発見され，「電気の世界」と「磁気の世界」は別々にあるのではなく，密接に関係しあっていることが明らかになってきた．そして**マクスウェルの方程式**と呼ばれる1組の方程式が得られた．マクスウェルの方程式は「電気の世界」と「磁気の世界」を統一し，電磁気学としたのである．そして，電磁波の存在を予言し，光が電磁波の一種であることを示した．これにより，「光学の世界」もまた，電磁気学の一部となった．

マクスウェルの方程式は電磁気学の基本方程式である．マクスウェル方程式の本質的な性質は，**電場**（12.2節）と**磁場**（14.1節）を物理的実体ととらえ，それらの運動を記述するところにある．

また，マクスウェル方程式が持っている性質から，アインシュタインは**特殊相対性理論**を作り，さらに，万有引力理論と電磁気学との類似性に注目して，マクスウェルの方程式をいわばお手本として，**一般相対性理論**も作り上げた．また，マクスウェル方程式はミクロな世界でもその形を本質的に変えず，量子論において**量子電磁力学**となった．このように，マクスウェル方程式は電磁気学を統一しただけでなく，新しい物理学の基礎となった意味でも極めて重要である．

電磁気学はカバーする範囲が広いことからもわかるように，実に多くの内容を含んでいる．しかし，この本では上述の観点から，一番基本的な「真空中のマクスウェル方程式」を説明することを第一の目標とする．「物質中のマクスウェル方程式」や数多くの応用例については，より進んだ教科書で学んでほしい．

電磁気学では，その対象である電場も磁場も目には見えないので，対象が目に見える物体である力学よりもかなり難しい．また，数学的にも偏微分や面積分など，高度な技術が用いられるので，わかりにくいところもある．しかし，本書では必要以上に複雑な計算をせずに，高度な微積分で表される内容を，なるべく直感的に説明しよう．

11.2 電流と電子

豆電球を**導線**で**電池**のプラス極（陽極ともいう），マイナス極（陰極ともいう）につなぐと，豆電球が点灯する．これは電池のプラス極から流れ出た**電流**が導線を伝わって豆電球に流れ，マイナス極に流れ込むためである．

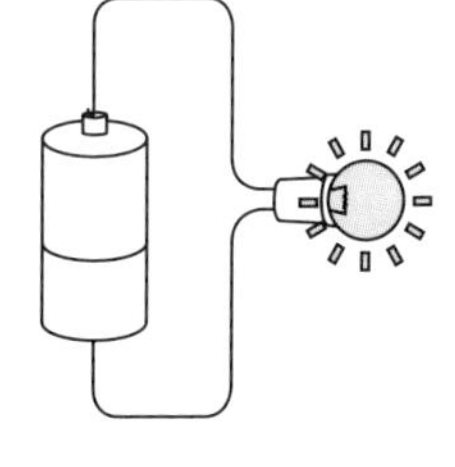

電流とは**電荷**の流れである．電流の実体は，電荷を持った粒子（これを**荷電粒子**という）の流れである．上の例では，荷電粒子は**電子**である．

電荷は正と負の 2 種類がある．質量が正のものしか存在しないことと比べると，これは電荷に特徴的な性質である．

1 個の電子は**素電荷**（**電気素量**ともいう）

$$e = 1.602176634 \times 10^{-19}\ \mathrm{C} \tag{11.1}$$

の大きさの負の電荷（$-e$）を持つ．ここで C は電荷の単位で**クーロン**という．クーロンは素電荷の値によって定義されている．

電子は負の電荷を持つので，電流の流れる向きと，電子の流れる向きは逆向きである．

物理の目 電磁気学と電子の発見

電子が負の電荷を持つことは歴史的な事情による．つまり，電流の担い手である電子が発見される前に，フランクリンが電荷の符号を決めてしまったのだ．電子が「発見」されたのは19世紀末で，マクスウェルが電磁気学の理論を完成した後である．ちなみに最初の電池が作られたのは1800年である．このように，電磁気学の理論の大半は，電荷の担い手が何であるかを知らなくても理解することができる．電子一つ一つは極めて小さく，1個の電子の持つ電荷も極めて小さい．電池から流れ出る電子の個数は極めて多数である．その個々の運動を知ることはできない．しかし，電磁気学ではそれら多数の平均的な振る舞いで記述される．このように，電磁気学は**巨視的**（マクロ）な理論なのである．

導線の中を電子が移動することによって電流が流れる．導線の断面を，1秒間に1 Cの電荷が通過する場合，その電流を1 A（**アンペア**）の電流という．つまり

$$\mathrm{A} = \mathrm{C/s} \tag{11.2}$$

である．

例題 11.1

1 Aの電流が流れている導線がある．この導線の断面には，毎秒何個の電子が通過しているだろうか．

【解答】 1 Aの電流では毎秒1 Cの電荷が通過する．電子1個の電荷は$-e$なので，毎秒N個の電子が通過すると，$-Ne$の電荷が運ばれる．それゆえ

$$N = \frac{1\,\mathrm{A}}{1.6 \times 10^{-19}\,\mathrm{C/個}} = 6.3 \times 10^{18}\,\mathrm{個/s} \tag{11.3}$$

を得る．これはかなり多数であると思うかもしれない．この点について少し考えてみよう．

典型的な導線は銅でできている．銅原子1個あたり1個の伝導電子（電流の担い手となることのできる電子）を持っている．銅の密度（単位体積あたりの質量）はおよそ$8.9 \times 10^3\,\mathrm{kg/m^3}$であり，1 molあたりの銅の質量はおよそ$6.4 \times 10^{-2}\,\mathrm{kg}$である（Cuの原子量は63.5）．それゆえ，1立方メートルあたり$1.4 \times 10^5\,\mathrm{mol}$の銅原子がある．1 mol中には銅原子は$6.02 \times 10^{23}$個あるので，電子数密度$n_\mathrm{e}$はおよそ$n_\mathrm{e} = 8.4 \times 10^{28}\,\mathrm{個/m^3}$である．導線の半径が$1\,\mathrm{mm} = 1 \times 10^{-3}\,\mathrm{m}$であるとすると，断面積は$3.1 \times 10^{-6}\,\mathrm{m^2}$である．よって，この導線には，1 mあたり

$$\left(8.4 \times 10^{28}\,\mathrm{個/m^3}\right) \times \left(3.1 \times 10^{-6}\,\mathrm{m^2}\right) \times (1\,\mathrm{m}) = 2.6 \times 10^{23}\,\mathrm{個} \tag{11.4}$$

の伝導電子がある．そもそも電流の担い手である電子が導線中にはたくさんあるのである．

これらの電子が，毎秒 6.3×10^{18} 個導線の断面を通過するのであるから，電子の平均の速さを v_d とすると，$N = 6.3 \times 10^{18}$ 個/s $= 2.6 \times 10^{23}$ 個/m $\times v_\mathrm{d}$ より $v_\mathrm{d} = 2.4 \times 10^{-5}$ m/s を得る．導線中での電子の平均の移動速度（ドリフト速度）は非常に小さい． □

〈**Advanced**〉 導線を伝わる電子の平均の速度は極めて遅いが，個々の電子は非常に大きな速度を持っている．量子統計力学の計算によると，10^6 m/s 以上の速さの電子は全体の 70% 以上である．これらはそれぞれ全く別の方向に進むので，その平均が極めて小さい値になっているのである．

このような非常に小さな電子の平均移動速度は，スイッチを入れてすぐに電球が点くというありふれた現象と矛盾するように思える．この矛盾を解消するために，あたかもホースを流れる水のように，電子はスイッチを入れたときに「押し出され」て伝わると考えるかもしれないが，これは誤りである．導体中の電子は気体のように振る舞い，「押され」たときの圧力変化は，その気体の音速で伝わる．電子気体の音速を計算すると，およそ 9×10^5 m/s となる．しかし，実験的にはスイッチを入れてから電球が点くまで，光速で伝わることが確認されている．音速は光速に比べておよそ 300 分の 1 遅い．

それでは，どのようにして電池の持つエネルギーが電球へと光速で伝わっていくのだろうか．実は，エネルギーは導線の中ではなく，導線の周りの空間にある**電磁場**（**電場**と**磁場**）によって運ばれるのである．このように，非常に簡単な現象であってもそれを正しく理解するためには，電磁場の振る舞いを理解する必要がある．

物質の表面から電子を 1 個取り出すのに必要なエネルギーを**仕事関数**という．仕事関数の異なる物質を接触，または擦り合わせると，仕事関数の小さな（電子の取り出しやすい）物質から，仕事関数の大きな物質へと電子が移動する．これを**接触帯電**，あるいは**摩擦帯電**と呼ぶ．下敷き（塩化ビニール製）は髪の毛に比べると仕事関数が大きいので，擦り合わせると電子は髪の毛から下敷きに移動する．その結果，髪の毛はプラスに，下敷きはマイナスに帯電する．このように，プラスに帯電したものと，マイナスに帯電したものが（乾燥した）空気中で近づくと，プラスに帯電した物質に引かれ，電子は空気中を移動する．ときには火花を伴うことがある．これがいわゆる**静電気**現象である．

11.3 直流と交流

電池から流れる電流は，常に決まった向きを持っている．このような電流を**直流**（direct current, DC）という．一方，家庭用のコンセントから得られる電流は時間的に流れる向きが変化する．このような電流を**交流**（alternating current, AC）という．日本の家庭用電源は東日本では 50 Hz，西日本では 60 Hz である．つまり，東日本では，1 秒間に 50 回電流の向きが逆向きになる．

家庭用電源として交流が用いられるのは，直流に比べて交流の方が**変圧**を行うことが容易であり，それによって発電所で作られた電力を送電するときの送電ロスを減らすことができるからである．また，事故が起こったときに遮断するのも直流に比べて容易であるのも理由の一つである．変圧のしくみについては 15.3.2 節で，変圧によって送電ロスを減らすことができることは 13.3 節で説明する．

コンセントの穴をよく見ると，実は穴の長さに差がある．穴の短い方をホット，穴の長い方をコールドという．電流はホット側に流れる．漏電（正規の通路以外に電流が漏れること）している場合以外，コールド側には電流は流れない．コールド側は住宅付近にある柱上変圧器にアースされている．漏電が起こったときは漏電ブレーカーによって主電源が遮断される．

交流を直流に変換することを**整流**という．交流の時間的に向きが変わる電流は，整流によって，1 方向のみに流れる電流に変換されるが，交流の時間的に変動する性質は平滑化を行わないと残ってしまう．整流は**ダイオード**と呼ばれる素子によって行い，平滑化は**コンデンサ**（13.4 節参照）と呼ばれる素子による．AC アダプター（AC-DC アダプター）は家庭用電源からの交流を，ノートパソコンなどの電子機器で用いる直流電流に変換する機器である．

物理の目　PN 接合ダイオード

ダイオードとしてよく用いられるのは PN 接合ダイオードである．これは p 型半導体（電流の担い手がホールと呼ばれる正電荷である半導体）と n 型半導体（電流の担い手が電子である半導体）とをつなげたものである．この素子に電流を流そうとすると，n 型半導体中の電子が p 型半導体の方へ（p 型半導体中のホールが n 型半導体の方へ）移動することはできる（これが「順方向」）が，その逆方向へは移動できない．そのため電流は順方向にのみ流れることになる．電流の担い手の違いからこのような作用が生じるのはおもしろい．

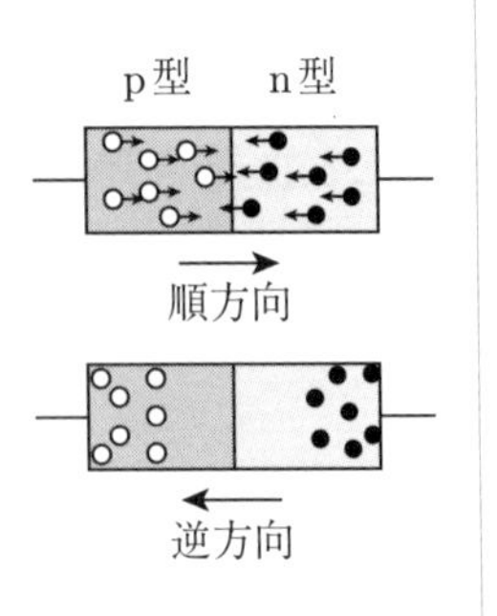

11.4 電荷の保存則

電流の担い手である電子はなくなったり，何もないところから生じたりはしない．それゆえ，電子の持つ電荷もなくなったり，なにもないところから生じたりはしない．これを**電荷の保存則**という．

電荷の担い手は電子ばかりではない．電解質水溶液中のイオンもまた，その移動によって電荷を運ぶ．イオンの移動によって，水溶液中には電流が流れる．原子または分子に電子がくっつき陰イオンになったり，原子または分子から電子が離れて陽イオンになることもあるが，その反応の前後で電荷は保存する．このように，電荷の保存則はその担い手によらず成立する一般的な性質である[1]．

電荷の保存則を数式を用いて表そう．そのために，1つの閉曲面（球面のように境界のない有限の曲面）Sを考える．簡単のために小さな球面としてもよい．この閉曲面に流れ込む電流 I_{in} と，流れ出る電流 I_{out} を考えよう．例えば，ある回路の一部分をこの閉曲面で囲う場合や，電解質水溶液中に閉曲面を考えてもよい．回路の場合，I_{in} はいくつもの導線を通じて流れ込む電流の総量を表す．電解質水溶液の場合には，I_{in} は閉曲面のいろいろな場所から流れ込む陽イオンによる電流と，流れ出る陰イオンによる電流の和になっている．負の電荷を持つ荷電粒子の流れの向きと電流の流れの向きが逆であることに注意しよう．

もし閉曲面Sに囲まれた領域内にある電荷量 Q_{S} に変化がなければ $I_{\mathrm{in}} = I_{\mathrm{out}}$ が成り立つ．しかし，一般には Q_{S} は時間的に変化してもよい．電流は単位時間あたりに運ばれる電荷であることを思い出すと，短い時間 Δt の間に，流れ込む電流 I_{in} によって，$I_{\mathrm{in}}\Delta t$ だけの電荷が領域内に運び込まれ，流れ出る電流 I_{out} によって，$I_{\mathrm{out}}\Delta t$ だけの電荷が領域内から運び去られることになる．それゆえ，時間 Δt での電荷 Q_{S} の増加分 ΔQ_{S} は

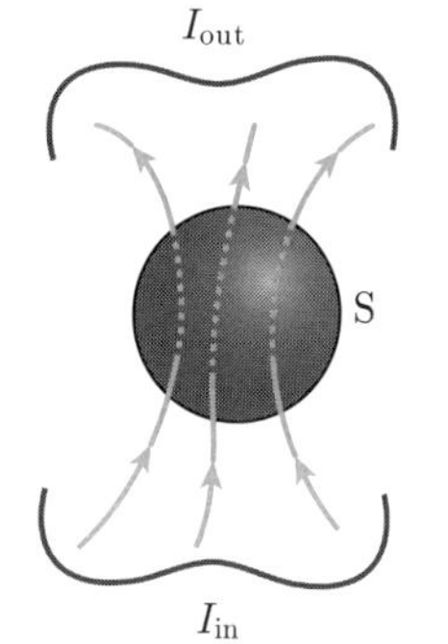

$$\Delta Q_{\mathrm{S}} = I_{\mathrm{in}}\Delta t - I_{\mathrm{out}}\Delta t \tag{11.5}$$

で与えられる．それゆえ

$$\frac{dQ_{\mathrm{S}}(t)}{dt} = I_{\mathrm{in}}(t) - I_{\mathrm{out}}(t) \tag{11.6}$$

[1] 実際の電荷の担い手は，電子やイオンのような極めて小さな粒子であり，それぞれの担い手は決まった電荷を持っている．これらを**荷電粒子**と呼ぶ．しかし，巨視的な理論である電磁気学では，具体的な荷電粒子を想定せず，任意の電荷を持った極めて小さな物体を考えることが多い．これを**点電荷**と呼ぶ．また，電荷が連続的に分布する場合も考える．

を得る．ここでは，閉曲面Sに入る電流をI_{in}，出る電流をI_{out}と区別したが，閉曲面から出ていく向きを正，入る向きを負として，これらを合わせてI_{S}を考えることができる[2]：$I_{\mathrm{S}} = I_{\mathrm{out}} - I_{\mathrm{in}}$.

$$\frac{dQ_{\mathrm{S}}(t)}{dt} = -I_{\mathrm{S}}(t) \tag{11.7}$$

これが電荷の保存則を表す式である．この式は閉曲面Sの取り方によらず成り立つ式である．

電気回路における**キルヒホッフの第1法則**は，「電気回路上の任意の点において，電流の流れ出る向きを正（または負）と統一するとき，その点とつながる各線の電流I_kの総和はゼロとなる」というものである．これは，注目している点を含む非常に小さな閉曲面を考えると，その閉曲面内の電荷の増減はなく，電荷の保存則の式(11.7)から，$I_{\mathrm{S}} = \sum_k I_k = 0$として導かれる．

演習問題

演習11.1　電子の電荷と陽子の電荷の大きさは厳密に等しいと考えられている．電子の電荷を$-e$と書くと，陽子の電荷は$+e$である．もし，陽子の電荷が電子の電荷に比べて大きさが10^{-10}だけ大きいとしたら，水1トンはどれほど帯電しているだろうか．水1分子（H_2O）には18個の電子と18個の陽子がある．

演習11.2　雷は短時間の間に電子が空気中を流れる現象である．我々の目には1つの閃光に見えても，実はいくつもの雷撃（放電）からなっていて，複雑な過程である．ここでは，単純化して考えよう．1回の放電で，平均5C程度の電気量が移動すると考えられている．放電の持続時間が10^{-3}秒程度であるとすると，このときの電流の平均値はどれほどか．また，移動する電気量がすべて電子によるものとして，いくつの電子が移動するのか．

演習11.3　同じ規格の4つの電球A, B, C, Dを直流電源（電池）に図のように繋げた．このとき，4つの電球を明るい順に並べよ．例えばAがBより明るいというのを$\mathrm{A} > \mathrm{B}$と表し，AとBとが同じ明るさの場合には$\mathrm{A} = \mathrm{B}$と表す．

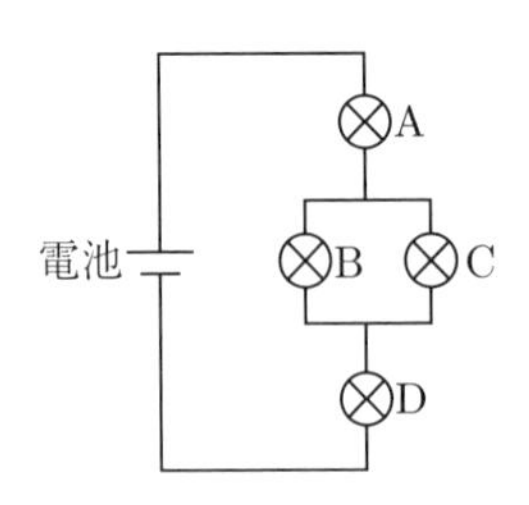

[2] 閉曲面を考えるとき，面の内部から外に向かう向きをこの本では一貫して「正の向き」とする．

第 12 章

クーロンの法則

電荷の間には力がはたらく．これを定量的に述べたものがクーロンの法則である．また，電荷があることで，電荷のまわりの空間の性質が変わると考えることができる．この性質が電場として表される．電荷と電荷の間の遠隔的な相互作用は，場を媒介した近接的な相互作用と考え直すことができる．また，電荷の間にはたらく力は保存力なので，ポテンシャルエネルギーを考えることができる．単位電荷に対して，それは電位と呼ばれる．

12.1 電荷間にはたらく力

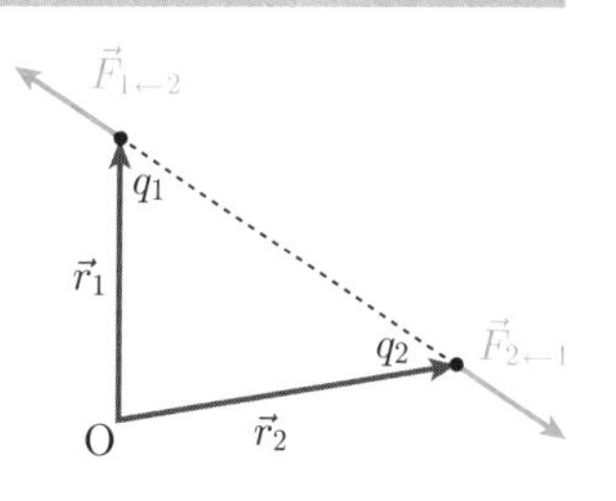

2 つの電荷の間には力がはたらく．その力は正の電荷どうし，あるいは負の電荷どうしの間では反発力（斥力ともいう）であり，正の電荷と負の電荷の間では引力がはたらく．その大きさはそれぞれの電荷の大きさに比例する．また，2 つの電荷の間の距離の 2 乗に反比例する．力の方向は，2 つの電荷を結ぶ直線の方向である．このような，電荷間にはたらく力の性質を述べたものが**クーロンの法則**である．クーロンの法則に従う電荷間の力を**クーロン力**という．

以上述べたことを，数式を用いて表そう．位置ベクトル $\vec{r}_1$ で表される位置にある電荷を q_1，位置ベクトル $\vec{r}_2$ で表される位置にある電荷を q_2 とすると，電荷 1 が電荷 2 から受ける力 $\vec{F}_{1\leftarrow 2}$ は

$$\vec{F}_{1\leftarrow 2} = -\vec{F}_{2\leftarrow 1} = k\frac{q_1 q_2}{r_{12}^2}\vec{e}_{12} \tag{12.1}$$

と表される．ただし，$r_{12} = |\vec{r}_1 - \vec{r}_2|$ であり，$\vec{e}_{12} = \frac{\vec{r}_1 - \vec{r}_2}{r_{12}}$ は電荷 2 から電荷 1 に向かう向きの単位ベクトルである（式 (3.17) を見よ）．比例定数 k は $\frac{1}{4\pi\varepsilon_0}$ とも書かれる．ε_0 は**真空の誘電率**と呼ばれ

$$\varepsilon_0 = 8.84541878128(13) \times 10^{-12}\ \mathrm{C^2/(N\,m^2)} \tag{12.2}$$

である．ただし，数値の最後の (13) は，最後の 2 桁の場所に ±13 の不定性（誤差）

があることを示す．これより，k はおよそ

$$k = \frac{1}{4\pi\varepsilon_0} = 9.0 \times 10^9\,\mathrm{N\,m^2/C^2} \tag{12.3}$$

である．

クーロン力の式 (12.1) と万有引力の式 (3.16) との類似性と違いに注目しよう．ともに距離の 2 乗に反比例する中心力である．万有引力の質量が，クーロン力の電荷に対応する．既に注意したように，質量は常に正で，引力しかないが，電荷は正負 2 通りあり，そのために引力も反発力も現れる．また，一般に万有引力に比べてクーロン力は格段に強い．

例題 12.1

電子の質量は $m_\mathrm{e} = 9.1 \times 10^{-31}\,\mathrm{kg}$ である．電子間にはたらく万有引力の強さとクーロン力の強さとの比を求めよ．

【解答】

$$\frac{(\text{万有引力})}{(\text{クーロン力})} = \frac{Gm_\mathrm{e}^2}{ke^2} = \frac{6.7 \times 10^{-11} \times (9.1 \times 10^{-31})^2}{9.0 \times 10^9 \times (1.6 \times 10^{-19})^2} = 2.4 \times 10^{-43} \tag{12.4}$$

を得る．これは極めて小さい． □

12.2 電　場

クーロン力は万有引力（その地球上での実現である重力）と同様，物体に接触せずに力を及ぼす．しかし，以下に示すように，(i) 電荷の周囲には**電場**と呼ばれる場が作られ，(ii) 電場中に置かれた電荷に力が及ぼされる，と 2 段階で考えることができる．

このように考えることの利点は，電荷にはたらくクーロン力を電荷間の遠隔作用ではなく，場と電荷との近接的な相互作用として表せることにある．また，後で明らかになるように，場自体が時間的に変化し運動する物理的実体なのである．つまり，場を導入することは，単なる「別の考え方」ではなく，物理の本質と結びついているのである．

場とは，空間の各点に何らかの物理量が付与され，それが時間的に変化するものである．その物理量がスカラーであるなら**スカラー場**と呼ばれ，ベクトルならば

ベクトル場と呼ばれる．

例えば，空気中の温度は場所ごとに異なり，また同じ場所でも時間が経てば変化する．温度はスカラー量なので，これはスカラー場を定義する．これを $\phi(\vec{r},t)$ と書こう．ここで $\vec{r}$ は場所を，t は時刻を表す．$\vec{r}$ と t とが，つまり，場所と時刻とが与えられると，その温度が決まる．これが関数 $\phi(\vec{r},t)$ である．

温度と同様に，風速も時刻と場所を与えると決まる．しかし，風速は風向きと風速の大きさを持つので，ベクトル場によって表される．これを $\vec{V}(\vec{r},t)$ と書こう．このベクトル場の大きさ $|\vec{V}(\vec{r},t)|$ が風速の大きさを与え，向きが風向きを与える．

電場はベクトル場である．

電場 $\vec{E}$ のある空間の位置 $\vec{r}$ に電荷 q を置くと，時刻 t に

$$\vec{F} = q\vec{E}(\vec{r},t) \tag{12.5}$$

という力がはたらく．つまり，電荷が存在している場所での電場によって，その電荷にはたらく力が決まるのである．電荷 q が正ならば，力の向きは電場の向きに一致し，q が負ならば力の向きは電場の向きと逆向きである．

電場の SI 単位は式 (12.5) からわかるように，N/C である．しかし，一般には，12.5 節で導入する電位の SI 単位である V（ボルト）を用いて V/m が用いられる．この 2 つは同じものである（例題 12.5）．

電荷 Q が原点に固定されている場合を考えよう．この電荷は，そのまわりに電場を作る．この電場は電荷が静止しているので，時間的に変化しない．時間的に変化しない電場を**静電場**という．

クーロンの法則より，電荷 q が位置ベクトル $\vec{r}$ で表される位置にあるとき，この電荷にはたらく力は

$$\vec{F} = k\frac{qQ}{r^2}\vec{e}_r \tag{12.6}$$

で与えられる．ただし，$r = |\vec{r}|$, $\vec{e}_r = \frac{\vec{r}}{r}$ である．この式を式 (12.5) と比べると，原点に置かれた電荷 Q が作る電場 $\vec{E}(\vec{r})$ を求めることができる．

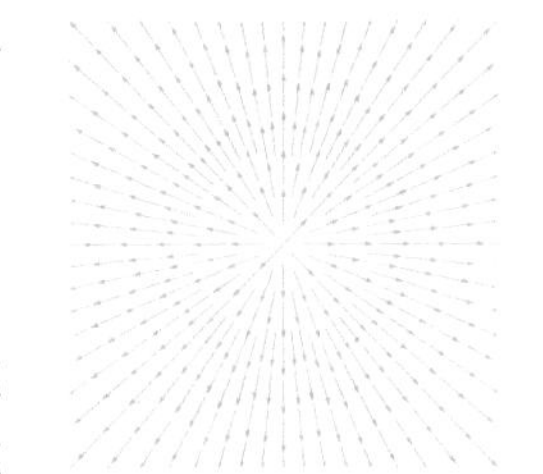

正の点電荷の周囲に作られる電場

$$\vec{E}(\vec{r}) = k\frac{Q}{r^2}\vec{e}_r \tag{12.7}$$

この電場は球対称（どの方向も同じ）で，原点から放射状に動径成分のみを持ち，$Q > 0$ であれば外向き，$Q < 0$ であれば内向きである．

12.3 重ね合わせの原理

前節では，2つの電荷の間にはたらく力について議論したが，他に電荷がある場合にはどうなるのだろうか．例えば，電荷 q_1 と q_2 がそれぞれ位置ベクトル $\vec{r}_1$ と $\vec{r}_2$ で与えられる位置にあるとき，位置ベクトル $\vec{r}_3$ の位置に置かれた電荷 q_3 にはたらく力 $\vec{F}_{3\leftarrow(1,2)}$ は，電荷 q_1 が単独であるときに電荷 q_3 にはたらく力 $\vec{F}_{3\leftarrow 1}$ と，電荷 q_2 が単独であるときに電荷 q_3 にはたらく力 $\vec{F}_{3\leftarrow 2}$ の和になる．

$$\vec{F}_{3\leftarrow(1,2)} = \vec{F}_{3\leftarrow 1} + \vec{F}_{3\leftarrow 2} = k\frac{q_3 q_1}{r_{31}^2}\vec{e}_{31} + k\frac{q_3 q_2}{r_{32}^2}\vec{e}_{32} \tag{12.8}$$

このことを，クーロン力は**重ね合わせの原理**を満たすという．

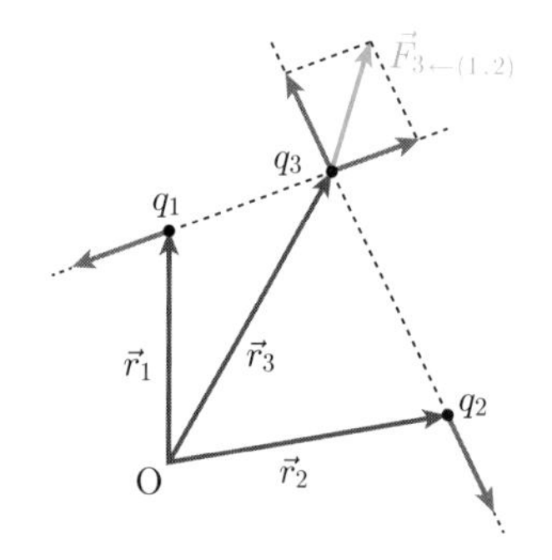

重ね合わせの原理は，電場に対しても同様に成り立つ．すなわち，q_1 と q_2 が位置ベクトル $\vec{r}$ の点に作る電場 $\vec{E}_{(1,2)}(\vec{r})$ は，それぞれの電荷が作る電場 $\vec{E}_1(\vec{r})$ と $\vec{E}_2(\vec{r})$ の和で与えられる．

$$\vec{E}_{(1,2)}(\vec{r}) = \vec{E}_1(\vec{r}) + \vec{E}_2(\vec{r}) \tag{12.9}$$

重ね合わせの原理は電荷が2個の場合だけでなく，いくつの場合にも成り立つ．特に，電荷が連続的に分布している場合，微小な領域にある電荷を点電荷とみなすことによって，重ね合わせの原理を用いて，その電荷分布が作る電場を求めることができる．

例題 12.2 ⟨Advanced⟩

無限に長い直線上に，単位長さあたり λ の一様な電荷分布が与えられている．この直線から距離 l の位置における電場 $\vec{E}_{\text{直線}}(l)$ を求めよ．

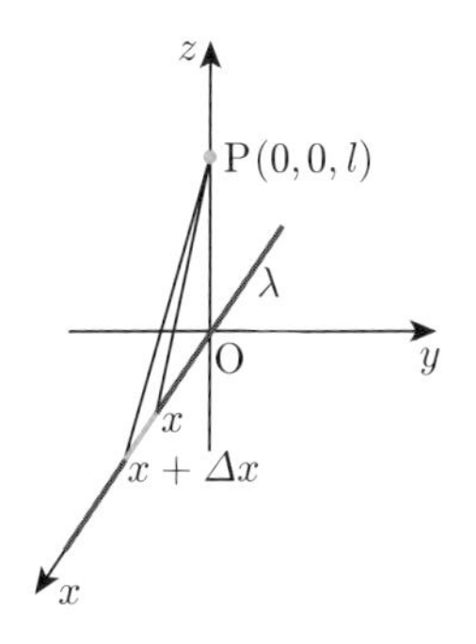

【解答】　電荷の与えられている直線を x 軸とする．電場を求める点 P を z 軸上の点 $(0, 0, l)$ としよう．x 座標が x と $x + \Delta x$ で与えられる 2 点の間の微小区間には $\lambda \Delta x$ の電荷がある．Δx が十分小さければ，これを点電荷とみなしてよい．この点電荷が点 P に作る電場 $\Delta\vec{E}_x(l)$ は

$$\Delta\vec{E}_x(l) = k\frac{\lambda \Delta x}{x^2 + l^2}\frac{(-x, 0, l)}{\sqrt{x^2 + l^2}} \tag{12.10}$$

である．最後の因子は電荷の位置から点 P に向かう単位ベクトルである．結局，この式の右辺は

$$k\frac{(\text{点電荷の電荷量})}{(\text{点電荷の位置から点 P までの距離})^2}(\text{点電荷の位置から点 P への単位ベクトル}) \tag{12.11}$$

であることに注意しよう．式 (12.7) と見比べよ．

直線全体について考える場合には，重ね合わせの原理から，このような微小区間が作る電場を全て足していけばよい．Δx を無限小に取る極限でその和は積分となり，

$$\vec{E}_{\text{直線}}(l) = k\lambda \int_{-\infty}^{\infty} dx \frac{(-x, 0, l)}{(x^2 + l^2)^{\frac{3}{2}}} \tag{12.12}$$

で与えられる．その x 成分は奇関数の積分なのでゼロになり，$\vec{E}_{\text{直線}}(l)$ は z 成分のみを持つ：$\vec{E}_{\text{直線}}(l) = (0, 0, E_z(l))$.

$$E_z(l) = 2k\lambda l \int_0^{\infty} \frac{dx}{(x^2 + l^2)^{\frac{3}{2}}} \tag{12.13}$$

ただし，x の正の領域と負の領域の積分は同じ値を与えるので，正の領域の積分の 2 倍とした．

ここで z 成分のみが現れるのは，電場を考える点 P が z 軸上にあるからである．もし P を y 軸上に考えるならば，y 成分のみが現れたはずである．また，$l \to -l$ とすると電場の向きが逆向きになることにも注意しよう．つまり P が z 軸上の正の領域にあれば電場の z 成分は正であり，負の領域にあれば電場の z 成分は負である．これは直線の作る電場が直線を中心として軸対称に放射状に広がっていることを意味している．

ここに現れた積分は $x = l\tan\theta$ と変数変換することにより実行できる．$dx = \frac{l\,d\theta}{\cos^2\theta}$, $x^2 + l^2 = l^2(1 + \tan^2\theta) = \frac{l^2}{\cos^2\theta}$ であるから，

$$\int_0^\infty \frac{dx}{(x^2+l^2)^{\frac{3}{2}}} = \frac{1}{l^2}\int_0^{\frac{\pi}{2}} \cos\theta\, d\theta = \frac{1}{l^2} \tag{12.14}$$

となる．それゆえ

$$E_z(l) = \frac{2k\lambda}{l} = \frac{\lambda}{2\pi\varepsilon_0 l} \tag{12.15}$$

を得る．すなわち，一様な直線状電荷の作る電場は直線の向きに垂直で軸対称に放射状に広がり，その大きさは直線からの距離に反比例する．□

例題 12.3 ⟨Advanced⟩

無限に広がった平面上に単位面積あたり σ の一様な電荷分布が与えられている．その電荷分布によって作られる電場を求めよ．

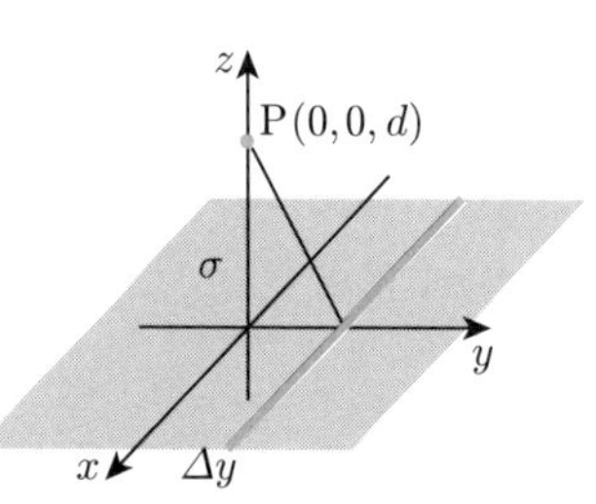

【解答】 電荷が与えられている平面を x-y 平面としよう．問題の対称性から，求める電場 $\vec{E}$ は x, y には依存しないので，電場を求める点 P を z 軸上の点 $(0,0,z)$ としよう．y 座標が y と $y+\Delta y$ の間にある細い帯状の部分を考えよう．Δy が十分小さければ，この部分は一様な電荷の分布した直線とみなすことができる．このような場合の電場は，例題 12.2 で求めた．いまは $\lambda = \sigma\Delta y$ であることと，位置が x 軸からずれていることに注意し，この帯状部分の作る電場は

$$\Delta\vec{E}_{帯}(z) = \frac{2k\sigma\Delta y}{\sqrt{y^2+z^2}}\frac{(0,-y,z)}{\sqrt{y^2+z^2}} \tag{12.16}$$

であることがわかる．最後の因子は帯状部分に垂直で，帯状部分から放射状に点 P に向かう単位ベクトルである．

平面全体の寄与を求めるには，重ね合わせの原理から，このような帯状部分の作る電場を全て足していけばよい．Δy を無限小に取る極限でその和は積分となり，

$$\vec{E}_{平面}(z) = 2k\sigma\int_{-\infty}^{\infty} dy \frac{(0,-y,z)}{y^2+z^2} \tag{12.17}$$

で与えられる．その y 成分は奇関数の積分なのでゼロになり，$\vec{E}_{平面}(z)$ は z 成分のみを持つ：$\vec{E}_{平面}(z) = (0,0,E_z(z))$.

$$E_z(z) = 4k\sigma z\int_0^\infty \frac{dy}{y^2+z^2} \tag{12.18}$$

ただし，y が正の領域の積分と負の領域の積分とは同じ値を与えるので，正の領域の積分の 2 倍とした．

ここで $z \to -z$ とすると，電場の向きが逆向きになることに注意しよう．電荷の与えられた平面の両側に，面に垂直な電場が対称に作られることがわかる．

ここに現れる積分は $y = |z| \tan\theta$ と変数変換することにより実行できる．

$$\int_0^\infty \frac{dy}{y^2 + z^2} = \frac{1}{|z|} \int_0^{\frac{\pi}{2}} d\theta = \frac{\pi}{2|z|} \tag{12.19}$$

それゆえ

$$\left[\vec{E}_{平面}\right]_z(z) = 2\pi k\sigma \frac{z}{|z|} = \frac{\sigma}{2\varepsilon_0} \frac{z}{|z|} \tag{12.20}$$

を得る．すなわち，一様な平面状電荷の作る電場は，面に垂直で対称であり，その大きさは面からの距離によらない． □

12.4 ガウスの法則

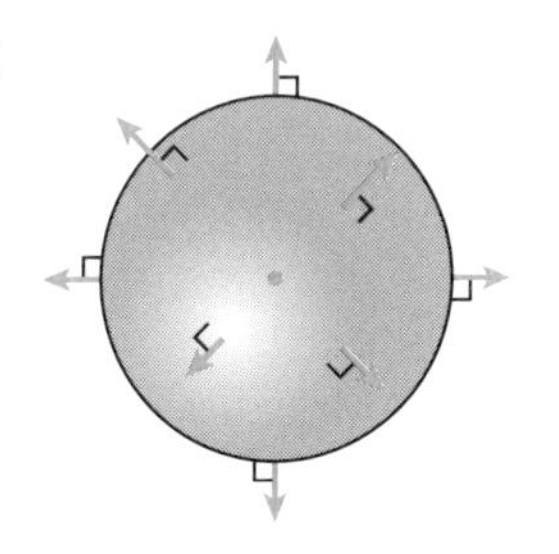

原点に電荷 Q を固定して置き，そのまわりに作られる電場 $\vec{E}(\vec{r})$ を考えよう．さらに，原点を中心とする半径 R の球面を考え，その球面上での電場を考える．電場 $\vec{E}$ は球面上のどこでも同じ大きさ $k\frac{Q}{R^2}$ であり，球面に垂直である．半径 R の球面の面積は $4\pi R^2$ であるから，

$$\begin{aligned} &(\text{電場 } \vec{E} \text{ の球面上で面に垂直な成分}) \times (\text{球面の面積}) \\ &= k\frac{Q}{R^2} \times 4\pi R^2 = 4\pi kQ = \frac{Q}{\varepsilon_0} \end{aligned} \tag{12.21}$$

であり，これは球面の半径 R によらない．

この性質を，**電気力線**と呼ばれる仮想的な線を考えて表現すると直感的にわかりやすい．点電荷からはその強さに応じて電気力線と呼ばれる線が出ていると想像しよう．電気力線は向きを持っており，その向きは，その点での電場の向きに一致する．電気力線が密な場所では電場が強く，疎なところでは弱い．その線は消えてなくなったり，増えたり，交わったりしない．そうすると，点電荷を囲むどんな大きさの球面を考えても，その面を通過する電気力線の本数は同じである．

このように考えると，球面以外のどのような閉曲面であっても，点電荷 Q を囲んでいればその閉曲面を正の向きに（つまり内部から外に向かって）通過する電気力線の本数は変わらないことがわかる．また，閉曲面が点電荷 Q を囲んでいなければ，その閉曲面を正の向きに通過する電気力線と，負の向きに通過する電気力線の本数は同じとなる．これを正の向きのみで表現すれば，閉曲線を通過する電気力線はゼロ本である，ということになる．

以上のことを数学的に表現するために，点電荷を囲む任意の閉曲面Sと，点電荷の位置を頂点とする円錐を考えよう．円錐の「底」は考えないことにする．円錐の広がり具合を表すのに**立体角**を用いると便利である．円錐の立体角は小さいとする．

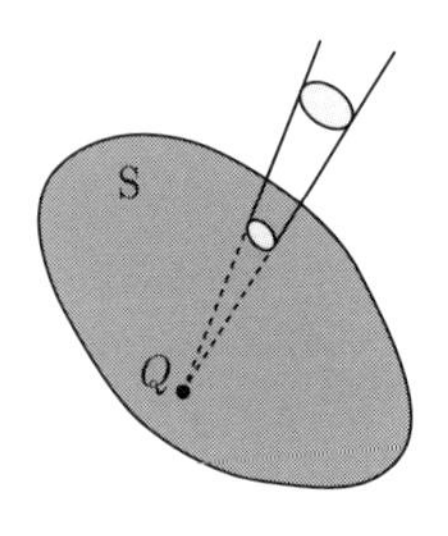

数学ワンポイント　立体角

半径1の円の周の長さは 2π なので，弧度法での角度は，1周に対してどれほど開いているかを半径1の扇形の弧の長さで表したものである．立体角はその立体版である．半径1の円の代わりに半径1の球面を考え，弧の長さの代わりにその球面上の面積を考える．その面積によって，中心からの立体的な「開きぐあい」を表すのである．全方向は立体角 4π である．立体角が Ω（オメガ）であるとき，半径 r の球面上では $S = r^2\Omega$ の面積に対応する．

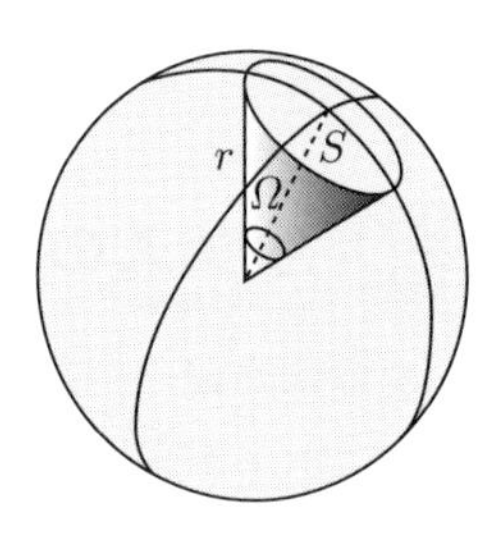

立体角は弧度と同様に無次元量である．しかし，sr（ステラジアン）という単位を用いることもある．

立体角は円錐が半径1の球面から切り取る面積だけを表すのではなく，円錐以外のより一般的な場合にも用いられる．

この円錐が閉曲面Sから切り取る曲面は，円錐の立体角 $\Delta\Omega$ が十分小さければ平面とみなしてよい．この面の面積を ΔS とし，この面に垂直で，閉曲面の外向きの単位ベクトル（**法線単位ベクトル**）を $\vec{n}$ としよう．また，この位置で閉曲面Sに近い，点電荷の位置を中心とする球面を考える．この球面の半径を R とすると，円錐がその球面から切り取る曲面の面積は $R^2\Delta\Omega$ である．一般に，閉曲面Sはその円錐内で動径方向（球の中心から外側に向かう方向）に対して斜めになっており，それゆえ ΔS は $R^2\Delta\Omega$ よりも大きい．しかし，同じ円錐によって切り取られているので，ΔS を動径方向に垂直

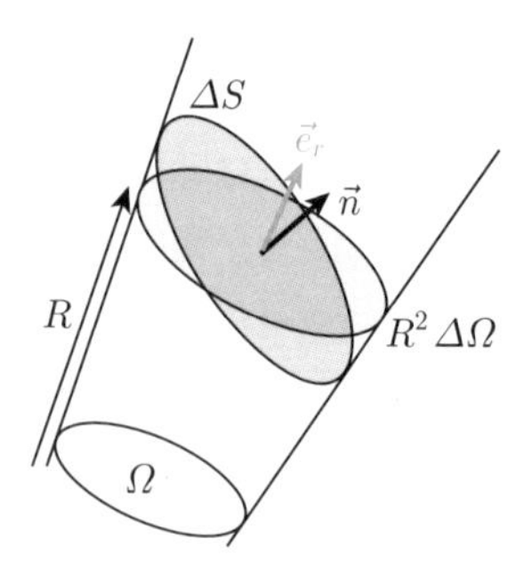

な面に映してみると，$R^2 \Delta\Omega$ に等しい．（球面の中心から見れば，閉曲面 S から切り取られた部分と球面から切り取られた部分は完全に重なって見える．）動径方向の単位ベクトル $\vec{e}_r$ を用いると，このことは

$$R^2 \Delta\Omega = \vec{e}_r \cdot \vec{n} \Delta S \tag{12.22}$$

と表される．

半径 R の球面上で，電場は $k\frac{Q}{R^2}\vec{e}_r$ であるから，面積 $R^2\Delta\Omega$ の部分で (電場の強さ) × (面積) を計算すると，

$$k\frac{Q}{R^2} \times R^2 \Delta\Omega = kQ\Delta\Omega = \frac{Q}{\varepsilon_0}\frac{\Delta\Omega}{4\pi} \tag{12.23}$$

となり，R に依存しない．それゆえ，これを球面全体について考えるには $\Delta\Omega \to 4\pi$ とすればよく，このようにして式 (12.21) が得られる．式 (12.23) を式 (12.22) を用いて表すと

$$k\frac{Q}{R^2}\vec{e}_r \cdot \vec{n}\Delta S = \vec{E}(\vec{r}) \cdot \vec{n}\Delta S = \frac{Q}{\varepsilon_0}\frac{\Delta\Omega}{4\pi} \tag{12.24}$$

ただし，$\vec{r}$ は閉曲面 S の，円錐によって切り取られた部分を指す位置ベクトルである．式 (12.24) は，$\vec{E} \cdot \vec{n}\Delta S$ は閉曲面 S の形によらず，その立体角だけで決まっていることを表している．それゆえ，式 (12.21) は，点電荷 Q を囲む任意の閉曲面に一般化することができる．

$$\int_{\mathrm{S}} \vec{E} \cdot d\vec{S} = \frac{Q}{\varepsilon_0} \tag{12.25}$$

ただし，$d\vec{S}$ は $\vec{n}\Delta S$ に対応する無限小の面素ベクトルである．この左辺は，閉曲面 S を微小な面の集まりと考え，それぞれの面に対して式 (12.24) を考え，それらの和の $\Delta S \to 0$ の極限を取ったものである．その結果は面全体にわたる積分であり，**面積分**と呼ばれる．

閉曲面 S が点電荷を囲んでいない場合には $\int_{\mathrm{S}} \vec{E} \cdot d\vec{S} = 0$ となる（章末演習問題 12.1 を参照せよ）．

いままでは，原点に置かれた点電荷 Q を考えたが，重ね合わせの原理を用いて任意の電荷分布に対して拡張することができる．例えば，いま Q_i（$i = 1, \ldots, n$）の電荷があり，それぞれが位置ベクトル $\vec{r}$ で表される位置に電場 $\vec{E}_i(\vec{r})$ を作るとすると，全体の電場 $\vec{E}(\vec{r})$ は

$$\vec{E}(\vec{r}) = \sum_{i=1}^{n} \vec{E}_i(\vec{r}) \tag{12.26}$$

で与えられる．これを式 (12.25) の左辺に代入すると，もし電荷 Q_i が閉曲面 S によって囲まれていれば $\vec{E}_i$ は積分に寄与し，囲まれていなければ寄与しない．つまり

$$\int_{\mathrm{S}} \vec{E} \cdot d\vec{S} = \sum_{i \subset \mathrm{S}} \frac{Q_i}{\varepsilon_0} \tag{12.27}$$

となる．ただし，和は閉曲面 S に囲まれている電荷のみに対して取る．

より一般的な（連続的な電荷分布も含めた）電荷分布に対して，閉曲面 S に囲まれた電荷の総量 Q_{S} を導入すれば

$$\int_{\mathrm{S}} \vec{E} \cdot d\vec{S} = \frac{Q_{\mathrm{S}}}{\varepsilon_0} \tag{12.28}$$

と書くことができる．これを**ガウスの法則**という．ガウスの法則は任意の電荷分布，任意の閉曲面 S に対して成立している．

ガウスの法則を用いれば簡単な計算によって電場を求めることができる場合がある．ただしそれが可能なのは，対称性が非常に高い場合に限られる．

例題 12.4

無限に長い直線上に，単位長さあたり λ の一様な電荷分布が与えられている．この直線から距離 l の位置における電場 $\vec{E}_{直線}(l)$ を求めよ．

【解答】 この問題は例題 12.2 と同じ問題である．例題 12.2 では積分を用いて計算したが，ここでは対称性とガウスの法則を用いて計算しよう．

問題の対称性から，この直線のまわりの電場は直線の長さ方向には変化せず，また軸対称である．（このことは，電場 $\vec{E}$ が直線からの距離だけの関数であることを意味する．）電場は直線方向の成分を持たない．なぜならば，この電荷を持った直線を，その直線を通り，直線に直交する軸の周りに 180 度回転すると，電場の直線方向の成分は符号を変えるが，物理系は前と同じなので，同じ電場を持つはずである．それゆえ直線方向の成分はゼロでなければならない．同様に，直線を中心として渦を巻くような成分（円柱座標でいえば $\vec{e}_\phi$ に比例する部分）もない．これも同様に 180 度回転すると，電場は逆向きに渦を巻くはずであるが，物理系は前と同じなので，渦を巻く成分はゼロであることがわかる．このようにして，この直線によって作られる電場は，軸に垂直な，放射状の成分（円柱座標でいえば $\vec{e}_r$ に比例する部分）しか持たないことがわかる：$\vec{E}_{直線}(\vec{r}) = E_r(r)\vec{e}_r$.

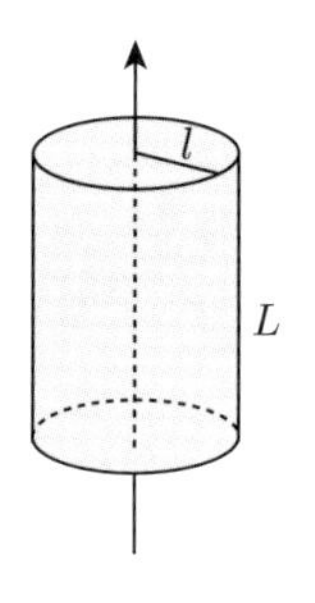

半径 l，長さ L の円筒を考え，その対称軸が直線と重なるようにしよう．円筒には上面，下面もあり，これらを含めて円筒面は閉曲面をなす．この面を閉曲面 S としてガウスの法則を適用しよう．電場は軸に垂直な，放射状の成分のみを持つので，円筒の上面，下面の法線単位ベクトルは電場に垂直であり，式 (12.28) の左辺には寄与しない．円筒の側面の法線単位ベクトルは，電場の方向と一致する．それゆえ

$$\int_{\mathrm{S}} \vec{E}_{\text{直線}} \cdot \vec{n}\, dS = 2\pi l L E_r(l) \tag{12.29}$$

となる．$2\pi lL$ は円筒の側面積である．一方，この円筒によって囲まれている電荷は $Q_{\mathrm{S}} = \lambda L$ であるから，ガウスの法則 (12.28) から

$$E_r(l) = \frac{\lambda}{2\pi\varepsilon_0 l} \tag{12.30}$$

を得る．例題 12.2 に比べると格段に簡単な計算によって答えが得られたことがわかる． □

12.5 電　　位

クーロンの法則から，電荷間にはたらくクーロン力は中心力である．それゆえ，クーロン力は保存力（4.3 節参照）であり，クーロン力に対するポテンシャルエネルギーが存在する．

クーロン力の場合には，電場が単位電荷にはたらく力であったことに対応して，単位電荷あたりのポテンシャルエネルギーを考えるのが普通である．これを**電位**という．電荷 q にはたらく力 $\vec{F}$ は，式 (12.5) で与えられるので，点 P におけるポテンシャルエネルギー $U(P)$ は，式 (4.28) から

$$U(\mathrm{P}) = -\int_{\vec{r}_{\mathrm{O}}}^{\vec{r}_{\mathrm{P}}} \vec{F} \cdot d\vec{r} = -q \int_{\vec{r}_{\mathrm{O}}}^{\vec{r}_{\mathrm{P}}} \vec{E} \cdot d\vec{r} \tag{12.31}$$

である．ただし $\vec{r}_{\mathrm{P}}$ は点 P の位置ベクトル，$\vec{r}_{\mathrm{O}}$ は基準点 O の位置ベクトルである．これに対応して，電位 $V(\mathrm{P})$ は

$$V(\mathrm{P}) = -\int_{\vec{r}_{\mathrm{O}}}^{\vec{r}_{\mathrm{P}}} \vec{E} \cdot d\vec{r} \tag{12.32}$$

で与えられる．電場についての重ね合わせの原理から，電位についても重ね合わせの原理が成り立つ．

原点に置かれた点電荷 Q が作る電場に対して，基準点 O を（万有引力の場合と同様に）無限遠に取ると，位置 $\vec{r}$ における電位は

$$V(\vec{r}) = -\int_{\infty}^{r} k\frac{Q}{r'^2}\,dr' = k\frac{Q}{r} \tag{12.33}$$

である．ただし，$r = |\vec{r}|$ は原点からの距離である．

電位の SI 単位は V で，**ボルト**と呼ぶ[1]．電位は単位電荷あたりのポテンシャルエネルギーであるから，$\mathrm{V} = \mathrm{J/C}$ である．

例題 12.5

電場の単位 V/m は，N/C に等しいことを示せ．

【解答】 $\mathrm{V} = \mathrm{J/C}$，および $\mathrm{J} = \mathrm{N\,m}$ であるから

$$\mathrm{V/m} = \frac{\mathrm{J}}{\mathrm{C\,m}} = \frac{\mathrm{N\,m}}{\mathrm{C\,m}} = \mathrm{N/C} \tag{12.34}$$

を得る．　□

点 P における電位と，点 P′ における電位の差を PP′ 間の**電位差**（または**電圧**）という．電位差は基準点の取り方によらない．電位差の SI 単位も V である．

例題 12.6

座標 $\left(0, 0, \frac{a}{2}\right)$ の位置に電荷 $+q$ が，座標 $\left(0, 0, -\frac{a}{2}\right)$ の位置に電荷 $-q$ が置かれているとき，位置ベクトルが $\vec{r} = (x, y, z)$ である位置での電位 $V(\vec{r})$ を求めよ．ただし，無限遠を基準点に取り，$a \ll r \equiv |\vec{r}|$ と近似してよい．

【解答】 重ね合わせの原理により，それぞれの電荷による電位を加えたものが求める電位となる．

$$V(\vec{r}) = \frac{q}{4\pi\varepsilon_0}\left\{\frac{1}{\sqrt{x^2 + y^2 + \left(z - \frac{a}{2}\right)^2}} - \frac{1}{\sqrt{x^2 + y^2 + \left(z + \frac{a}{2}\right)^2}}\right\} \tag{12.35}$$

ここで $\frac{a}{r} \ll 1$ として式 (4.55) を用いると

[1] 電位の記号 V と電位の単位 V とを混同しないように．紛らわしいが，電位を記号 V で表すことは広く行われている．

$$\frac{1}{\sqrt{x^2+y^2+\left(z\mp\frac{a}{2}\right)^2}}=\frac{1}{\sqrt{r^2\mp az+\frac{a^2}{4}}}$$
$$=\frac{1}{r}\left(1+\frac{\mp az+\frac{a^2}{4}}{r^2}\right)^{-\frac{1}{2}}$$
$$\approx\frac{1}{r}\left(1-\frac{1}{2}\frac{\mp az+\frac{a^2}{4}}{r^2}\right)$$
$$\approx\frac{1}{r}\left(1\pm\frac{az}{2r^2}\right)\qquad(12.36)$$

と近似できる．それゆえ

$$V(\vec{r})\approx\frac{qa}{4\pi\varepsilon_0}\frac{z}{r^3}\qquad(12.37)$$

を得る．ここで，$\vec{p}=(0,0,qa)$ というベクトルを導入しよう．このベクトルの大きさは正負ペアの電荷の絶対値とその距離との積，向きは負電荷の位置から正電荷の位置に向かう向きである．このベクトルを**電気双極子モーメント**と呼ぶ．$\vec{p}$ を用いて電位を表すと

$$V_{\text{双極子}}(\vec{r})=\frac{1}{4\pi\varepsilon_0}\frac{\vec{p}\cdot\vec{r}}{r^3}\qquad(12.38)$$

となる．□

電位はスカラー場なので，ベクトル場である電場に比べて扱いやすい．また，電位から電場を求めることができる．

〈**Advanced**〉 電場と電位の関係は，力学における保存力とポテンシャルエネルギーの関係と同じである．ポテンシャルエネルギー $U(\vec{r})$ が与えられたとき，対応する保存力 $\vec{F}(\vec{r})$ は式 (4.61) によって求めることができた．同様に，与えられた電位 $V(\vec{r})$ より，対応する電場 $\vec{E}(\vec{r})$ は

$$\vec{E}(\vec{r})=-\nabla V(\vec{r})\qquad(12.39)$$

によって求まる．

例題 12.7〈Advanced〉

例題 12.6 で得られた電位 $V_{\text{双極子}}(\vec{r})$ から，電気双極子モーメントが作る電場を求めよ．

【解答】 電気双極子モーメントが作る電場 $\vec{E}_{\text{双極子}}(\vec{r})$ は

$$\vec{E}_{\text{双極子}}(\vec{r})=-\nabla V_{\text{双極子}}(\vec{r})\qquad(12.40)$$

で与えられる．$\vec{p}=(0,0,p)$ とすると

$$\frac{\partial}{\partial x}\frac{pz}{r^3}=-3\frac{pz}{r^4}\frac{\partial r}{\partial x}=-3\frac{pzx}{r^5} \tag{12.41}$$

$$\frac{\partial}{\partial y}\frac{pz}{r^3}=-3\frac{pz}{r^4}\frac{\partial r}{\partial y}=-3\frac{pzy}{r^5} \tag{12.42}$$

$$\frac{\partial}{\partial z}\frac{pz}{r^3}=\frac{p}{r^3}-3\frac{pz}{r^4}\frac{\partial r}{\partial z}=\frac{p}{r^3}-3\frac{pz^2}{r^5} \tag{12.43}$$

であるから

$$\begin{aligned}\vec{E}_{双極子}(\vec{r})&=\frac{1}{4\pi\varepsilon_0}\left\{3\frac{pz}{r^5}(x,y,z)-\frac{1}{r^3}(0,0,p)\right\}\\&=\frac{1}{4\pi\varepsilon_0}\left\{3\frac{(\vec{p}\cdot\vec{r})\vec{r}}{r^5}-\frac{\vec{p}}{r^3}\right\}\end{aligned} \tag{12.44}$$

を得る．この最後の表式は，ベクトル $\vec{p}$ の向きによらない表式になっている． □

物理の目　電子レンジ

水分子 H_2O は酸素原子の方が少しマイナスに帯電し，水素原子の方が少しプラスに帯電しており，電気双極子モーメントを持っている．水分子を時間的に振動する電場の中に置くと，プラスに帯電している部分は電場の向きに，マイナスに帯電している部分は電場と逆向きに力を受けるので，水分子は回転・振動する．このように分子の運動を増大させることは，熱を加えることに他ならない．このしくみを使って食べ物や飲み物を加熱するのが**電子レンジ**である．

12.6 起　電　力

電位，電位差とよく混同される概念として**起電力**がある．起電力とは何か，電位，電位差とどう違うのかを理解してもらいたい．

起電力とは，電荷を分離したり回路に電流を流す原因である．抵抗に導線をつないだだけでは電流は流れない．電流を流すためには電池（あるいは電池に相当するもの）が必要である．

回路に電流を流し続けるためには，非静電的な力が必要である．普通の乾電池では，化学的なエネルギーによって，電池内部で電子が陽極から陰極に運ばれる．回路が開いているときには，この作用によって，電荷は電池の陽極と陰極に分離され，それによって電池の両端に電位差が生じる．

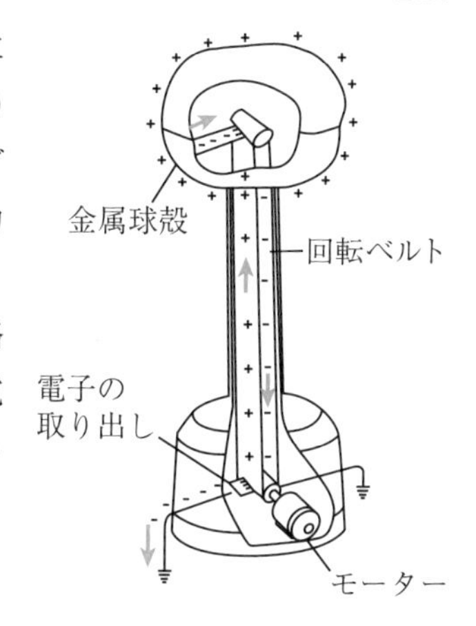

乾電池では非静電的な「力」というのは比喩的に理解すべきものだが，ヴァンデグラフ発電機（右図）では正にそのような力が使われている．ヴァンデグラフ発電機の内部では，電荷はベルトに乗って（力学的に）運ばれる．

このような外部からの仕事が起電力となり，回路に電流を流す．13.3 節で示されるように，回路に電流が流れると，熱などによってエネルギーが消費される．その消費されるエネルギーを供給するのが，起電力である．

電荷 q にはたらく非静電的な力を $\vec{F}_{\mathrm{ns}}$ とすると，起電力は回路に沿った閉曲線 C についての線積分

$$\mathcal{E} = \frac{1}{q}\int_{\mathrm{C}} \vec{F}_{\mathrm{ns}} \cdot d\vec{l} \tag{12.45}$$

によって与えられる．これがゼロであるならば，回路に電流を流し続けることはできない．

起電力の単位はその定義 (12.45) から明らかなように，J/C である．ボルトの定義から，これは V に等しい．つまり，起電力も電位，電位差と同様に，V で測られる．

起電力というのは誤解を生みやすい名前である．起電力は「電力」でもないし，「力」でもない．

電位，電位差は静電的なクーロン力が保存力であることから，単位電荷あたりのポテンシャルエネルギー，およびその差として定義されるものである．保存力は回路に（外部から）エネルギーを供給するものではない．また，電池の内部では，非静電的な力により電子が陽極から陰極に運ばれ，電荷が分離され，陰極には電子の過剰が陽極には電子の欠乏が生じる．電子は負の電荷を持っているので，電子にはたらく静電的な力は陰極から陽極に向かう向きである．

静電場 $\vec{E}_{\mathrm{s}}$ に対して，任意の閉曲線 C についての線積分はゼロになる．

$$\int_{\mathrm{C}} \vec{E}_{\mathrm{s}} \cdot d\vec{l} = 0 \tag{12.46}$$

これはクーロン力が保存力であることから導かれる．式 (12.45) と比べると，電荷 q にはたらく静電場による力を考慮したとしても，式 (12.45) には寄与しないことがわかる．

注意！　重力によるポテンシャルエネルギーと電位のアナロジーでいえば，起電力は物体を高さ h だけ持ち上げる外力に相当する．外力が静かに質量 m の物体を高さ h まで持ち上げる場合，外力は物体にはたらく重力 $m\vec{g}$ に逆らい，$-m\vec{g}$ の（鉛直上向きの）力で $W = mgh > 0$ だけの仕事をする．それによって物体はポテンシャルエネルギー $U = mgh$ を獲得する．

演　習　問　題

演習 12.1　任意の閉曲面 S が点電荷 Q を囲んでいない場合には

$$\int_{\mathrm{S}} \vec{E} \cdot d\vec{S} = 0 \tag{12.47}$$

となる．これを示すために，右図のような，点電荷の位置を頂点とする円錐を考える．このとき，閉曲面 S と円錐面とは 2 回交わるとする．（一般に偶数回交わる．その場合も 2 回のときの議論を一般化すればよい．）図を参考にして，どうして面積分がゼロになるかを説明せよ．

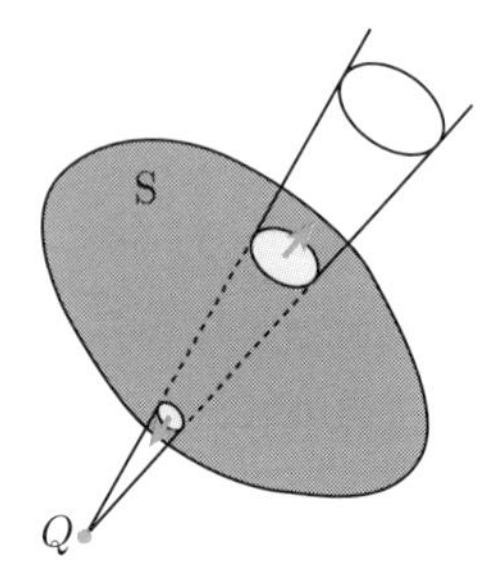

演習 12.2　例題 12.3 で，無限に広い平面上に単位面積あたり σ の一様な電荷分布を考えた．このときの電場を，下図のような面積 S，高さ $2d$ の円筒面を考え，ガウスの法則を用いて求めよ．

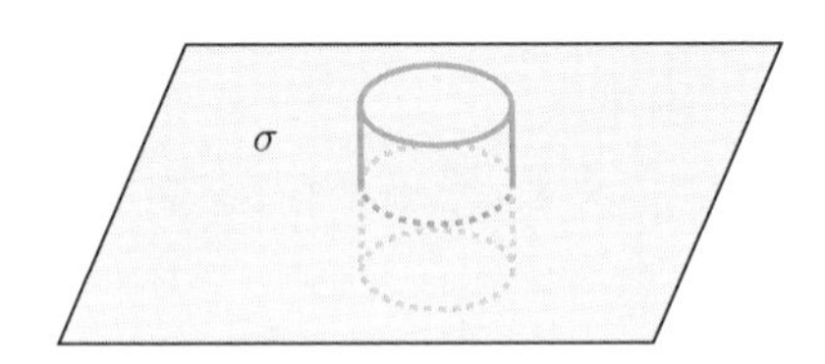

演習 12.3〈**Advanced**〉　半径 a の円板に，単位面積あたり σ の一様な電荷が与えられているとき，円板に垂直で円板の中心を通る直線上の，中心から z の距離にある点での電位 $V_{\text{円}}(d)$ を求めよ．

第13章
導　体

電気を通す物質を導体という．導体の性質と，電気抵抗，コンデンサについての基礎的な事柄を学ぼう．

13.1 導体と不導体，電気抵抗

さまざまな物質は電気を通すものと，電気を通さないものとに分かれる．電気を通す物質のうち，特に電気を通しやすい物質を**電気伝導体**，または単に**良導体**という．電気をほとんど通さないものを**不導体**，または**絶縁体**という．

良導体としてよく使われるのは金属であり，銅はその代表的なものである．金属中には原子によって束縛されずに動き回れる**自由電子**と呼ばれる電子が存在する．自由電子が電荷を運ぶことによって，金属中に電流が流れる．自由電子が数多く存在する場合には電流は流れやすく，少なければ電流は流れにくい．これが材質による電気の通しやすさの違いである．

不導体には，自由電子のような物質中を自由に移動できる荷電粒子がほとんど存在しないために，電流が流れない．

金属原子は規則的に並んで格子状になっている．この格子が正確に周期的に並んでいる場合には，量子力学的な効果によって，**電気抵抗**（または単に**抵抗**）（電流の流れにくさ）はゼロである．しかし，実際は熱的なランダムな格子の運動や不純物などにより電気抵抗が生じる．その大きさは材質や形状に依存する．

良導体と不導体の間の中間的な物質を**半導体**という．半導体は導体に比べて，電荷を運ぶ粒子の数がずっと少なく，その数は温度によって大きく変化する．

物体の電気抵抗 R は，その両端の電位差 V と，その物体に流れる電流 I によって

$$R = \frac{V}{I} \tag{13.1}$$

で定義される．電気抵抗の SI 単位は Ω で**オーム**と呼ぶ．オームは式 (13.1) から $\Omega = \mathrm{V/A}$ である．

多くの物質では，与えられた温度での電気抵抗 R は一定で，物体に流れる電流の

大きさや，電位差によって変化することはない．この一定値の電気抵抗と電流，電位差の関係式 (13.1) を**オームの法則**という．電流の大きさや電位差に依存するような電気抵抗を**非オーム抵抗**または**非線形抵抗**という．白熱電球のフィラメントに用いられるタングステンは非オーム抵抗である．

以下では単に抵抗といえばオーム抵抗を表すものとする．

物体の断面積を A とし，長さを l とすると，その物体の電気抵抗 R は A に反比例し，l に比例する．これは電気抵抗が電流の流れにくさを表すことから容易に理解される．断面積が大きければ，電流が通るところが広いので流れやすいだろう．長さが長いほど，荷電粒子は遠くまで移動しなければならないので，流れにくいだろう．これを式で表すと

$$R = \rho \frac{l}{A} \tag{13.2}$$

となる．比例係数 ρ は**電気抵抗率**と呼ばれ，材質によって決まる物性値である．電気抵抗率は材質によって非常に大きな違いがある．良導体である銅では $1.68 \times 10^{-8}\ \Omega\,\mathrm{m}$ であり，不導体である磁器では $3 \times 10^{14}\ \Omega\,\mathrm{m}$ 程度である．

本書では半導体および良導体を一緒にして**導体**と呼ぶこととする．

物理の目　絶縁破壊

空気は不導体であるが，大きな電位差がかかると絶縁性が破壊されて電流を流す．このような現象を**絶縁破壊**という．雷は雲と地面との間の電位差が限界値（普通はおよそ $3.0 \times 10^6\ \mathrm{V/m}$）を超えたときに生じる絶縁破壊の例である．

長さ l の一様な直線状抵抗の両端に，電位差 V を与えると，抵抗中には大きさ $E = \frac{V}{l}$ の電場がある[1]．式 (13.1) と式 (13.2) から，

$$\frac{I}{A} = \frac{1}{\rho} E \tag{13.3}$$

を得る．左辺は単位断面積あたりの電流で，**電流密度**を表す．これを向きも含めて $\vec{j}$ と表すと，

$$\vec{j} = \sigma \vec{E} \tag{13.4}$$

と表すことができる．ただし，$\sigma = \frac{1}{\rho}$ は**電気伝導率**といい，物質中の電流の流れやすさを表す．式 (13.4) は式 (13.1) を局所的な量で表したより一般的な式で，一様

[1] 抵抗の両端の位置ベクトルを $\vec{r}_{\mathrm{a}}, \vec{r}_{\mathrm{b}}$ とすると，電位差 V は $V = \int_{\vec{r}_{\mathrm{a}}}^{\vec{r}_{\mathrm{b}}} \vec{E} \cdot d\vec{l}$ で与えられることに注意しよう．ただし V が正になるように $\vec{r}_{\mathrm{a}}, \vec{r}_{\mathrm{b}}$ をとった．

な直線状抵抗以外でも成り立つ．

いくつかの電気抵抗を含む回路を考えよう．抵抗 R_k に電流 I_k が流れるとき，オームの法則から，抵抗の両端の電位差 V_k は $V_k = I_k R_k$ で与えられる．（電流の流れる向きに電位が下がるので**電圧降下**ともいう．）もし，注目している閉回路 C が抵抗だけから成り立っているのなら，式 (12.46) から

$$\sum_{k \subset \mathrm{C}} V_k = \sum_{k \subset \mathrm{C}} I_k R_k = 0 \tag{13.5}$$

が得られる．ただし，電流の向きは閉曲線 C の向き付けの向きとし，和は閉回路 C に含まれる抵抗について取られる．もし閉回路が電池を含んでいる場合，電池内では電流の流れる向きに（抵抗とは違い）電位は上昇するので，電池の（陰極から測った陽極の）電位差 V_b は抵抗による電圧降下とは逆符号になる．それゆえ，式 (12.46) は

$$V_\mathrm{b} - \sum_{k \subset \mathrm{C}} I_k R_k = 0 \tag{13.6}$$

となる．

電池によって電荷 q が V_b だけ電位の高いところに運ばれるので，この電池のする仕事は $W = qV_\mathrm{b}$ である．起電力 $\mathcal{E}$ は単位電荷あたりに電池がする仕事なので $\mathcal{E} = \frac{W}{q} = V_\mathrm{b}$ である．それゆえ

$$\mathcal{E} = \sum_{k \subset \mathrm{C}} I_k R_k \tag{13.7}$$

を得る．これは「電気回路の任意の閉回路について，起電力（の和）は電圧降下の和に等しい」という**キルヒホッフの第 2 法則**である．

注意！　電池の両端の電圧と起電力は本来全く別物である．それを端的に示すのは，電池が**内部抵抗** r を持つ場合である．このとき，電池に流れる電流を I_b として，電池の両端の電圧 V_b は $V_\mathrm{b} = \mathcal{E} - I_\mathrm{b} r$ で与えられる．

13.2　静電的な導体の性質

導体中には自由に移動できる荷電粒子があるので，静電的な場合にいくつかの注目すべき性質が現れる．この節ではその性質をまとめてみよう．

導体の近くに電荷を置く（つまり，導体を電場中に置く）ことを考えよう．導体中の荷電粒子は電場によって力を受けて速やかに移動し，電荷が導体表面に現れるようになる．この電荷は，導体内部の電場がゼロになるように配位する．なぜなら

ば，もし導体中に電場があれば，導体中の荷電粒子は力を受けて移動するからである．このように，導体の表面に（正負の）電荷が現れて，導体内部の電場を打ち消す現象を**静電誘導**という．静電誘導により，まず，次のことがわかる[2]．

- 導体内部の電場はゼロである．それゆえ，導体内部では，いたるところ電位が一定である．

導体中に任意の2点を結ぶ経路に沿って，電場を線積分したものが，2点間の電位差を与える．電場は導体内部でゼロなので，線積分はゼロとなり，任意の2点間の電位差はゼロになる．特に，

- 導体表面は等電位面である．導体表面近傍で，電場は導体表面に垂直である．

一般に，電場は等電位面に垂直である．導体表面は等電位面となるので，電場は導体表面に垂直になる．

例題 13.1

半径 a の導体球に電荷 Q を与えたとき，作られる電場と導体球の電位を求めよ．

【解答】 導体球に電荷を与えたとき，電荷は球面上に一様に分布する．それゆえ，この電荷分布によって作られる電場は球対称であり，中心からの距離 r にのみ依存する．つまり，$\vec{E}(r) = E_r(r)\vec{e}_r$ の形である．導体内部では電場は存在しないので，$\vec{E}(r) = \vec{0}$ $(0 \leq r < a)$ である．ガウスの法則を，導体球の中心を中心とする半径 r $(> a)$ の球面 S_r に対して適用しよう．

$$\int_{\mathrm{S}_r} \vec{E}(r) \cdot d\vec{S} = 4\pi r^2 E_r(r) = \frac{Q}{\varepsilon_0} \tag{13.8}$$

より

$$\vec{E}(r) = \frac{Q}{4\pi\varepsilon_0 r^2}\vec{e}_r \quad (r > a) \tag{13.9}$$

を得る．電位は無限遠を基準点として，動径方向に線積分をすることにより求まる．

$$V_{\text{導体球}} = -\int_{\infty}^{a} E_r(r)\,dr = \frac{Q}{4\pi\varepsilon_0 a} \tag{13.10}$$

□

[2] これから述べる導体の性質は，静電的な場合のものであることに注意しよう．例えば，導体に電流が流れているときには，導体内部にはゼロでない電場がある．

もし半径 r_{A} の導体球 A と半径 r_{B} の導体球 B が細い導線によって結ばれていて，十分離れているとすると，2 つの導体球の電位は等しくなるように電荷の移動が起こる．移動の後の導体球 A の持つ電荷を Q_{A}，導体球 B の持つ電荷を Q_{B} とすると，式 (13.10) から

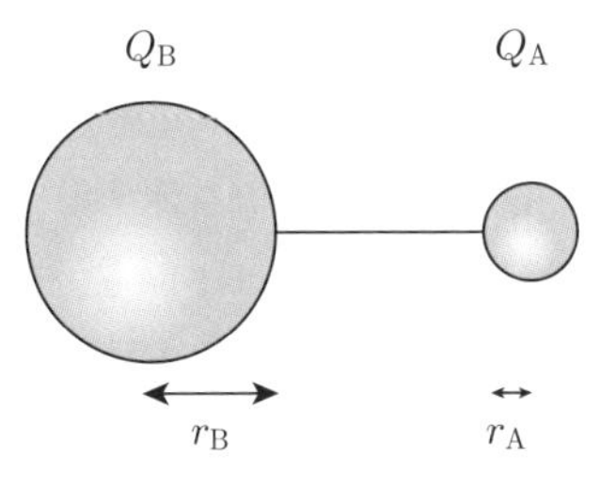

$$\frac{Q_{\mathrm{A}}}{r_{\mathrm{A}}} = \frac{Q_{\mathrm{B}}}{r_{\mathrm{B}}} \tag{13.11}$$

が成り立つ．一方，それぞれの導体球の近傍の電場の大きさは，電荷に比例し，半径の 2 乗に反比例するので，

$$\frac{E_{\mathrm{A}\,表面}}{E_{\mathrm{B}\,表面}} = \frac{Q_{\mathrm{A}}}{Q_{\mathrm{B}}}\frac{r_{\mathrm{B}}^2}{r_{\mathrm{A}}^2} = \frac{r_{\mathrm{B}}}{r_{\mathrm{A}}} \tag{13.12}$$

を得る．ただし，最後の等式で式 (13.11) を用いた．$r_{\mathrm{A}} < r_{\mathrm{B}}$ ならば $E_{\mathrm{A}\,表面} > E_{\mathrm{B}\,表面}$ であることがわかる．すなわち，半径が小さい方が表面近傍の電場が強い．このことはより一般的な導体の形状についても同様である．

- 導体の尖った部分の表面電場は，滑らかな部分よりも強い．

導体内部だけではなく，導体に囲まれた中空部分も，そこに電荷がなければ電場は存在しない．これを**静電遮蔽**という．

- 導体に囲まれた中空部分に電荷がなければ，導体外部の電場にかかわらず，中空部分には電場は存在しない．

これは次のようにして示すことができる．中空部分の導体との境界は，等電位面となっているので，中空内部では，その電位より高い部分があるか，低い部分があるか，あるいは中空部分全体が等電位であるかの 3 通りである．境界電位より高い部分があると仮定すると，どこかに極大となる点があるはずである．極大点のまわりに，極大点を取り囲む等電位面を考えると，この面は閉曲面をなしている．電場は等電位面に対して垂直（で外向き）なので，この等電位面に対して電場の面積分を行うと，面積分はゼロではない．これはガウスの法則（12.4 節）からこの閉曲面内部にゼロでない電荷が存在することを意味する．これは中空部分に電荷がないという仮定に矛盾する．それゆえ，中空部分には電位が極大となる点は存在しない．境界電位よりも低い部分があるとしても同様にガウスの法則との矛盾を導くことができる．以上から，中空部分全体は等電位であり，電場は存在しないことがわかる．

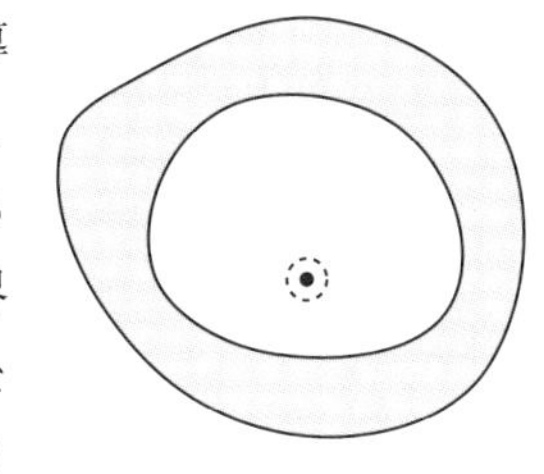

13.3 ジュール熱

電気抵抗に電流を流すと，発熱して電気的エネルギーが熱的エネルギーへと変換される．電位差は単位電荷あたりのポテンシャルエネルギーであったことを思い出そう．電荷 q を電位 V だけ，高いところから低いところに運ぶと，それにより，ポテンシャルエネルギーは qV だけ減少する．もし，このエネルギーが熱エネルギーに転換されなければ，このエネルギーは荷電粒子の運動エネルギーに転換されていたはずである．重力のアナロジーでいえば，高さ h の場所にあった質量 m の物体は，mgh だけのポテンシャルエネルギーを余計に持っているが，この物体が h だけ落下すると，力学的エネルギーの保存則より，mgh だけ運動エネルギーが増す．定常電流として抵抗を通過する電荷は，通過の前後で速度を増すことはないので，qV のポテンシャルエネルギーは全て熱エネルギーに変換されたと考えられる．この熱を**ジュール熱**という[3]．

電位差が V である抵抗に電流 I が流れるとすると，単位時間あたり I の電荷が運ばれるので，それによって変換されるエネルギーは単位時間あたり IV に等しい．電流の単位は A（アンペア），電位差の単位は V（ボルト）であるから，IV の単位は

$$\mathrm{A\,V} = \frac{\mathrm{C}}{\mathrm{s}}\,\frac{\mathrm{J}}{\mathrm{C}} = \mathrm{J/s} = \mathrm{W} \tag{13.13}$$

となり，仕事率の単位 W（ワット）となる．

オームの法則を用いると，抵抗が R の電気抵抗によって消費される**電力** P は

$$P = IV = I^2R = \frac{V^2}{R} \tag{13.14}$$

と表せる．

式 (13.14) は，送電する際に送電電圧 V が高い方がなぜ良いかを説明してくれる．同じ電流 I を流す[4]とき，供給される電力 $P_{\text{供給}} = IV$ は送電電圧に比例する．それゆえ，高電圧で送電すれば供給電力を大きくすることができる．また，この式は同じ供給電力に対して，送電電圧が高い方が送電ロス（電力損失）が少ないことを説明してくれる．実際，抵抗 R で消費される電力（ジュール熱）は $I = \frac{P_{\text{供給}}}{V}$ を $P_{\text{損失}} = I^2R$ に代入して

[3] この熱エネルギーが有効に使われない場合，ジュール熱はエネルギーの損失とみなされる．

[4] 流れる電流の大きさが大きいほど送電線は太くなければならない．それゆえ，なるべく電流量は少ない方が細い送電線で済み，経済的である．

$$P_{\text{損失}} = \frac{P_{\text{供給}}^2 R}{V^2} \tag{13.15}$$

と表される．送電電圧が高い方が，送電ロスが小さい．

高い送電電圧で送られてきた電流を，家庭用の 100 V の電圧に変換することについては 15.3.2 節を見よ．

一般に，電力はさまざまな家電製品を動かすのに必要な単位時間あたりのエネルギー（仕事率）を表すのに用いられる．また，エネルギーそのものを表すのに kWh（キロワット時）という単位も用いられる．これは $1\,\mathrm{kW} = 10^3\,\mathrm{W}$ の仕事率（電力）で 1 時間続けたときの仕事（エネルギー消費）を表す．1 時間は 3600 秒であるから，$1\,\mathrm{kWh} = 3.6 \times 10^6\,\mathrm{J}$ である．

13.4 静 電 容 量

電荷を蓄えたり，放出したりする素子である**コンデンサ**を考えよう．実際の素子にはさまざまな種類があるが，ここでは簡単な平行板コンデンサを考える[5]．

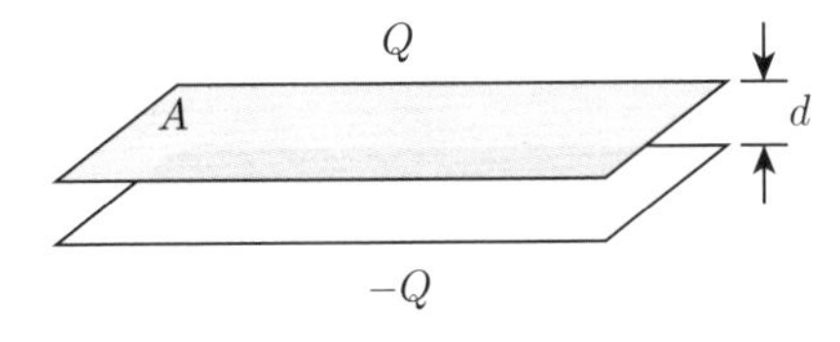

面積が A の 2 つの電極板を，距離 d だけ離して置く．一方の電極板には電荷 Q（$Q > 0$）を，他方の電極板には電荷 $-Q$ を与える．電荷は電極板に一様に分布しているとする．電極板の近傍では，電極板の端の効果は無視でき，それぞれの電極板の周囲にできる電場は，例題 12.3 で求めた無限に広い一様な電荷分布による電場と同じと考えてよい．それゆえ，電極板間の距離 d が十分狭ければ（$d \ll \sqrt{A}$），2 枚の極板によって作られる電場は，それぞれの（無限に広いとしたときの）極板によって作られる電場の重ね合わせとなる．電極板間では電場は足し合わされ，一様な電場

$$E = \frac{\sigma}{\varepsilon_0} = \frac{Q}{\varepsilon_0 A} \tag{13.16}$$

があり，電極板の外側では打ち消し合って，電場はゼロになる．また，極板間の電位差 V は，極板間に一様な電場があるので，

$$V = Ed = \frac{d}{\varepsilon_0 A} Q \tag{13.17}$$

[5] 実際のコンデンサは多種多様で，形も平行板コンデンサとは全く異なる．

となる．

一般に，孤立した導体系に電荷 Q を与えたとき，その電位（あるいは電位差）V は Q に比例する．その比例係数を C と書き，**静電容量**という[6]．

$$Q = CV \tag{13.18}$$

半径 a の導体球の場合，

$$V = \frac{1}{4\pi\varepsilon_0}\frac{Q}{a} \tag{13.19}$$

であるから，$C_{\text{導体球}} = 4\pi\varepsilon_0 a$ である．

平行板コンデンサでは式 (13.17) から

$$C_{\text{平行板}} = \frac{\varepsilon_0 A}{d} \tag{13.20}$$

である．

静電容量の単位は F で**ファラド**と呼ぶ．式 (13.18) から，F は C/V に等しい．

例題 13.2

真空の誘電率 (12.2) の単位は F を用いて F/m と書けることを示せ．

【解答】 V は V = J/C なので，

$$\mathrm{F} = \mathrm{C/V} = \mathrm{C^2/J} = \mathrm{C^2/(N\,m)} = [\mathrm{C^2/(N\,m^2)}]\cdot\mathrm{m} \tag{13.21}$$

と書き直せる．ここで，$[\cdots]$ の部分が真空の誘電率の単位（式 (12.2) 参照）であるから，それは F/m に等しい． □

演 習 問 題

演習 13.1 近くで落雷が起きているとき，あなたは車の中にいたとしよう．このまま車の中にいた方がいいだろうか，それとも外に出た方がいいだろうか．それはなぜか．

演習 13.2 半径 a の導体球を，内半径 b，外半径 c の同心の導体球殻で包んだ．内部の球に電荷 Q を，外側の球殻に電荷 $-Q$ を与えたとき，空間に作られる電場を求めよ．また，この導体系の静電容量を求めよ．

[6] 静電容量の記号 C と電荷の単位の C（クーロン）とを混同しないように．

第14章

磁場と電流

磁石が互いに引き合ったり反発し合ったりすることはよく知っているだろう．これは電荷の間にはたらくクーロン力に似ている．電荷のまわりに電場が作られるように，磁石のまわりにも磁場と呼ばれる場が作られる．面白いことに，電流が流れると，そのまわりに磁場が作られる．これは「電気の世界」と「磁気の世界」の結びつきの一つの例になっている．電流と，それが作る磁場について学ぼう．

14.1 磁石と磁場

通常**磁石**と呼ばれているものは，それ自体磁石の性質を持つ**永久磁石**である．一方，鉄くぎなどはそれ自体では磁石としての性質を持っていないが，磁石にくっつくと磁石としての性質を持つようになり，例えば別の鉄くぎを引きつける．このことを**磁化**という．

磁石にはN極とS極とがある．N極とS極の間には引力がはたらき，N極とN極，S極とS極の間には反発力がはたらく．磁石間にはたらく力は，電荷間にはたらく力によく似ている．しかし，電荷は正の電荷のみ，負の電荷のみを考えることができるが，磁石の場合にはN極のみ，S極のみを取り出すことはできない．必ずN極とS極とはペアで現れる．棒磁石を2つに割ると，割ったところに新たにN極，S極が現れ，結果として，2つのN極S極のペアができる．

物理の目　地磁気と方位磁針

磁石のN極が北極に引かれ，S極が南極に引かれるのを利用したのが**方位磁針**である．これは地球全体が一種の磁石であり，北極がS極，南極がN極であることによる．

実際の地磁気はかなり複雑である．方位磁針が指す「北」(磁北という) と正確な(地理的な) 北とは，偏角と呼ばれる角度だけ (水平方向に) ずれている．また，水平面に対しても伏角と呼ばれる角度だけずれている．(方位磁針はそれを補正して，N極側とS極側では少し重さをかえて水平になるように調整してある．)

磁石としての北極には地磁気北極と北磁極とがある (南極についても同様)．地磁気北極というのは，地球を1つの磁石で近似したときのS極の位置である．磁北極というのは，（伏角の調整をしていない）方位磁針が鉛直になる位置である．地磁気北極と北磁極は別の場所にあり，また，磁北は普通そのどちらも指していない．また，これらの位置は時間的に移動していることが知られている．

クーロン力を電場を導入して2段階で記述したように，N極とS極の間に働く力も**磁場**というベクトル場を導入することにより，2段階で記述することができる．つまり，(i) 磁石のまわりには，磁場が作られる．(ii) 磁場の中にN極，あるいはS極が置かれたときには，その場所での磁場の大きさと，向きによって，はたらく力の大きさと向きが決まる．

14.2 磁場中で電流が受ける力

大きな磁石を用いると，（近似的に）一様な磁場を作ることができる．その中にある導線に電流を流すとどうなるだろうか．

実験によると，磁場の方向に対して垂直に電流 I を流すと，磁場の方向と電流の方向が作る平面に垂直に力がはたらき，その力の大きさは電流の大きさ，磁場の大きさに比例し，また，磁場中にある導線の長さに比例する．電流の向きを逆にすると，力の向きも逆になる．力の大きさを F として，磁場の大きさを B とすると，

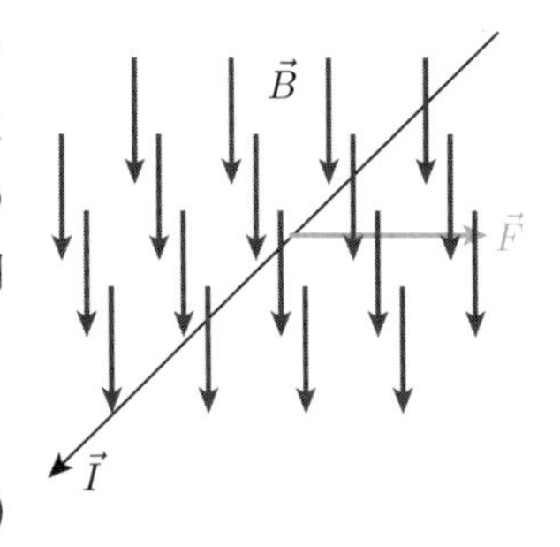

$$F = IBl \tag{14.1}$$

と書ける．ここで，比例定数を1としたことに注意しよう．今まで磁場をどのような単位で測るかについて述べていなかったが，この式を使って磁場の単位を決めることができる[1]．すなわち，磁場に垂直に1 Aの電流を流したとき，1 mあたりに1 Nの力がはたらくような磁場の大きさを1**テスラ**と呼び1 Tと書く．この式から

$$\mathrm{T} = \mathrm{N}/(\mathrm{A\,m}) \tag{14.2}$$

であることがわかる．

---

[1] この式で定義される磁場ベクトル $\vec{B}$ を，より正確には**磁束密度**という．電磁気学では磁束密度 $\vec{B}$ の他に**磁場の強さ** $\vec{H}$ というベクトルも用いられるが，本書で扱う真空中の電磁気学の範囲では，$\vec{B}$ と $\vec{H}$ は定数倍の違いしかない．それゆえ磁場という言葉で磁束密度を表し，磁場の強さは用いない．

電流 I を，その向きも含めてベクトルで表すと便利である．すなわち，$\vec{I}$ の大きさは電流の大きさ I，その向きは導線中を電流が流れる向きである．

3 つのベクトル $\vec{F}$, $\vec{B}$, および $\vec{I}$ の向きの関係について，より正確に述べよう．電流 $\vec{I}$ が x 軸の正の向きに流れているとし，磁場 $\vec{B}$ が y 軸の正の向きを向いているとしよう．このとき，力 $\vec{F}$ の向きが z 軸の正の向きである．この 3 つのベクトルの関係を表したものが**フレミングの左手の法則**である．

左手の親指，人差し指，中指を互いに垂直になるように持ったとき，親指から順に「FBI」[2] とすると，それぞれのベクトルの向きの関係がわかる．電流の向きが逆になったとき，力の向きが逆になることを確認せよ．

フレミングの左手の法則

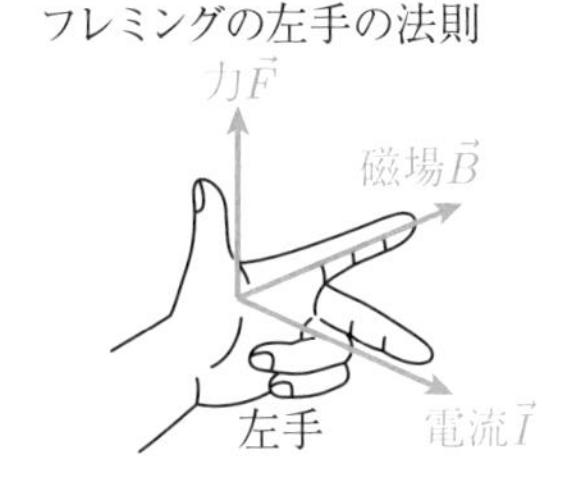

磁場が y 軸の正の向きに向いているとき，電流が x-y 平面内で，磁場の方向に対して角度 θ の向きであるとき，導線にはたらく力の大きさは

$$F = IBl\sin\theta \tag{14.3}$$

となる．

〈**Advanced**〉　フレミングの左手の法則は，外積を使うと簡潔に表現することができる．つまり，式 (14.3) は向きを含めて

$$\vec{F} = \vec{I} \times \vec{B}l \tag{14.4}$$

と表すことができる．これがフレミングの左手の法則と同じことを表していることを確認せよ．

電流は荷電粒子の流れである．それゆえ，電流にはたらく力は，もともとは磁場中を移動する荷電粒子にはたらく力によるものだと考えることができる．いま，電荷 q を持った荷電粒子が電流の担い手であるとしよう．この荷電粒子が単位体積あたり n 個あるとする．それらの荷電粒子が，平均的に速度 $\vec{v}$ で移動することによって電流 $\vec{I}$ が生じているとすると，導線の断面積を S として

$$\vec{I} = qnS\vec{v} \tag{14.5}$$

という関係が成り立つ．これを式 (14.1) に代入すると

$$F = qNvB \tag{14.6}$$

[2] アメリカ合衆国の連邦捜査局（Federal Bureau of Investigation）の略称と同じだと覚えておけば忘れないだろう．

となる．ただし，$N = nSl$ は長さ l の導線部分にある荷電粒子の個数である．それゆえ，1個の荷電粒子にはたらく力 $\vec{F}_{\mathrm{L}}$ の大きさ $F_{\mathrm{L}} = \frac{F}{N}$ は

$$F_{\mathrm{L}} = qvB \tag{14.7}$$

で与えられる．荷電粒子にはたらく磁場によるこの力を**ローレンツ力**という．

> 〈**Advanced**〉 ローレンツ力をベクトルの外積を用いて表すと
> $$\vec{F}_{\mathrm{L}} = q\vec{v} \times \vec{B} \tag{14.8}$$
> となる．

荷電粒子は，微小な時間 Δt の間に $\Delta\vec{r} = \vec{v}\Delta t$ だけ変位する．このとき，ローレンツ力のする仕事 ΔW_{L} は

$$\Delta W_{\mathrm{L}} = \vec{F}_{\mathrm{L}} \cdot \Delta\vec{r} = \vec{F}_{\mathrm{L}} \cdot \vec{v}\Delta t \tag{14.9}$$

で与えられる．$\vec{F}_{\mathrm{L}}$ は $\vec{v}$（$q > 0$ のときは $\vec{I}$ と同じ向き，$q < 0$ のときは $\vec{I}$ と逆向き）に直交するので，$\vec{F}_{\mathrm{L}} \cdot \vec{v} = 0$ すなわち $\Delta W_{\mathrm{L}} = 0$ である．以上で，ローレンツ力が仕事をしないことが示された．

14.3 定常電流の作る磁場

電流は磁場中で力を受けるだけでなく，そのまわりに磁場を作り出す．電流のまわりに磁場ができることは，電流のそばに方位磁石のような軽くて方向を容易に変えられる磁石を置くことで確認できる．

簡単のために，図のように無限に長い直線状の導線に一定の電流 I を流したときを考えよう．このとき，実験によれば，その電流を取り巻くように磁場ができる[3]．磁場の向きは「右ねじの法則」に従う．すなわち，電流方向にねじを進ませるためにねじを回転させる向きが磁場の向きとなる．磁場の大きさは電流からの距離に反比例する．

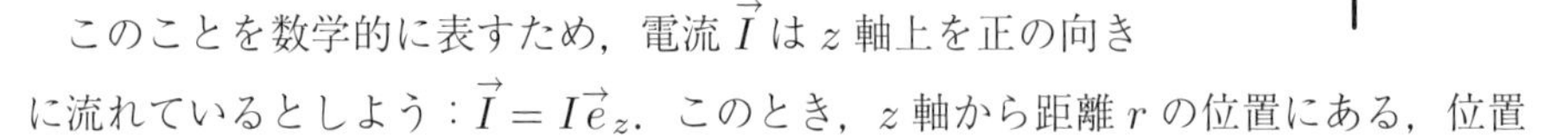

このことを数学的に表すため，電流 $\vec{I}$ は z 軸上を正の向きに流れているとしよう：$\vec{I} = I\vec{e}_z$．このとき，z 軸から距離 r の位置にある，位置

[3] 方位磁石のような小さくて方向を容易に変えられる磁石を置くと，（地磁気の影響を無視すれば）その磁石は磁場の方向に向く．なぜならば磁石のN極は磁場の向きに力を受け，S極は磁場の向きとは反対向きに力を受けるからである．

ベクトルが $\vec{r}$ で与えられる点における磁場 $\vec{B}(\vec{r})$ は

$$\vec{B}(\vec{r}) = \frac{\mu_0}{2\pi}\frac{I}{r}\vec{e}_\phi \tag{14.10}$$

ただし，$\vec{e}_\phi$ は，平面極座標を導入したとき用いた角度方向の単位ベクトルである．$\vec{r} = (x, y, z)$ であるとすると，$\vec{e}_z = (0, 0, 1)$, $\vec{e}_\phi = \left(-\frac{y}{r}, \frac{x}{r}, 0\right)$．ただし $r = \sqrt{x^2 + y^2}$ である[4]．

比例定数に現れる μ_0（ミュー）は**真空の透磁率**と呼ばれ，

$$\mu_0 = 1.25663706212(19) \times 10^{-6}\,\mathrm{N\,A^{-2}} \tag{14.11}$$

である．数値の最後の (19) は，最後の 2 桁の場所に ±19 の不定性（誤差）があることを示す．

例題 14.1

電流 I を A で測り，距離 r を m で測ると，式 (14.10) の右辺の単位が T となることを確認せよ．

【解答】

$$\mathrm{N\,A^{-2}} \times \mathrm{A/m} = \mathrm{N/(A\,m)} = \mathrm{T} \tag{14.12}$$

□

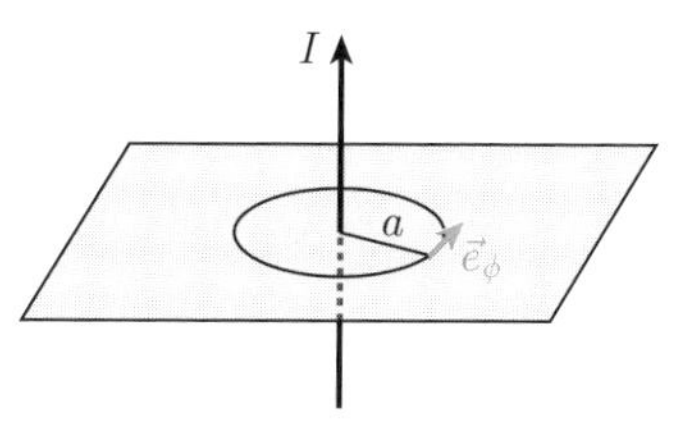

無限に長い直線状電流に対し，それに垂直な平面に，電流の位置を中心とする半径 a の円を考えよう．その円上の各点で，円の接線方向の単位ベクトルは $\vec{e}_\phi$ である．電流が作る磁場のこの接線方向の成分は式 (14.10) より $\frac{\mu_0 I}{2\pi a}$ に等しい．これに円周の長さ $2\pi a$ をかけると $\mu_0 I$ を得る．これは円の半径 a に依存しない．

$$\begin{aligned}&(\text{円上での磁場 } \vec{B} \text{ の円の接線方向の成分}) \times (\text{円周の長さ}) \\ &= \frac{\mu_0 I}{2\pi a} \times 2\pi a = \mu_0 I\end{aligned} \tag{14.13}$$

これは静電場に対して得られた式 (12.21) とよく似ている．

---

[4] ここでは r は，原点からの距離 $|\vec{r}|$ ではなく，z 軸からの距離を表していることに注意しよう．

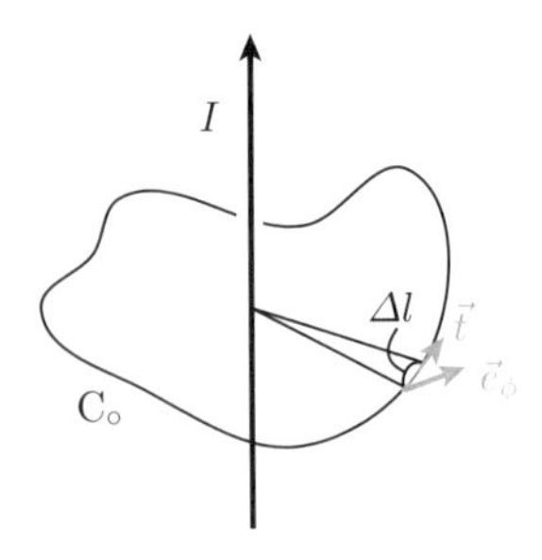

以下ではこの結果が直線状電流を囲む任意の閉曲線 $\mathrm{C}_\circ$ に対して一般化されることを示そう．閉曲線 $\mathrm{C}_\circ$ 上の微小な部分 Δl を考えよう．この部分は微小なので線分で近似できる．この位置での曲線の接線の向きを表す単位ベクトル $\vec{t}$ を導入しよう．線分 Δl の向きは $\vec{t}$ の向きに等しい．ここで $\Delta l_\phi \equiv \vec{e}_\phi \cdot (\vec{t}\Delta l)$ を考えると，これはこの微小部分を電流に垂直な平面に射影し，さらにその射影から動径方向の成分を除いた長さになっている．この点での電流からの距離を r とすると，$\Delta l_\phi = r\Delta\phi$ と表すことができる．ただし，$\Delta\phi$ は微小部分 Δl の始点と終点との間の z 軸周りの角度である．以上より，この微小部分に対する $\vec{B}\cdot\vec{t}\Delta l$ は

$$\vec{B}\cdot\vec{t}\Delta l = \frac{\mu_0 I}{2\pi r}\vec{e}_\phi\cdot\vec{t}\Delta l = \frac{\mu_0 I}{2\pi r}\Delta l_\phi = \frac{\mu_0 I}{2\pi r}r\Delta\phi = \mu_0 I\frac{\Delta\phi}{2\pi} \tag{14.14}$$

となって，電流から微小部分までの距離 r によらない．それゆえ，これを電流を囲む閉曲線 $\mathrm{C}_\circ$ 全体にわたって和を取ると

$$\int_{\mathrm{C}_\circ} \vec{B}\cdot d\vec{l} = \mu_0 I \tag{14.15}$$

を得る．ただし，$d\vec{l}$ は $\vec{t}\Delta l$ に対応する無限小の変位ベクトルである．この線積分の向きは，閉曲線 $\mathrm{C}_\circ$ に沿って回る向きに対して，右ねじの進む方向が電流の正の向きであるとする．この約束のもとで，右辺の I は単に電流の大きさではなく，右ねじの進む向きに電流が流れている場合には正，逆向きに流れている場合には負となる量である．

電流を囲まない閉曲線 $\mathrm{C}_\times$ に対しては

$$\int_{\mathrm{C}_\times} \vec{B}\cdot d\vec{l} = 0 \tag{14.16}$$

となる（章末問題 14.1 を参照せよ）．

今までは直線状の電流に対して考えてきたが，一般の定常電流に対してはどうだろうか．実は直線電流に限らず，任意の電流に対して，電流を囲む閉曲線 $\mathrm{C}_\circ$ に対しては式 (14.15) が，電流を囲まない閉曲線 $\mathrm{C}_\times$ に対しては式 (14.16) が成り立つことを示すことができる．（その一般的な証明は本書では行わない．）そこで，閉曲線 C に対して，その向きを考え，右ねじの方向に対して電流に正負の符号を付けると

$$\int_{\mathrm{C}} \vec{B}\cdot d\vec{l} = \mu_0 I_{\mathrm{C}} \tag{14.17}$$

を得る．ここで I_C は閉曲線 C によって囲まれる電流の（正負を考慮した）和である．これを**アンペールの法則**という．

注意！　任意の閉曲線と任意の電流を考える場合，電流を「囲む」の意味がはっきりしないかもしれない．そこで，閉曲線 C を境界とする面を考え，その面を電流が通過するとき，閉曲線 C は電流を囲むということにする．このとき，図のように電流に「逆行」する部分があっても，C を境界とする面の取り方による不定性はないことに注意しよう．ただし，電流が時間的に変化するような場合には実は深刻な問題が生じる．そのことについては 16.1 節で議論しよう．

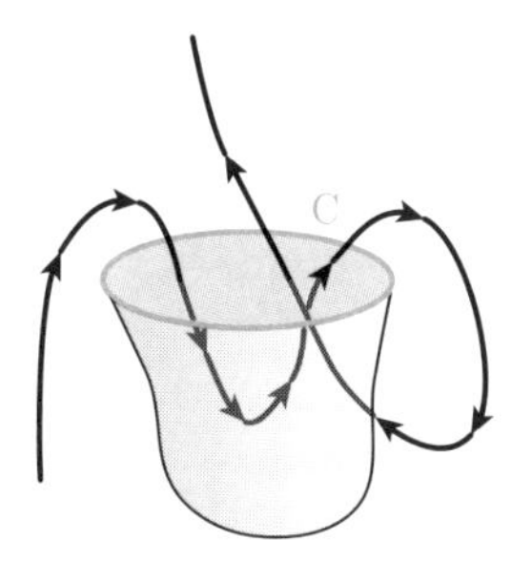

14.4 平行電流間にはたらく力

距離 d だけ離れた 2 本の平行な（無限に長い）直線状導線を考えよう．導線 1 には電流 I_1 が，導線 2 には電流 I_2 が流れているとする．（ともに定常電流であるとする．）まず最初に，2 つの電流が同じ向きに流れているとしよう．

電流 1 の周りには，距離に反比例する磁場 $\vec{B}_1$ が発生する．電流 2 はその磁場の中を流れているので，導線 2 は力を受ける．その力は単位長さあたり $\vec{F}_2$ であるとしよう．電流 2 の位置における $\vec{B}_1$ と，電流 $\vec{I}_2$ とが直交していることに注意しよう．フレミングの左手の法則より，力 $\vec{F}_2$ の向きは電流 1 に向かう向きとなる．そしてその大きさは，単位長さあたり

$$F_2 = I_2 B_1 = I_2 \frac{\mu_0 I_1}{2\pi d} = \mu_0 \frac{I_1 I_2}{2\pi d} \tag{14.18}$$

である[5]．同様に，電流 2 の周りに作られる磁場 $\vec{B}_2$ の中を流れる電流 1 には，単位長さあたり $\vec{F}_1$ の力がはたらくとすると，その大きさは $\vec{F}_2$ に等しく，向きは $\vec{F}_2$ とは逆向きである．このように，同じ向きに電流が流れるとき，2 つの電流間には引力がはたらく．

2 つの電流が逆向きに流れているとき，上で $\vec{I}_2 \to -\vec{I}_2$ とすればわかるように，単位長さあたりの力 $\vec{F}_2$ は逆向きになる．つまり 2 つの電流が互いに逆向きに流れるとき，2 つの電流間には反発力がはたらく．

---

[5] かつてはこの式を用いてアンペアを定義していたので，この式に現れる真空の透磁率 μ_0 には $4\pi \times 10^{-7}\,\mathrm{N\,A^{-2}}$ という厳密値が与えられていたが，現在の SI の定義では，素電荷 (11.1) を厳密値とすることによってアンペアを定義している．そのため，真空の透磁率はもはや厳密値ではなく，式 (14.11) のように誤差を含む．

 磁束線と電流にはたらく力

電場に対して電気力線を考えたように，磁場（磁束密度）に対して，**磁束線**を用いると，磁場のはたらきを直感的に理解できる[6]．磁束線は，その向きがその点での磁場の向きに一致しているものである．また，電気力線と同様に，磁束線の密度は，その場所での磁場の大きさに比例している．

2つの簡単な場合に，磁束線を用いて電流にはたらく力を定性的に考えてみよう．

14.5.1 一様な磁場中の電流

一様な磁場中に，磁場に垂直に電流が流れる場合を考えよう．電流によって式(14.10)のような磁場が生じる．磁場に対しても，電場のときと同様に重ね合わせの原理が成り立つので，実際の磁場は一様な磁場とこの円形の磁場の重ね合わせである．

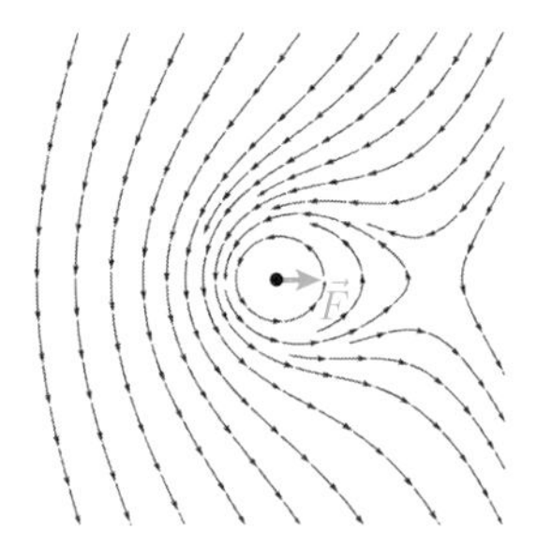

図に電流の周辺の磁場の様子を描いた．下向きの一様な磁場の中に，紙面に垂直に（こちらに向かって）電流が流れている．電流の左側は一様な磁場と，電流が作る磁場が同じ向きを向いているので強め合い，右側は逆向きになっているので弱め合う．磁束線は強め合っているところでは密であり，弱め合っているところでは疎となる．このことと，磁場中で電流が受ける力とを考え合わせると，電流は磁束線が密なところから疎なところへ向かう向きに力を受けていることがわかる．

14.5.2 平行な2つの直線電流

互いに平行な2つの直線電流のまわりの磁場の様子を考えよう．図は電流の流れている方向に垂直な面内の磁場の様子である．左図は2つの電流が同じ向きに流れている場合，右図は逆向きに流れている場合である．2つの電流が同じ向きに流れている場合，電流の間ではそれぞれの作る磁場は弱め合い，電流の外側では強め合う．2つの電流が逆向きに流れている場合，電流の間ではそれぞれの作る磁場は強

---

[6] よく似たものに**磁力線**がある．これは磁場の強さに対するものである．本書で扱う真空中の電磁気学では磁束線と磁力線には違いがない．しかし，物質中では全く別物である．

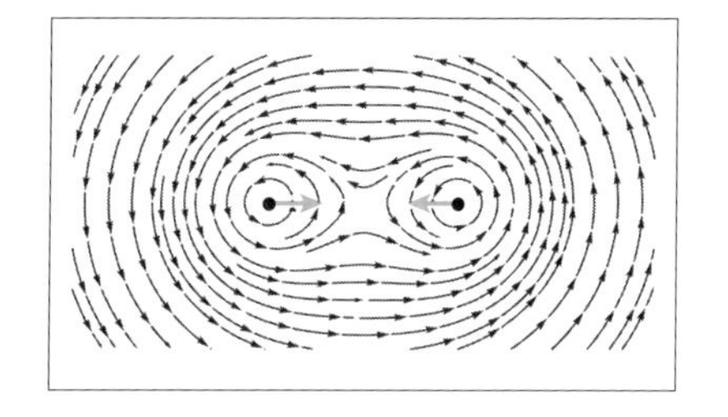

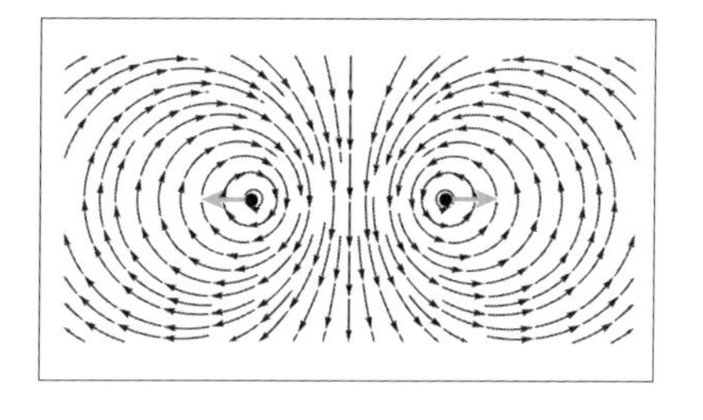

め合い，電流の外側では弱め合う．磁束線は，同じ向きの場合には2電流の間で疎になり，逆向きの場合には2電流の間で密となる．この場合も電流にはたらく力は磁束線が密なところから疎なところに向かう向きである．

14.6 ビオ－サバールの法則*

直線電流がそのまわりに作る磁場については正確な形 (14.10) を知っているが，電流が曲線に沿って流れている場合にはどのような磁場が作られるのだろうか．この疑問に答えるのが**ビオ－サバールの法則**である．

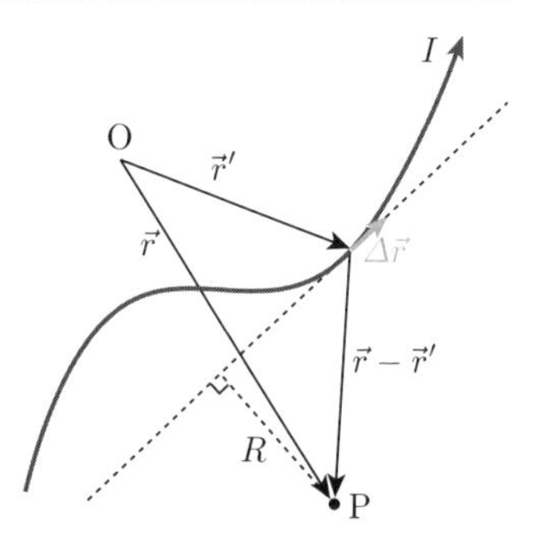

いま，電流 I がある曲線 C に沿って流れているとしよう．その曲線の，位置ベクトル $\vec{r}'$ にある微小な一部分に注目する．その微小部分での電流の向きと同じ向きを持ち，その長さ $\Delta r'$ を大きさとするベクトル $\Delta\vec{r}'$ を考えよう．この微小部分に流れる電流が作る，位置ベクトルが $\vec{r}$ の点 P における磁場 $\Delta\vec{B}(\vec{r})$ は，ベクトルの外積を用いて

$$\Delta\vec{B}(\vec{r}) = \frac{\mu_0}{4\pi}\frac{I\Delta\vec{r}' \times (\vec{r}-\vec{r}')}{|\vec{r}-\vec{r}'|^3} \tag{14.19}$$

で与えられる．曲線 C 全体では

$$\vec{B}(\vec{r}) = \frac{\mu_0}{4\pi}\int_{\mathrm{C}}\frac{I\,d\vec{r}' \times (\vec{r}-\vec{r}')}{|\vec{r}-\vec{r}'|^3} \tag{14.20}$$

となる．

外積が現れてきて式の意味がわかりにくいが，これは次のようなことを意味している．まず，微小部分 $\Delta\vec{r}'$ の向きの無限に長い直線電流があると想像してみよう．その向きの単位ベクトルを $\vec{t}$ とする．その仮想的な直線電流と，位置ベクトルが $\vec{r}$ の点 P との距離 R は

$$R = |\vec{t} \times (\vec{r}-\vec{r}')| \tag{14.21}$$

で与えられる．また，この仮想的な直線電流が，点Pに作る磁場の向きは $\vec{R} \equiv \vec{t} \times (\vec{r} - \vec{r}')$ と一致する．よって，この仮想的な直線電流が点Pに作る磁場は

$$\frac{\mu_0}{2\pi} \frac{I}{R} \frac{\vec{R}}{R} \tag{14.22}$$

である．（これは式 (14.10) と同じ内容である．）式 (14.19) の磁場 $\Delta\vec{B}(\vec{r})$ は，この磁場の $\frac{R^2 \Delta r'}{2|\vec{r}-\vec{r}'|^3}$ 倍である．

この因子 $\frac{R^2 \Delta r'}{2|\vec{r}-\vec{r}'|^3}$ は，仮想的な無限に長い直線と無限小の部分 Δr との違いによるものである．実際，z 軸上を z の正の向きに流れる直線電流に対して，点Pを x 軸上に取ると，$\vec{r}' = (0,0,z)$, $\vec{r} = (r,0,0)$ として，

$$\vec{R} = (0,0,1) \times (x,0,-z) = (0,x,0) \tag{14.23}$$

であるから

$$\frac{R^2 \Delta r'}{2|\vec{r} - \vec{r}'|^3} \to \frac{x^2\, dz}{2(x^2+z^2)^{\frac{3}{2}}} \tag{14.24}$$

である．これを z について $-\infty$ から ∞ まで積分すると1を与える．

$$\frac{x^2}{2} \int_{-\infty}^{\infty} \frac{dz}{(x^2+z^2)^{\frac{3}{2}}} = 1 \tag{14.25}$$

積分 (12.14) を参照せよ．

14.7 円形電流，ソレノイド，電磁石

直線電流のまわりには，電流を取り巻くように磁場が作られた．円形の回路に沿って電流が流れる場合，その回路を貫く磁場が作られる．左側の図は円形回路の対称軸を含む平面で見て，その磁場の様子を表したものである．電流の近傍では，直線電流のように電流を取り巻く様子がわかる．電流の内側では，まわりの電流が作る磁場が同じ向きなので強め合い，特に対称軸に沿っては，強い磁場がまっすぐ上向きに作られる．電流の外側では近い側の電流と遠い側の電流の向きが逆なので，作られる磁場の向きが逆となり弱め合う．

このような円形電流を，対称軸方向に並べたときに作られる磁場の様子を中央および右側の図に示した．円形電流の数が増えると電流の内側の磁場はより強まり，外側の磁場はより弱まる．また，内部の磁場は円形電流の数が増えるに従ってより一様になり，また向きが揃ってくる．

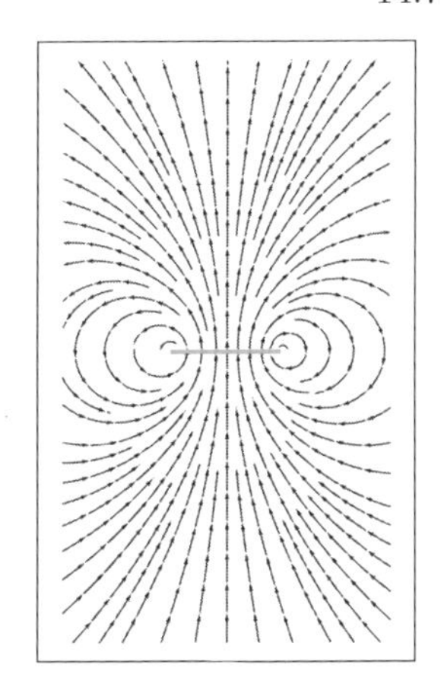
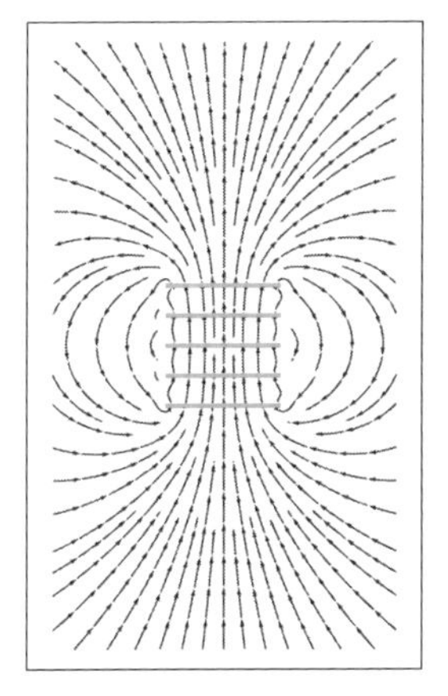
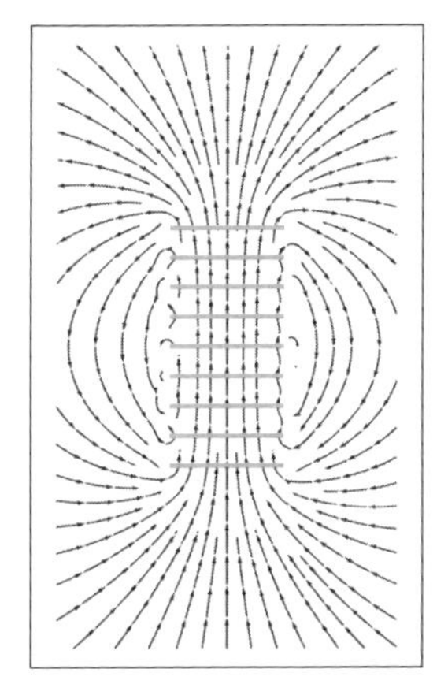

導線を螺旋状に密に巻いて管状にしたものを**ソレノイド**という．ソレノイドは円形回路を上述のように重ねたものでよく近似される．ソレノイドの半径を a，長さを l，単位長さあたりの巻数を n とするとき，$a \ll l$ かつ十分密に巻いてあれば，ソレノイドに電流 I を流したとき，その内部に作られる磁場は一様で，その大きさは

$$B = \mu_0 nI \tag{14.26}$$

で与えられる．（例題 14.3 および章末演習問題 14.2 を参照せよ．）

ソレノイドの作る磁場が，磁石の作る磁場とよく似ていることに注目しよう．実際，ソレノイドは**電磁石**として広く利用されている．永久磁石に比べて，電流を流すか否かで磁石にしたりしなかったりと切り替えることができるので大変便利である．また，その強さも電流の量によって調整することができる．

物理の目　**電磁石の鉄心**

実際の電磁石では，ソレノイドの内部に鉄のような芯を入れたものが用いられる．このような磁性体の芯を入れると，電磁石の強さが飛躍的に大きくなる．例えば，鉄心を入れた場合，入れなかった場合のおよそ 5 千倍の強さとなる．

例題 14.2〈Advanced〉

x-y 平面に，原点を中心として半径 a の円に沿って電流 I が流れている．ただし，電流の流れる向きは，右ねじの進む方向が z 軸の正の向きとなる向きである．点 $\mathrm{P}(0,0,z)$ における磁場 $\vec{B}(z)$ を求めよ．

【解答】 ビオ－サバールの法則を適用する．電流の位置は

$$\vec{r}\,' = (a\cos\phi, a\sin\phi, 0) \quad (0 \le \phi < 2\pi) \tag{14.27}$$

であるから，$d\vec{r}\,' = (-a\sin\phi, a\cos\phi, 0)\,d\phi$ と表される．また，点 P の位置ベクトルは $\vec{r} = (0,0,z)$ であるから，式 (14.20) から

$$\begin{aligned}
\vec{B}(z) &= \frac{\mu_0 I}{4\pi}\int_0^{2\pi} d\phi\,\frac{(-a\sin\phi, a\cos\phi, 0)\times(-a\cos\phi, -a\sin\phi, z)}{(a^2+z^2)^{\frac{3}{2}}} \\
&= \frac{\mu_0 I a}{4\pi(a^2+z^2)^{\frac{3}{2}}}\int_0^{2\pi} d\phi\,(z\cos\phi, -z\sin\phi, a) \\
&= (0,0,1)\frac{\mu_0 I a^2}{2(a^2+z^2)^{\frac{3}{2}}}
\end{aligned} \tag{14.28}$$

を得る．つまり，磁場は z 成分のみを持ち，電流に対して右ねじの進む向きを向いている． □

例題 14.3〈Advanced〉

単位長さあたり n 巻きの，半径 a の無限に長いソレノイドに大きさ I の電流が流れている．ソレノイドの中心部分に作られる磁場の大きさを求めよ．

【解答】 ソレノイドの中心軸が z 軸に一致しているとしよう．題意より，求める磁場は z 成分しか持たない．n が十分大きければ，z 座標が z と $z+\Delta z$ の間の部分には，半径 a の円電流が $n\Delta z$ 個置かれているのと同じとみなせる．例題 14.2 の結果を用いると，この部分が原点に作る磁場の z 成分は

$$\Delta B_z = \frac{\mu_0 I a^2}{2(a^2+z^2)^{\frac{3}{2}}}\,n\Delta z \tag{14.29}$$

で与えられる．求める磁場は，これをソレノイド全体にわたって足し上げて，

$$B_z = \frac{\mu_0 a^2 n I}{2}\int_{-\infty}^{\infty}\frac{dz}{(a^2+z^2)^{\frac{3}{2}}} \tag{14.30}$$

という積分で与えられる．この積分は $z = a\tan\theta$ という置換積分によって容易に計算することができる．

$$\int_{-\frac{\pi}{2}}^{\frac{\pi}{2}} \frac{a\,d\theta}{\cos^2\theta}\frac{\cos^3\theta}{a^3} = \frac{2}{a^2}\int_0^{\frac{\pi}{2}} \cos\theta\,d\theta = \frac{2}{a^2} \tag{14.31}$$

よって

$$B_z = \mu_0 nI \tag{14.32}$$

を得る．□

演　習　問　題

演習 14.1　図のように，2 つの経路に沿った線積分は，互いに接している部分が逆向きの積分のため打ち消し合い，1 つの経路に沿った線積分に等しくなる．このことを用いて，電流を囲まない閉曲線 $C_\times$ に沿った磁場の積分がゼロになること（式 (14.16)）を示せ．

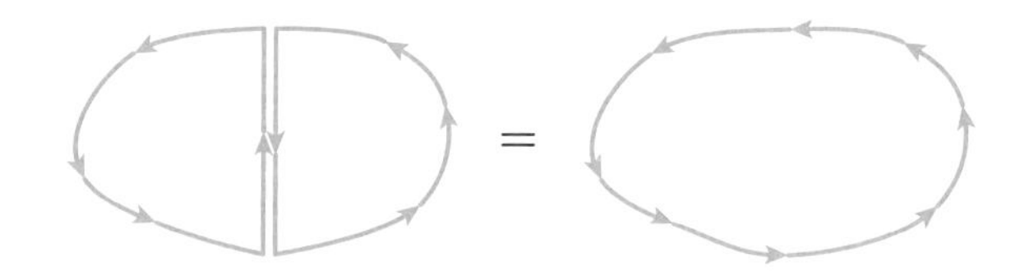

演習 14.2　単位長さあたり n 巻きの，半径 a の無限に長いソレノイドに大きさ I の電流が流れている（例題 14.3 参照）．このソレノイドの作る磁場を，アンペールの法則を用いて求めよ．ただし，n は十分大きいとせよ．［HINT: 磁場の，ソレノイドの対称軸に向かう／遠ざかる成分がないことを示すのには，磁気に関するガウスの法則 (15.6) を用いる．］

第 15 章

電磁誘導の法則

前の章では電流が磁場を作ることを学んだ．では磁石は電場を作るのだろうか．この章で学ぶ電磁誘導の法則は，前章とは違う意味で「電気の世界」と「磁気の世界」の結び付きを与える．電磁誘導にはさまざまな応用があり，わたしたちの生活の中でいろいろな形で役に立っている．

15.1 磁　　束

ガウスの法則を説明するとき，閉曲面を通って出ていく電気力線を考えた．同じようなことを磁束線についても考えよう．ただし，今回は閉曲線 C を境界とする面 S_C を通過する磁束線を考える．

アンペールの法則を考えたときのように，閉曲線 C に向きを考えることができる．図のように，閉曲線 C を境界とする面 S_C を細かく分割し，それぞれの微小な面の境界にも向きを考えることにする．隣り合う微小な面の接している境界部分では，向き付けが逆になっていることに注意しよう．（第 14 章の章末演習問題 14.1 を参照せよ．）位置ベクトル $\vec{r}$ で表される点にある微小な面 ΔS を考えよう．ΔS の境界を表す閉曲線の向きに回すとき，右ねじが進む方向（面が微小であれば，これは面に垂直になる）を，その微小な面の法線方向とする．法線方向の単位ベクトルを $\vec{n}$ と書こう．この微小な面を通過する**磁束**を

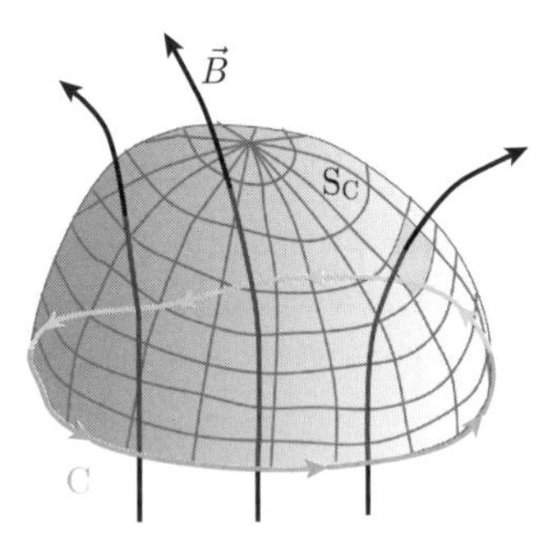

$$\Delta\Phi = \vec{B}(\vec{r}) \cdot \vec{n}\Delta S \tag{15.1}$$

とする．これを S_C 全体にわたって和を取ったものが，面 S_C を通過する磁束 Φ（ファイ）である．

$$\Phi = \int_{S_C} \vec{B} \cdot d\vec{S} \tag{15.2}$$

ここで，$d\vec{S}$ は $\vec{n}\Delta S$ に対応する無限小の面素ベクトルである．

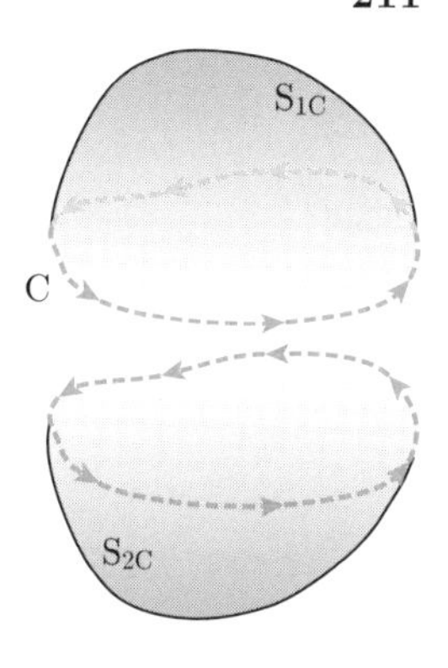

しかし，閉曲線Cが与えられたとき，それを境界とする面は一通りではない．磁束 Φ はその選択に依存するのだろうか．いま，閉曲線Cを境界とする面として S_{1C} と S_{2C} の2つの面を考え，面積分の差を考えよう．

$$\int_{S_{1C}} \vec{B}\cdot d\vec{S} - \int_{S_{2C}} \vec{B}\cdot d\vec{S} \qquad (15.3)$$

ここで，第2の面 S_{2C} の向き付けを逆にしたものを考え，それを $S_{2\bar{C}}$ と書こう．$\bar{C}$ は閉曲線Cの向きを逆にしたものである．そうすると，面の法線方向は逆になり，積分の値は符号が逆になる．

$$\int_{S_{2\bar{C}}} \vec{B}\cdot d\vec{S} = -\int_{S_{2C}} \vec{B}\cdot d\vec{S} \qquad (15.4)$$

$\bar{C}$ とCは逆向きの境界であることに注意しよう．それゆえ，この2つの面積分の和は1つの面積分として表すことができる．すなわち，式(15.3)は

$$\int_{S_{1C}} \vec{B}\cdot d\vec{S} + \int_{S_{2\bar{C}}} \vec{B}\cdot d\vec{S} = \int_{S_{12}} \vec{B}\cdot d\vec{S} \qquad (15.5)$$

と書き直すことができる．ここで，S_{12} は S_{1C} と $S_{2\bar{C}}$ とからなる閉曲面である．

ここで，電場と磁場の重大な違いが問題になってくる．12.4節で学んだように，電場に対しては，閉曲面にわたる面積分はその面によって囲まれた電荷に比例する(式(12.28)参照)．電気力線はプラスの電荷から湧き出し，マイナスの電荷に吸い込まれる．一方，磁場には湧き出しも吸い込みもない．つまり，磁石のN極とS極は別々に存在せず，常にペアで現れ，磁束線はループする[1]．それゆえ，任意の閉曲面Sにわたる面積分はゼロになる．

$$\int_{S} \vec{B}\cdot d\vec{S} = 0 \qquad (15.6)$$

この式を**磁気に関するガウスの法則**と呼ぶ．

それゆえ，閉曲面 S_{12} にわたる面積分(15.5)はゼロとなる．つまり，閉曲線Cを境界とする面の選択によらず，磁束 Φ は閉曲線Cを与えれば決まる．

磁束はその定義から(磁束密度)×(面積)であるから，$\mathrm{T\,m^2}$ という単位で測られる．

---

[1] これは例えば細長い棒磁石のN極だけを包み込むような閉曲面を考えても成り立つ．本書では物質中の電磁気学については議論しないが，磁石内部では磁場（磁束密度）はS極からN極に向かい，磁石の外の磁束線とつながってループをなしているのである．

 電磁誘導の法則

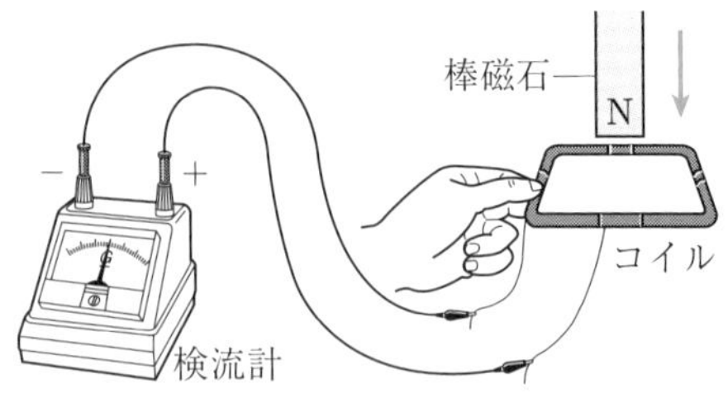

図のように，コイルに棒磁石を近づけたり遠ざけたりすると電流が流れることが実験からわかる．また，棒磁石を動かすのではなく，コイルを棒磁石に近づけたり遠ざけたりしても，同様に電流が流れる．このような現象を**電磁誘導**という．電流の流れる様子は，棒磁石を近づける（遠ざける）か，コイルを近づける（遠ざける）かにはよらず，その相対速度にのみ依存する．

15.2.1　定常的な磁場中で運動する回路

棒磁石を動かさず，コイルを動かす場合には，導線中の電子がコイルと一緒に磁場中を運動する．荷電粒子の運動は電流が流れることに他ならないので，このコイルの運動方向に流れる電流に対し，コイルの運動方向とは垂直にローレンツ力がはたらく．このローレンツ力によって**起電力**が生じ，コイルに沿って，コイルの運動方向とは垂直に電流が流れる．

〈**Advanced**〉　この現象をもう少し詳しく見てみよう．そのために，棒磁石の代わりに，原点に固定された「極めて小さな磁石」（磁気双極子モーメント）による磁場を考える．

$$\vec{B}(\vec{r}) = \frac{1}{4\pi}\left\{\frac{3(\vec{m}\cdot\vec{r})\vec{r}}{|\vec{r}|^5} - \frac{\vec{m}}{|\vec{r}|^3}\right\} \qquad (15.7)$$

ただし，ベクトル $\vec{m}$ はこの磁石の強さを大きさとし，S 極から N 極に向かう向きを持っている．（電気双極子モーメントと，それが作る電場を思い出そう．式 (12.44) を参照せよ.）いま，簡単のため，$\vec{m} = (0, 0, m)$ としよう．（つまり，この磁石は z 軸の正方向を向いている.）このときの z 軸を含む平面内の磁場の様子を図に示した．

この磁場中を半径 a の円形回路が，その中心を z 軸に置きながら，x-y 平面に平行に保たれたまま，速度 $\vec{v} = (0, 0, v)$ で運動しているとする．

円形回路はちょうど $t = 0$ のとき，x-y 平面上にあるとする．位置ベクトルが $\vec{r}_1(t) = (a, 0, vt)$ で表される円形回路上の点で，磁場は

$$\vec{B}(\vec{r}_1) = \frac{1}{4\pi}\left[\frac{3mvt}{\{a^2 + (vt)^2\}^{\frac{5}{2}}}(a, 0, vt) - \frac{(0, 0, m)}{\{a^2 + (vt)^2\}^{\frac{3}{2}}}\right] \qquad (15.8)$$

である．この位置に電荷 q があるとすると，電荷は円形回路と一緒に運動するので，この電荷の速度ベクトルは $\vec{v}=(0,0,v)$ で与えられる．それゆえ，この電荷にはたらくローレンツ力 $\vec{F}_{\mathrm{L}}$ は，向きがフレミングの左手の法則から y 方向で，その成分が

$$\left[\vec{F}_{\mathrm{L}}(\vec{r}_1)\right]_{\phi}=q\frac{3mav^2t}{4\pi\{a^2+(vt)^2\}^{\frac{5}{2}}} \tag{15.9}$$

で与えられることがわかる．y 方向は位置ベクトル $\vec{r}_1$ の点に対して，円の接線方向であることに注意しよう．問題の対称性から，円周上のどこの点でも，電荷にはたらくローレンツ力は円の接線方向の成分のみを持ち，その成分は一定である．

電荷 q がこの力を受けるとき，円形回路全体では，この力による仕事は，この円形回路に沿っての線積分で与えられる．

$$W_{\mathrm{L}}=\int_{\text{円周}}\vec{F}_{\mathrm{L}}\cdot d\vec{l}=q\frac{3ma^2v^2t}{2\{a^2+(vt)^2\}^{\frac{5}{2}}} \tag{15.10}$$

ただし，微小線素 $d\vec{l}$ は接線方向のベクトルである．被積分関数が一定となるので，積分結果は $\left[\vec{F}_{\mathrm{L}}\right]_{\phi}$ に円周の長さ $2\pi a$ をかけたものになっている．

起電力は単位電荷あたりになされる非静電的力による仕事であるから，

$$\mathcal{E}=\frac{W_{\mathrm{L}}}{q}=\frac{3}{2}\frac{ma^2v^2t}{\{a^2+(vt)^2\}^{\frac{5}{2}}} \tag{15.11}$$

を得る．起電力は $t<0$ のとき（円形回路が近づいているとき）と $t>0$ のとき（円形回路が遠ざかっているとき）とでは符号が変わることに注意しよう．

注意！　上の計算では荷電粒子の速度を円形回路の速度と同じ $\vec{v}=(0,0,v)$ であるとしたが，これは正確ではない．荷電粒子は円形回路に沿っての速度成分 v_{d} も持っているからである．つまり位置ベクトル $\vec{r}_1(t)$ で表される位置にある電荷の速度ベクトルは，正しくは $\vec{v}=(0,v_{\mathrm{d}},v)$ で与えられる．このため，ローレンツ力 $\vec{F}_{\mathrm{L}}$ の方向は純粋に円の接線方向とはならず，円形回路の半径を拡げよう，あるいは縮めようとする力，および，z 方向に円形回路が運動するのを妨げようとする力が生じる．（この場合であっても式 (15.10) は正しい．）特にこの円形回路が運動するのを妨げようとする力に逆らって円形回路を一定の速度で運動させるために，円形回路を動かす外力は（正の）仕事をしなくてはならない．この仕事が起電力に転換される．

次に，この円形回路を通過する磁束 Φ を計算してみよう．そのために円形回路を境界とする円板（曲面）を考える．円板上の点は位置ベクトル

$$\vec{r}_{\text{円板}}=(r\cos\phi,r\sin\phi,vt)\qquad(0\le r\le a,\ 0\le\phi<2\pi) \tag{15.12}$$

で表されるので，この点における磁場は

$$\vec{B}(\vec{r}_{\text{円板}})=\frac{1}{4\pi}\left[\frac{3mvt}{\{r^2+(vt)^2\}^{\frac{5}{2}}}(r\cos\phi,r\sin\phi,vt)-\frac{(0,0,m)}{\{r^2+(vt)^2\}^{\frac{3}{2}}}\right] \tag{15.13}$$

である．また，この面に垂直な単位ベクトル $\vec{n}$ は $\vec{n}=(0,0,1)$ であるから，

$$\vec{B}(\vec{r}_{\text{円板}})\cdot\vec{n}=B_z(\vec{r}_{\text{円板}})=\frac{m}{4\pi}\left[\frac{3(vt)^2}{\{r^2+(vt)^2\}^{\frac{5}{2}}}-\frac{1}{\{r^2+(vt)^2\}^{\frac{3}{2}}}\right] \tag{15.14}$$

となり，角度 ϕ に依存しない．Δr を微小として，半径が r と $r+\Delta r$ の間の部分（アニュラス）を通過する磁束 $\Delta\Phi$ は，この部分の面積が $2\pi r\Delta r$ であるから，$\vec{B}(\vec{r}_{円板})\cdot\vec{n}$ に $2\pi r\Delta r$ をかけて

$$\Delta\Phi = \frac{m}{2}\left[\frac{3(vt)^2}{\{r^2+(vt)^2\}^{\frac{5}{2}}} - \frac{1}{\{r^2+(vt)^2\}^{\frac{3}{2}}}\right] r\Delta r \tag{15.15}$$

となる．これらを $r=0$ から $r=a$ まで全て加え合わせ，$\Delta r\to 0$ の極限を取ると，半径 a の円板全体を通過する磁束を得ることができる．これは

$$\Phi = \frac{m}{2}\int_0^a \left[\frac{3(vt)^2}{\{r^2+(vt)^2\}^{\frac{5}{2}}} - \frac{1}{\{r^2+(vt)^2\}^{\frac{3}{2}}}\right] r\,dr \tag{15.16}$$

という積分で与えられる．ここで，$r^2=s$ と置く置換積分によって得られる式

$$\int_0^a \frac{r\,dr}{(r^2+X^2)^p} = \frac{1}{2(-p+1)}\left\{\frac{1}{(a^2+X^2)^{p-1}} - \frac{1}{X^{2(p-1)}}\right\} \tag{15.17}$$

を用いると

$$\Phi = \frac{m}{2}\frac{a^2}{\{a^2+(vt)^2\}^{\frac{3}{2}}} \tag{15.18}$$

を得る．さらに，この式を t で微分すると

$$\frac{d\Phi}{dt} = -\frac{3}{2}\frac{ma^2v^2t}{\{a^2+(vt)^2\}^{\frac{5}{2}}} \tag{15.19}$$

を得る．ここで合成関数の微分を用いた．式 (1.19) を参照せよ．

式 (15.11) と式 (15.19) とを比べると，起電力 $\mathcal{E}$ と磁束 Φ の間には

$$\mathcal{E} = -\frac{d\Phi}{dt} \tag{15.20}$$

という関係が成立していることがわかる．（コイルが N 巻きであるなら，このコイルを通過する磁束 Φ_N は1巻きの場合の磁束 Φ に比べて N 倍され

$$\mathcal{E} = -\frac{d\Phi_N}{dt} = -N\frac{d\Phi}{dt} \tag{15.21}$$

となる.）

つまり，回路を貫く磁束の時間変化率（の符号を変えたもの）がその回路に生じた起電力である．

この符号は**レンツの法則**を表している．すなわち「誘導電流は，その電流が流れることによって生じる磁束が，回路に生じた磁束の変化を打ち消す向きに流れる.」いままでの計算で，円形回路の向き付け，磁束を定義する際の面の向き付けを注意深く行ってきたことを思い出そう．$t>0$ のとき，円形回路 z 座標が正の領域にあり，「極めて小さな磁石」から遠ざかっている．このとき，円形回路を貫く磁束は時

間的に減少している．よって，式 (15.20) の右辺は正になる．起電力 $\mathcal{E}$ が正であるとは，その向きに右ねじを回すと z 軸の正方向にねじが進むような向きに，電流が流れるということである．もしこの向きに電流が流れると，その電流によって作られる磁場は磁束を増やすことになる．これが「打ち消す向き」の意味である．$t<0$ の場合に対して，磁束の増減，起電力の向きと，レンツの法則との関係を自分で確認してみよう．

以上は，特別な定常磁場，特別な運動をする特別な形の回路に対して計算を行ったが，実は一般的な定常磁場と，一般的な運動をする一般的な形の回路に対しても式 (15.20) は成立する．その一般的な場合の証明は，ここでは行わない．

15.2.2 時間変化する磁場中の固定された回路

同じ現象を，コイルと一緒に運動する観測者が見たらどうなるだろうか．このとき，コイルは固定され，棒磁石が運動することになる．実験によると，電流の流れる様子は，どちらを動かすかには依存せず，その相対速度にのみ依存する．

磁束の時間変化は，どちらを動かすかによらない．磁石を固定したままコイルを（N 極に）近づけても，逆にコイルを固定したまま磁石（の N 極）を近づけても，磁束は同じように増加する．

コイルを固定し，棒磁石を動かす場合には，前節と同様のローレンツ力による説明はできない．コイルは固定されているので，コイルの内部にある電子は静止しており，静止している電子にはローレンツ力がはたらかないからである．

それにも関わらず，電磁誘導現象はコイルと棒磁石の相対運動にのみ依存するので，式 (15.20) は成立している．それゆえ，時間変化する磁場があるときには，ローレンツ力とは別の起電力の原因があると考えざるを得ない．外部から力を加えていないとき電荷にはたらく力は，磁場によるローレンツ力でなければ，電場による力である．それゆえ何らかの電場が発生したと考えざるを得ない．この電場を**誘導電場**と呼ぶ．

閉曲線 C からなる閉回路を考えよう．誘導電場を $\vec{E}_{誘導}$ とすると，この電場によって，電荷 q は $\vec{F}_{誘導}=q\vec{E}_{誘導}$ という力を受ける．閉回路 C 全体で，誘導電場が電荷にする仕事は

$$W_{誘導}=\int_{\mathrm{C}}\vec{F}_{誘導}\cdot d\vec{l}=q\int_{\mathrm{C}}\vec{E}_{誘導}\cdot d\vec{l} \tag{15.22}$$

で与えられる．それゆえ，起電力 $\mathcal{E}$ は

$$\mathcal{E} = \frac{W_{誘導}}{q} = \int_{\mathrm{C}} \vec{E}_{誘導} \cdot d\vec{l} \tag{15.23}$$

で与えられる．よって，式 (15.20) は

$$\int_{\mathrm{C}} \vec{E}_{誘導} \cdot d\vec{l} = -\frac{d\Phi}{dt} \tag{15.24}$$

となる．あるいは，いまの場合磁束を考える閉曲線 C は固定されているので，磁束の時間依存性は磁場の時間依存性によるものであることを

$$\frac{d\Phi}{dt} = \int_{\mathrm{S_C}} \frac{\partial \vec{B}}{\partial t} \cdot d\vec{S} \tag{15.25}$$

と書くことで，よりはっきりと表すことができる[2]．このようにして式 (15.24) は

$$\int_{\mathrm{C}} \vec{E}_{誘導} \cdot d\vec{l} = -\int_{\mathrm{S_C}} \frac{\partial \vec{B}}{\partial t} \cdot d\vec{S} \tag{15.26}$$

と表される．これが**電磁誘導の法則**である．

ここで導入された誘導電場というのは，今までわれわれが扱ってきた（電荷が作る）クーロン電場とは全く違った性質を持っていることに注意が必要である．クーロン力は保存力であったので，クーロン力のする仕事は，経路によらない．それゆえ，任意の閉曲線 C に沿ってのクーロン電場の線積分はゼロになる．

$$\int_{\mathrm{C}} \vec{E}_{クーロン} \cdot d\vec{l} = 0 \tag{15.27}$$

一方，誘導電場の閉曲線に沿った線積分はゼロではない．（ゼロならば起電力の原因とはならない．）クーロン電場に対しては，電位（単位電荷あたりのポテンシャルエネルギー）が存在し，クーロン電場は電位の微分（傾き）によって与えられた．しかし，誘導電場に対しては電位は存在しない．

誘導電場は導体回路の内部にのみ作られたと考えるべきではなく，回路があるか否かに関わらず任意の閉曲線 C に対して式 (15.26) が成立すると考えるべきである．いまの場合，たまたまその閉曲線に沿って導体があり，その導体内部に荷電粒子があるので，その荷電粒子が誘導電場によって力を受けて電流が流れたのである．

---

[2] 微分と面積分の順序を交換した．また，磁場は一般に位置（空間座標）と時間の関数である．コイルは動かないので，$\mathrm{S_C}$ は固定されていることに注意しよう．ベクトル $\vec{B}(\vec{r}, t)$ の位置座標 $\vec{r}$ を固定したまま時間 t について微分したものを $\frac{\partial \vec{B}}{\partial t}$ と表している．

クーロン電場に対して，閉曲線に沿った線積分はゼロになるので，クーロン電場と誘導電場の和を改めて $\vec{E}$ と表せば，

$$\int_{\mathrm{C}} \vec{E} \cdot d\vec{l} = -\int_{\mathrm{S_C}} \frac{\partial \vec{B}}{\partial t} \cdot d\vec{S} \tag{15.28}$$

と書くことができる．

電磁誘導の法則は，「電気の世界」と「磁気の世界」が独立ではなく，密接に関係していることを端的に示す重要な法則である．

注意！ 電磁誘導の法則は**ファラデーの法則**とも呼ばれるが，ファラデー自身が発見した法則は式 (15.26) よりも広く，磁場が時間的には変化しない場合（ローレンツ力によって説明される）誘導現象も記述するものである．そのような現象には，例えば磁束の時間変化を伴わないような現象も含まれている．そこで本書では誤解を避けるため，あえてファラデーの法則という呼称を用いない．

物理の目　電磁誘導と相対性理論

コイルが棒磁石に近づくのと，棒磁石がコイルに近づくのとは，単なる観測者の違いにすぎない．それにも関わらず，一方はローレンツ力によって説明され，他方は電磁誘導の法則によって説明される．この非対称性が，アインシュタインに相対性理論を考えさせる動機の一つとなった．実際，相対性理論の第 1 論文の表題は「動いている物体の電気力学」であり，その序文には，まさしくこの非対称性が論じられている．

誘導電場とクーロン電場の和を $\vec{E}$ として式 (15.28) と書き直したが，この全体の電場 $\vec{E}$ に対してもガウスの法則

$$\int_{\mathrm{S}} \vec{E} \cdot d\vec{S} = \frac{\rho}{\varepsilon_0} \tag{15.29}$$

が成り立つことが知られている．

15.2.3 自　己　誘　導

回路に電流を流すと，その電流によって作られる磁場が，回路を貫く磁束を変化させる．電磁誘導の法則より，この磁束変化を妨げる向きに誘導起電力が生じる．この現象を**自己誘導**と呼び，このとき生じる誘導起電力を**自己誘導起電力**という．自己誘導のため，回路のスイッチを閉じてもすぐには回路に電流が流れ始めない．

回路に流れる電流を $I(t)$ とすると，その電流によって磁場が作られる．この磁場による回路を貫く磁束 $\Phi(t)$ は，電流 $I(t)$ に比例する．

$$\Phi(t) = LI(t) \tag{15.30}$$

ここで正の係数 L は**自己インダクタンス**と呼ばれ，回路に固有の定数である．自己インダクタンスはH（ヘンリー）という単位で測られる：$\mathrm{H} = \mathrm{T\,m^2/A}$.

単位長さあたり n 巻きの，半径に比べて長さが十分に長いソレノイドに電流 I が流れるとき，ソレノイド内部の磁場の大きさは $B = \mu_0 nI$ でよく近似される（14.7節）．ソレノイドの断面積を S とすると，ソレノイドを通過する磁束 Φ は

$$\Phi = (nl)BS = \mu_0 n^2 lSI \tag{15.31}$$

で与えられる．式 (15.30) と見比べて，

$$L = \mu_0 n^2 lS = \frac{\mu_0 N^2 S}{l} \tag{15.32}$$

を得る．N はソレノイドの総巻数 $N = nl$ である．

電磁誘導の法則より，自己誘導起電力は

$$\mathcal{E} = -L\frac{dI}{dt} \tag{15.33}$$

で与えられる．

15.3 電磁誘導の応用

電磁誘導はいくつもの応用がある．以下ではそれらのうち，3つの例を挙げる．

15.3.1 交流発電

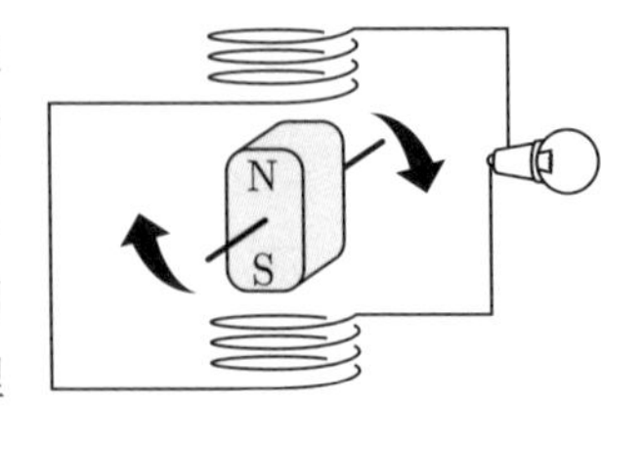

電磁誘導の法則から，右図のように，コイルが固定されている場所で磁石を回転させると，コイルを貫く磁束は時間的に変化し，コイルに誘導起電力を生じる．このようにして生じた電流は，周期的に流れる向きが変化する交流電流である．これが交流発電の原理である．

上図では互いに反対の位置に2つのコイルを置いているが，実際には下図左のように，120° ずつずれた位置に置いたものが用いられる．この3つのコイルに生じる電流は，**三相交流**と呼ばれる．3つの電流は3本のケーブルで送電されるが，これらの和は常にゼロになるので，「帰り」の送電線を共通にすれば，電流がゼロになるので実際は不要となる．そのために送電効率が向上する．

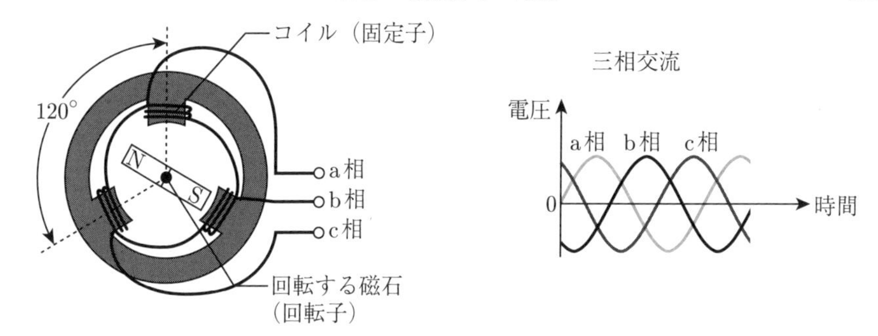

磁石を回転させるのに必要な仕事は，発電の仕組みによって異なるが，原理はどれも同じである．火力発電では，燃料の燃焼によって生じた熱によってタービンを回転させ，その運動エネルギーによって磁石を回転させる．原子力発電では核反応によって生じた熱を利用するところだけが違う．水力発電は水のポテンシャルエネルギーを利用し，風力発電では風の運動エネルギーを利用する．

15.3.2 変　圧　器

交流電力の電圧の高さを電磁誘導を利用して変換する電力機器を**変圧器**という．変圧器の原理を理解するために図のような 2 つのコイルが同一の円筒に巻き付いている場合を考えよう．このような配置にしたのは，2 つのコイルを貫く磁束が同じになるようにするためである．1 次コイルは N_1 巻きであり，2 次コイルは N_2 巻きであるとする．以下では導線の抵抗は十分小さいとして無視しよう．

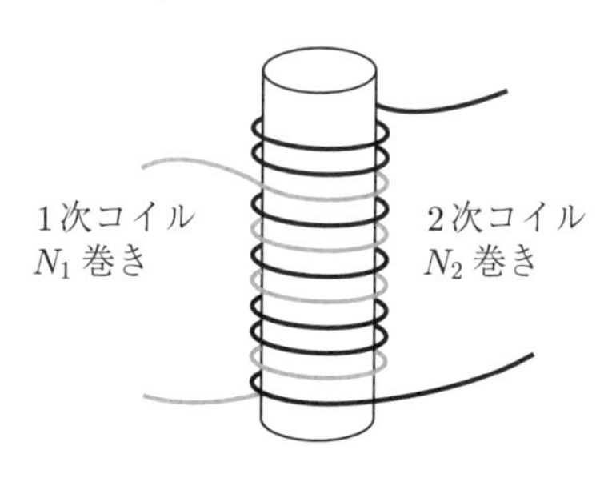

この 1 次コイルに交流を流すことを考えよう．1 次コイルに流れる電流は時間的に変化し，それに伴って磁束 Φ が変化する．磁束が変化すると 2 次コイルに誘導起電力が生じる．

1 次コイルに流れる交流の（外部）起電力を $\mathcal{E}_1$ とすると，この起電力と誘導起電力との和がゼロになっているので

$$\mathcal{E}_1 - N_1 \frac{d\Phi}{dt} = 0 \tag{15.34}$$

が成り立つ．一方，2 次コイルに生じる起電力 $\mathcal{E}_2$ は磁束の変化による誘導起電力で

あり，

$$|\mathcal{E}_2| = N_2\left|\frac{d\Phi}{dt}\right| \tag{15.35}$$

となる．（起電力の相対符号はコイルの巻き方や電流の向きの取り方に依存する．）
磁束 Φ は共通であるから

$$\frac{|\mathcal{E}_1|}{|\mathcal{E}_2|} = \frac{N_1}{N_2} \tag{15.36}$$

を得る．

このように，交流では比較的容易にその電圧を変換することができる．13.3節で示したように，送電ロスを減らすためには高電圧で送電する方がよい．発電所で作られた電力は変電所で高電圧に変換されて送電され，最終的には電圧を下げて家庭に配電されている．

15.3.3 IH 調 理 器

いわゆる**IH 調理器**（電磁調理器）は，誘導加熱を用いた調理器具のことである．調理器具の内部にあるコイルに交流電流を流すと，時間的に変化する磁場が発生する．その磁場の中に鉄などの金属を置くと，金属中に**渦電流**（電磁誘導によって生じる渦状の誘導電流）が流れ，金属の電気抵抗によってジュール熱が発生する．IH 調理器はこの熱を調理に利用するものである．

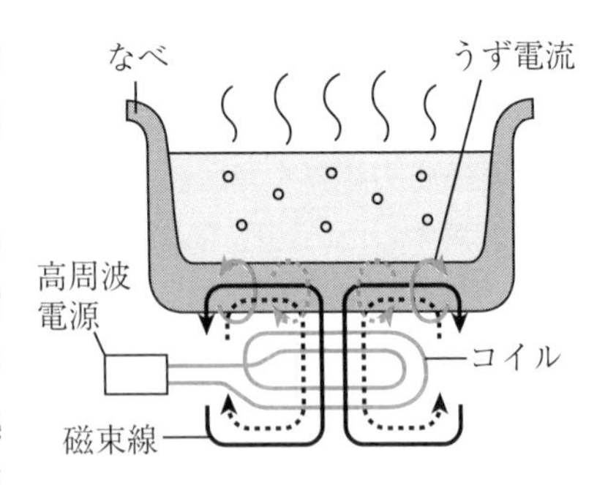

IH 調理器で使える鍋，使えない鍋があることはよく知られている．鉄，ステンレス製の鍋は電気を通し，かつ電気抵抗が比較的大きいので，IH 調理器には適しているが，銅，アルミニウムなどは電気抵抗が小さく，ジュール熱があまり発生しないため適さない．ガラス製鍋や土鍋はそもそも電気を通さないので不可である．

「オールメタル対応」の IH 調理器というのもある．これは周波数を上げることで，渦電流が流れる領域を狭め，それによって抵抗値を高めることにより，抵抗率の低い金属でも加熱できるようにしたものである．

演 習 問 題

演習 15.1 「極めて小さな磁石」を，N 極を z 軸の正方向に向けて原点に置き，半径 a の円形回路を x-y 平面に平行に，その中心が常に z 軸に沿って正の向きに一定の速さ v で移動させる．ちょうど $t=0$ のとき，円形回路は x-y 平面にある（$z=0$）とすると，この円形回路に生じる誘導起電力は式 (15.11) で与えられる．横軸を時刻 t に，縦軸を起電力 $\mathcal{E}$ に取り，この関数の概形を描け．また，式 (15.20) を念頭に置き，どうしてこのようなグラフになるのかを説明せよ．

演習 15.2 〈**Advanced**〉 本文で考えた「極めて小さな磁石」が原点に置かれたまま，$\vec{m}=(m\sin\omega t, 0, m\cos\omega t)$ と角速度 ω で回転する場合を考えよう．このとき，$z=l$ 面上に半径 a の円形回路が z 軸を中心として置かれているとする．この円形回路に生じる誘導起電力を求めよ．

演習 15.3 図のような電気抵抗（抵抗 R）とコイル（自己インダクタンス L）からなる回路がある．この回路を交流電源 $V(t)=V_0\sin\omega t$ と接続し，十分時間が経った後に回路に流れる電流 $I(t)$ を求めよ．［HINT: 電流 $I(t)$ は交流電源と同じ振動数で振動する．$I(t)=I_0\sin(\omega t+\phi)$ と置いて，I_0 および ϕ を求めよ．また，式 (1.38) を用いよ．］

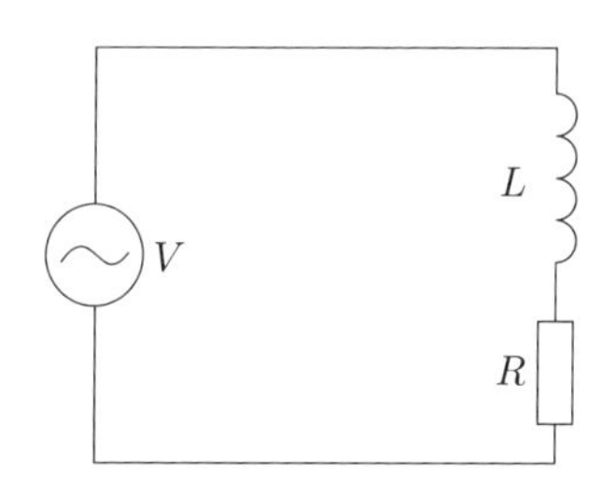

第16章

変位電流とマクスウェルの方程式

電流が流れるとき，その周囲に作られる磁場はアンペールの法則を満足するが，これは電流が定常的な場合に限られる．非定常電流の場合には，電荷の保存則から，アンペールの法則は変更されなくてはならない．この変更を行うことによって，「電気の世界」と「磁気の世界」はより密接に関係していることが明らかになる．この変更のもと，今まで得られた法則をまとめて，われわれは電磁気学の基本方程式である（真空中の）マクスウェルの方程式に到達する．マクスウェルの方程式は電磁波の存在を予言する．

16.1 変位電流

アンペールの法則 (14.17)

$$\int_{\mathrm{C}} \vec{B} \cdot d\vec{l} = \mu_0 I_{\mathrm{C}} \tag{16.1}$$

では，閉曲線Cを境界とする面 S_{C} を考え，その面を電流が通過する（符号付き）電流を I_{C} とした．これが「閉曲線Cが電流 I_{C} を「囲む」」という意味である．閉曲線Cの向き付けと，それを境界とする面 S_{C} の向き付けは，磁束を定義するときに詳しく議論した．磁束の定義の場合には，閉曲線Cを境界とする面をどのように選んでも，磁気に関するガウスの法則のために，磁束の値は変わらなかった．アンペールの法則の場合はどうだろうか．

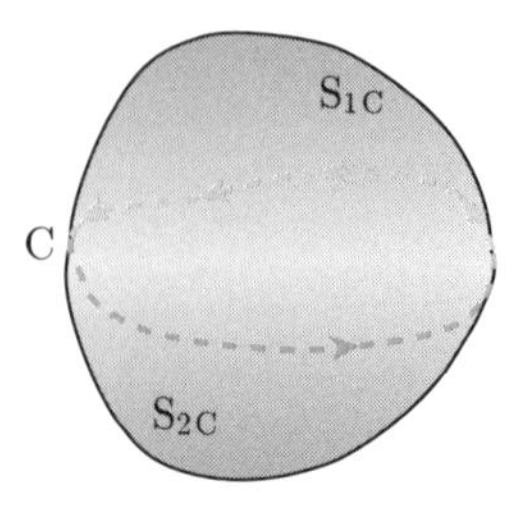

閉曲線Cを境界とする面として，$S_{1\mathrm{C}}$ と $S_{2\mathrm{C}}$ の2つの面を考えよう．このとき，それぞれの面を通過する（向き付けされた）電流を $I_{1\mathrm{C}}, I_{2\mathrm{C}}$ とし，その差

$$I_{1\mathrm{C}} - I_{2\mathrm{C}} \tag{16.2}$$

を考えよう．これがゼロであれば，2つの面のどちらをとっても良いことになる．磁束を議論したときと同様に，

第2の面 $\mathrm{S_{2C}}$ の向きを逆にしたものを $\mathrm{S_{2\bar{C}}}$ と書くと $\mathrm{S_{1C}}$ と $\mathrm{S_{2\bar{C}}}$ とを合わせて閉曲面 $\mathrm{S_{12}}$ を定義することができる．それに対応して電流の向きも変えると

$$I_{1\mathrm{C}} - I_{2\mathrm{C}} = I_{1\mathrm{C}} + I_{2\bar{\mathrm{C}}} = I_{\mathrm{S}_{12}} \tag{16.3}$$

と書くことができる．ここで $I_{\mathrm{S}_{12}}$ は，閉曲面 $\mathrm{S_{12}}$ を通過して流れ出す電流（流れ込む電流については負号を付けて加える）の総量を表している．

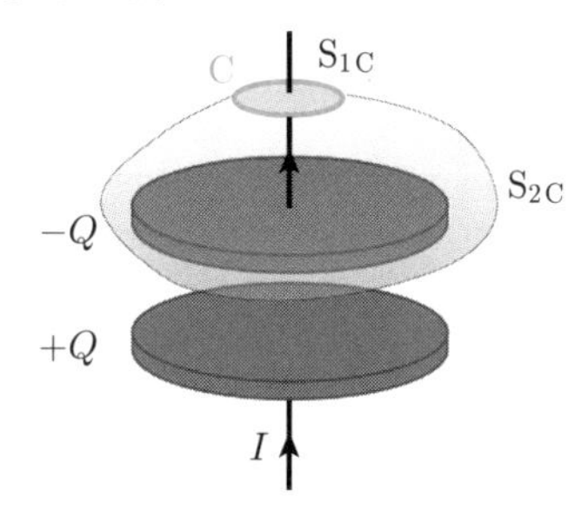

定常的な電流の場合，閉曲面から流れ出す（符号付きの）電流の総量はゼロとなる：$I_{\mathrm{S}_{12}} = 0$．しかし，非定常的な電流の場合，これは一般的にはゼロではない．図は平行板コンデンサに電荷を蓄えている過程を表している．面 $\mathrm{S_{1S}}$ では電流 I が通過しているが，コンデンサの極板間には電流が流れないので面 $\mathrm{S_{2S}}$ を通過する電流はゼロである．

実際，閉曲面内の電荷が変化する場合，電荷の保存則の式 (11.7) から得られる式

$$\frac{dQ_{\mathrm{S}_{12}}}{dt} = -I_{\mathrm{S}_{12}} \tag{16.4}$$

より $I_{\mathrm{S}_{12}}$ は一般にゼロではない．それゆえ，アンペールの法則に現れる閉曲線 C を境界とする曲面の取り方によって，式 (16.1) の右辺の値は異なる．これは基本法則として望ましいことではない．実際今まで見てきたように，他の法則は任意の閉曲線や任意の（閉）曲面に対して成立していた．

しかし，閉曲線 C を境界とする曲面をどのように取ってもいいように，アンペールの法則を拡張することができる．閉曲面 S_{12} に対してガウスの法則 (12.28) を適用しよう．

$$\int_{\mathrm{S}_{12}} \vec{E}\cdot d\vec{S} = \frac{Q_{\mathrm{S}_{12}}}{\varepsilon_0} \tag{16.5}$$

この両辺を t で微分し，得られた式を $\mathrm{S_{1C}}$ と $\mathrm{S_{2C}}$ という 2 つの面での面積分で表せば

$$\frac{dQ_{\mathrm{S}_{12}}}{dt} = \varepsilon_0 \int_{\mathrm{S}_{12}} \frac{\partial \vec{E}}{\partial t}\cdot d\vec{S} = \varepsilon_0 \int_{\mathrm{S}_{1\mathrm{C}}} \frac{\partial \vec{E}}{\partial t}\cdot d\vec{S} - \varepsilon_0 \int_{\mathrm{S}_{2\mathrm{C}}} \frac{\partial \vec{E}}{\partial t}\cdot d\vec{S} \tag{16.6}$$

となる[1]．この式と式 (16.3)，式 (16.4) とから，

---

[1] 時間微分と面積分の順序を交換した．また，一般に電場 $\vec{E}$ は位置（空間座標）と時間の関数である．位置を固定したまま時間 t について微分するので，偏微分となる．

$$I_{1\mathrm{C}} + \varepsilon_0 \int_{\mathrm{S}_{1\mathrm{C}}} \frac{\partial \vec{E}}{\partial t} \cdot d\vec{S} = I_{2\mathrm{C}} + \varepsilon_0 \int_{\mathrm{S}_{2\mathrm{C}}} \frac{\partial \vec{E}}{\partial t} \cdot d\vec{S} \tag{16.7}$$

であることがわかる．この左辺は面 $\mathrm{S}_{1\mathrm{C}}$ に関する量であり，右辺は面 $\mathrm{S}_{2\mathrm{C}}$ に関する量である．それらが任意の $\mathrm{S}_{1\mathrm{C}}$ と $\mathrm{S}_{2\mathrm{C}}$ に対して等しいのであるから，この組み合わせは面の選び方によらない．それゆえ，アンペールの法則の電流 I_C を

$$I_\mathrm{C} \to I_\mathrm{C} + \varepsilon_0 \int_{\mathrm{S}_\mathrm{C}} \frac{\partial \vec{E}}{\partial t} \cdot d\vec{S} \tag{16.8}$$

と置き換えて

$$\int_\mathrm{C} \vec{B} \cdot d\vec{l} = \mu_0 I_\mathrm{C} + \varepsilon_0 \mu_0 \int_{\mathrm{S}_\mathrm{C}} \frac{\partial \vec{E}}{\partial t} \cdot d\vec{S} \tag{16.9}$$

と拡張すれば，C を境界とする面の選択に依存しない式となる．この式を**アンペール－マクスウェルの法則**と呼ぶ．第2項に現れる

$$\varepsilon_0 \int_{\mathrm{S}_\mathrm{C}} \frac{\partial \vec{E}}{\partial t} \cdot d\vec{S} \tag{16.10}$$

を**変位電流**という．

16.2 マクスウェルの方程式

われわれは電磁気学の基本方程式である（真空中の）**マクスウェルの方程式**に到達した．

$$\int_\mathrm{S} \vec{E} \cdot d\vec{S} = \frac{Q_\mathrm{S}}{\varepsilon_0}, \tag{16.11}$$

$$\int_\mathrm{S} \vec{B} \cdot d\vec{S} = 0, \tag{16.12}$$

$$\int_\mathrm{C} \vec{B} \cdot d\vec{l} = \mu_0 I_\mathrm{C} + \varepsilon_0 \mu_0 \int_{\mathrm{S}_\mathrm{C}} \frac{\partial \vec{E}}{\partial t} \cdot d\vec{S}, \tag{16.13}$$

$$\int_\mathrm{C} \vec{E} \cdot d\vec{l} = -\int_{\mathrm{S}_\mathrm{C}} \frac{\partial \vec{B}}{\partial t} \cdot d\vec{S} \tag{16.14}$$

ここで，S は任意の閉曲面，C は任意の閉曲線，S_C は C を境界とする任意の曲面を表す．

これらは電場と磁場（合わせて**電磁場**と呼ぶ）の運動を記述する方程式である．これらの他に，電荷の保存則

$$\frac{dQ_{\mathrm{S}}}{dt} = -I_{\mathrm{S}} \tag{16.15}$$

および，電荷 q を持つ荷電粒子が電磁場中で受ける力であるローレンツ力

$$\vec{F}_{\mathrm{L}} = q\left(\vec{E} + \vec{v} \times \vec{B}\right) \tag{16.16}$$

が基本的である（第 2 項は磁場中で電流が受ける力の大きさの式 (14.1) とフレミングの左手の法則と同等である）．

 電 磁 波

マクスウェル方程式から導かれる事柄の中で，最も重要なのは電磁波の存在である．**電磁波**とは，電磁場が空間的に波として伝播することをいう．このような解がマクスウェル方程式にあることは，マクスウェル方程式から波動方程式を導くことによって示される．

⟨Advanced⟩ 以下では簡単な状況に限定して，マクスウェル方程式から波動方程式を導こう．マクスウェル方程式に現れる閉曲線 C や閉曲面 S として，いろいろなものを取ることによって，方程式が何を意味するのかを一つ一つ考えていこう．

電荷 Q および電流 I が存在しない場合を考えよう．また，簡単のため，以下では電場ベクトル $\vec{E}$ および磁場ベクトル $\vec{B}$ がそれぞれ x 成分，y 成分しか持たない状況に限定する：$\vec{E} = (E_x, 0, 0)$, $\vec{B} = (0, B_y, 0)$.

図のような直方体を考えよう．この直方体の表面を S として式 (16.11) を考えることにすると，

$$\int_{y_1}^{y_2} dy \int_{z_1}^{z_2} dz \left(E_x(x + \Delta x, y, z, t) - E_x(x, y, z, t)\right) = 0 \tag{16.17}$$

を得る．ここで y_i および z_i（$i = 1, 2$）は任意なので，この式は，被積分関数がどのような x, Δx, y, z に対してもゼロであることを意味する．つまり，E_x は x に依存しない．

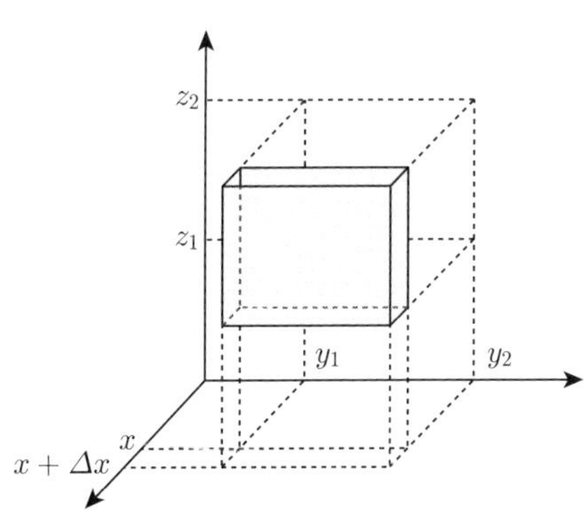

同様に，図のような直方体の表面をSとして，式 (16.12) を考えると，

$$\int_{x_1}^{x_2} dx \int_{z_1}^{z_2} dz\,(B_y(x, y+\Delta y, z, t) - B_y(x, y, z, t)) = 0 \tag{16.18}$$

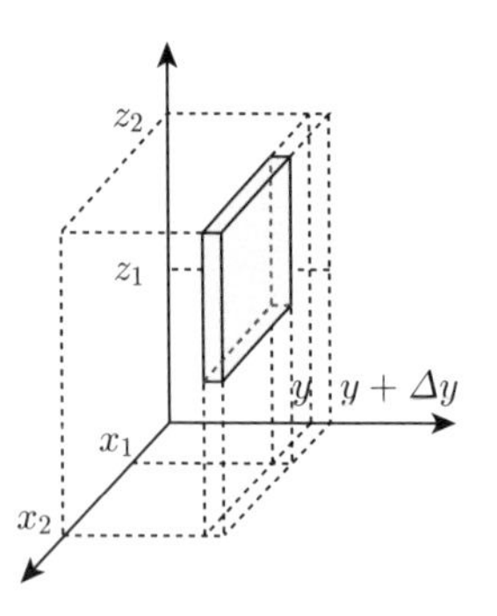

を得る．ここで x_i および z_i $(i=1,2)$ は任意なので，この式から B_y は y に依存しないことがわかる．

次に，図のような x-y 平面に平行な面上にある矩形の閉曲線を考え，これをCとして，式 (16.13) を考えよう．$B_x = E_z = 0$ であるから，

$$\int_{y_1}^{y_2} dy\,B_y(x_2, z, t) - \int_{y_1}^{y_2} dy\,B_y(x_1, z, t) = \varepsilon_0 \int_{S_C} \frac{\partial E_z}{\partial t}\,dS = 0 \tag{16.19}$$

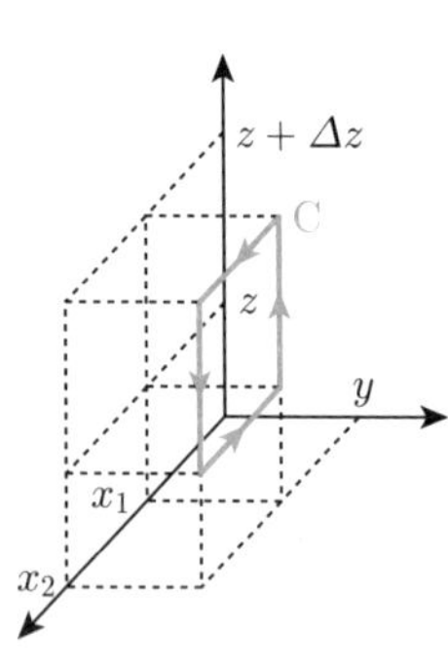

を得る．左辺の積分は，被積分関数が y に依存しないので容易に実行でき，

$$(y_2 - y_1)(B_y(x_2, z, t) - B_y(x_1, z, t)) = 0 \tag{16.20}$$

を得る．x_1, x_2 は任意なので，この式は B_y は x に依存しないことを意味する．同様に，この閉曲線に対して式 (16.14) を考えると，E_x は y に依存しないことが示せる．

以上より，E_x と B_y はともに z と t のみの関数と考えてよいことがわかった．

次に，図のように x-z 平面に平行な面上にある矩形の閉曲線を考えよう．これをCとして，式 (16.14) を用いると，

$$l(E_x(z+\Delta z, t) - E_z(z, t)) = -\frac{\partial B_y(z, t)}{\partial t} l\Delta z \tag{16.21}$$

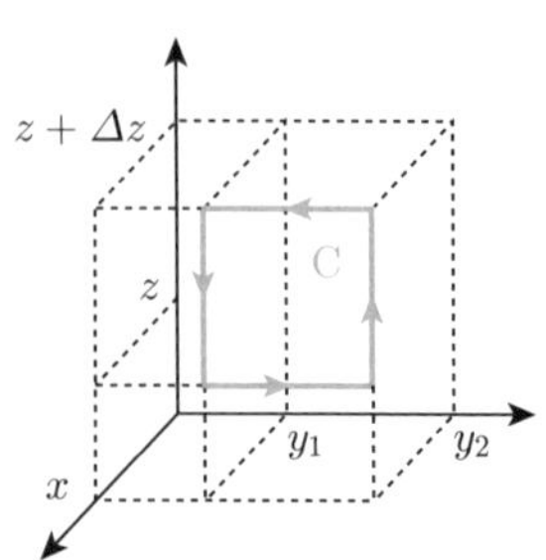

を得る．ただし $l = x_2 - x_1$ と置いた．両辺を $l\Delta z$ で割って $\Delta z \to 0$ の極限を取ることにより，

$$\frac{\partial E_x}{\partial z} = -\frac{\partial B_y}{\partial t} \tag{16.22}$$

を得る．

今度は図のように，y-z 平面に平行な面上にある矩形の閉曲線を考えよう．これをCとして，式 (16.13) を用いると，

$$l'(B_y(z+\Delta z, t) - B_y(z, t)) = -\varepsilon_0\mu_0 \frac{\partial E_x(z, t)}{\partial t} l'\Delta z \tag{16.23}$$

を得る．ただし $l' = y_2 - y_1$ と置いた．両辺を $l'\Delta z$ で割って，$\Delta z \to 0$ の極限を取ることにより，

$$\frac{\partial B_y}{\partial z} = -\varepsilon_0\mu_0 \frac{\partial E_x}{\partial t} \tag{16.24}$$

を得る．

式 (16.22) と式 (16.24) から,

$$\frac{\partial^2 E_x}{\partial z^2} = -\frac{\partial}{\partial t}\frac{\partial B_y}{\partial z} = \varepsilon_0\mu_0\frac{\partial^2 E_x}{\partial t^2} \tag{16.25}$$

つまり,

$$\frac{\partial^2 E_x}{\partial z^2} - \frac{1}{c^2}\frac{\partial^2 E_x}{\partial t^2} = 0 \tag{16.26}$$

という波動方程式を得る．ただし，ここで波の速さを c と置いた．

$$c = \frac{1}{\sqrt{\varepsilon_0\mu_0}} \tag{16.27}$$

同様に

$$\frac{\partial^2 B_y}{\partial z^2} - \frac{1}{c^2}\frac{\partial^2 B_y}{\partial t^2} = 0 \tag{16.28}$$

を得る．式 (16.26) と式 (16.28) は z 方向に伝播する波を記述している（式 (8.21) を参照せよ）．

以上より，マクスウェルの方程式には速さ c で波として伝わる電磁場の解があることがわかった．式 (12.2) と式 (14.11) とから得られる式 (16.27) の右辺の値は，真空中の光速

$$c = 299792458\,\mathrm{m/s} \tag{16.29}$$

に極めて近い[2]．このことは，電磁波は光に他ならないことを示している．

光のさまざまな性質も，それゆえ，電磁気学によって説明される．例えば，反射の法則や屈折の法則も，電磁場が 2 つの媒質の境界でどのような条件を満足するかによって決まっている．

16.3.1 偏　　光

電磁波は進行方向に垂直に電場・磁場の変位があるので，**横波**である．

z 軸の正の向きに進む電磁波には，同じ波長でも，2 つの独立な成分がある．この成分のことを**偏光**という．一つは電場が x 方向に振動し，磁場が y 方向に振動しながら進むもので，もう一つは電場が y 方向，磁場が x 方向に振動しながら進むものである．一般にはこれらの 2 つの偏光が混じっている．

偏光板を通すと特定の方向の偏光成分のみが通過することになる．2 枚の偏光板を，偏光方向を直交させて重ね，それを通して光を見ると 2 つの偏光成分の両方が

---

[2] 現在では式 (16.27) は厳密に成り立つ関係式と考えられている．また，国際単位系 SI では，光速 c の値 (16.29) を厳密値とすることにより，メートルという単位を定義している．

遮断されるので，光を全く通さなくなる．

空気中からの光が物質（水，雪，ガラスなど）によって反射される場合，反射光は特定の方向に偏光している成分が多いので，偏光板を用いることによって，反射光を抑えることができる．これはサングラスやカメラなどでよく用いられている．

演 習 問 題

演習 16.1 本書を読み返しながら，マクスウェルの方程式の一つ一つの意味を説明せよ．また，これらの式がどのようにして得られたかを説明せよ．

演習 16.2 ⟨Advanced⟩ 本文中では電場が x 成分のみ，磁場が y 成分のみを持つ場合を考えた．いま，電場も磁場も x 成分のみを持つ場合を考えてみよう．マクスウェル方程式はどのような解を持つだろうか．

演習 16.3 ⟨Advanced⟩ z 軸の正の向きに進む電磁波を考えよう．電場が x 成分のみを持ち，その x 成分が

$$E_x(z,t) = A\sin(kz - \omega t) \tag{16.30}$$

という平面波で与えられるとしよう．磁場は y 成分のみを持つとして y 成分 $B_z(z,t)$ を求めよ．ただし，$k = \frac{\omega}{c}$ である．

索　引

● た 行

● な 行

● は　行

● ま　行

● や　行

● ら　行

● わ　行

● 欧　字

著者略歴

原田恒司（はらだ こうじ）

1988年　東京工業大学大学院理工学研究科博士課程修了
現　在　九州大学基幹教育院教授
　　　　博士（理学）

主要著訳書
『基幹物理学』（共著，培風館）
「ジー先生の場の量子論』（共訳，丸善出版）

小島健太郎（こじま けんたろう）

2008年　九州大学大学院理学府基礎粒子系科学専攻博士課程修了
現　在　九州大学基幹教育院准教授
　　　　博士（理学）

ライブラリ 新物理学基礎テキスト＝**Q1**
レクチャー 物理学の学び方
——高校物理から大学の物理学へ——

2020年12月10日©　　初　版　発　行

著　者　原田恒司　　　　発行者　森平敏孝
　　　　小島健太郎　　　印刷者　大道成則

発行所　　株式会社　サイエンス社

〒151-0051　東京都渋谷区千駄ヶ谷1丁目3番25号
営業　☎ (03)5474-8500（代）　振替 00170-7-2387
編集　☎ (03)5474-8600（代）
FAX　☎ (03)5474-8900

印刷・製本　（株）太洋社

《検印省略》

ISBN978-4-7819-1489-3

PRINTED IN JAPAN

サイエンス社のホームページのご案内
https://www.saiensu.co.jp
ご意見・ご要望は
rikei@saiensu.co.jp　まで．